杭帮菜全书

别说你会做杭帮菜

杭州家常菜谱

例

杭帮菜研究院　编

U0213682

杭州出版社

亚洲美食节
Asian Cuisine Festival
中国·杭州

最高的武功是无招胜有招，
最好的菜系是无宗无派。
说的就是我们杭帮菜。
无宗，是以采取众长；
无派，是以不断创新。

马云

杭帮菜

亚洲美食节
Asian Cuisine Festival
中国·杭州

遥知省乡来嫂无
——重SHI杭帮菜

森岳

杭帮菜

编辑委员会

前　言

　　2019 年 5 月，亚洲文明对话大会在北京举行，杭州同步举办"知味杭州"亚洲美食节。促进亚洲文明交流互鉴，推动构建亚洲命运共同体、开创亚洲新未来，需要亚洲人民心意相通。"国之交在于民相亲，民相亲在于心相通"，民心相通能够有力增进相关国家民众的友好感情，推动相关国家的经济合作，而饮食是沟通亚洲人民感情，促进文明交流互鉴的最佳媒介。从这个意义上说，选择北京、杭州、广州、成都同时举办亚洲美食节有其深意，因为这四个城市正是新时代中国东南西北饮食文明类型的杰出代表。这次盛会也是将杭帮菜打造成第九大菜系，从而形成"8+1"新菜系格局的历史关键时期。为借助亚洲美食节这一盛会更好地宣传杭帮菜文化，在原中共浙江省委常委、杭州市委书记、杭州市人大常委会主任王国平同志主持下，杭帮菜研究院编写了《别说你会做杭帮菜：杭州家常菜谱 5888 例》，阿里巴巴集团董事局主席马云先生和中国当代著名艺术大师韩美林先生专门为本书题词。马云先生说道："最高的武功是无招胜有招，最好的菜系是无宗无派。说的就是我们杭帮菜。无宗，是以采取众长；无派，是以不断创新。"马云先生以宗派之喻解读中国菜系江湖，指出杭帮菜笑傲江湖的武功秘籍就是要走"无宗无派"之路——集八大菜系之长，不断创新。这就是新时代杭帮菜融合创新，走向国际的宣言。韩美林先生说道："遥知当年宋嫂无，重 SHI 杭帮菜。"韩美林先生所指的"SHI"具有"拾起，识认，食用"之意，饱含了他对重拾杭州美食文化遗产，重识杭州美食文化价值以及共同品味杭州美食艺术的殷切期许。

　　新时代杭帮菜指大杭州概念下 13 个区县（市）具有独特地域风味的菜系流派，具有"粗菜精做"——家常菜精做、家常菜细做的典型特征。本书将杭州代表性家常菜分为冷菜类、肉菜类、禽蛋类、水产类、蔬食类、汤羹类、小吃类和其他类，将好吃又便宜的杭帮菜呈现在大众餐桌上，一起感恩大自然的馈赠。本书系统讲解食材选择、刀工成形、烹调技法、营养膳食等生活常识，帮助读者了解烹饪科学，增进厨艺。

书中收入 1000 道菜肴、500 张精选主图、500 张食材图、3000 个关键步骤、888 个美食知识，从食物原料、制作要点、杭味故事、获奖荣誉、名人名言以及烹饪小贴士等角度立体解析杭州家常菜"精做"和"细做"的奥秘。我们真诚希望"最好吃、最便宜的杭帮菜等着您"。

杭帮菜历史悠久、特色鲜明，在全国享有盛誉。早在八千年前，生活在杭州这块土地上的跨湖桥人就开始了渔猎和采集生活。这里发现了世界上最早的独木舟，出土了中国迄今为止最早的木弓，还出土了世界上迄今为止最早的漆器。上述谋食工具的发现，足以展示跨湖桥人精彩的饮食生活。不仅是在生活工具上有所创新，跨湖桥人还利用骨耜、木铲等耕作工具，开展水稻种植。跨湖桥遗址还出土了世界上最早的陶甑，这是一种可以用来蒸熟食物的蒸食炊具。陶甑的发明，不仅为人类提供了一种新的食物加工方式，还具有更深层次的文化意义。甑的使用是人类利用蒸汽能的最早实践，也是中国饮食文化鲜明特征的最早例证之一。在良渚古城遗址，透露出五千年前杭州先民的饮食生活信息。该时期的野生动植物资源已无法支撑起一个庞大社会系统的运作。良渚古城遗址频繁出土的植物果实、种子、禽畜残骸、鱼鳖残骸和渔猎用具，说明该地区农作物种植、家畜饲养和捕鱼业已经有了较为稳定的发展，水稻等农作物已经成为良渚人最主要的食物。秦汉至南北朝时期，杭州地区以稻米饭为主食，日常蔬菜主要是"春韭秋菘"，而鱼虾等水产也已成为重要的辅助性食材。司马迁所说的"饭稻鱼羹"是这一时期杭州人的生活常态。

杭州兴盛于隋开大运河，南来北往的米粮和瓜果蔬菜等物资经杭州中转至全国各地。隋唐时期的"杭帮菜"是传统"南食"的重要组成部分，外地运往杭州的动植物原料进一步丰富和发展了杭州人的餐桌。北宋时的杭州已经是"东南第一州"，宋室南迁后，大批北方餐饮从业者尤其是厨师精英移居杭州。南宋时期，杭州饮食文化深受豫菜影响，该时期是杭帮菜发展变迁的关键转折点。南宋时的"杭帮菜"融汇了临安（今杭州）和东京（今开封）两大帝都饮食文化，故而南宋时期的"杭帮菜"又有"京杭大菜"之别称。餐饮业在这一时期打破了坊市分隔界限，通过"南料北烹"的技艺发展和口味创新，杭州出现了前所未有的美食繁盛景象，移动摊贩和酒楼、茶坊、食店等饮食店铺遍布城乡各地。杭州城北甚至在运河沿线地区逐渐形成了"钱塘十景"之一的"北关夜市"。正是杭州民众的日常参与、南来北往

客商的民间商贸活动，才让南宋以来的杭城全日制经营现象逐渐成为常态，一座"不夜城"屹立在京杭大运河与钱塘江边。清代乾隆年间，杭州诞生了一位伟大的美食家袁枚，其所撰《随园食单》被厨界尊为圣典，在国际美食界都有重要影响。他在书中介绍了许多颇具杭帮风味的美食，如"连鱼豆腐""鱼圆""酱肉""熟藕"等。清末民国以来，杭帮菜受东部大都市餐饮市场热潮的影响，持续性地吸收徽菜、淮扬菜之特长，进一步发展创新。新时代杭帮菜传承了吴越饮食本色，融汇了唐宋南北饮食特色，吸收了清末民国以来长三角地区外帮菜底色，具有典型的"三色"文化特征。杭帮菜从古老的历史中走来，带着八千年的一路风尘，集中了历代杭州人的生存智慧，在受其他菜系流派影响的同时，杭帮菜也对苏南菜、淮扬菜、上海菜、福建菜等产生过重要影响和辐射。新时期的杭帮菜凭借改革开放的东风，在继承传统的基础上，又开出崭新的奇葩。杭州城市的发展也带动杭帮菜的发展，杭州城市的影响力也使杭帮菜声誉日隆，甚至在上海、南京等地形成过"杭帮菜旋风"现象。

新世纪以来，杭州市以美食为抓手，共建共享生活品质之城。杭帮菜文化产业得到大发展，美食文化重点工程取得新突破。2008年以来，杭州市发布了《关于培育发展十大特色潜力行业的若干意见》等多项政策性文件，将美食、茶楼、演艺、疗休养、保健、化妆、女装、运动休闲、婴童、工艺美术等十大行业确定为杭州"十大特色潜力行业"，美食行业排在首位。杭州市还将中山南路美食夜市一条街定位为以美食小吃为主，融合淘店购物、旅游体验，集食、淘、游功能于一体的中山南路旅游综合体和城市特色鲜明、服务设施一流、交通便捷通畅、环境整洁卫生、管理科学合理，本地人常到、外地人必到，国内领先、世界一流的"中国美食夜市第一街"。2012年竣工的中国杭帮菜博物馆是杭帮菜文化事业的里程碑，进一步打响了杭州"美食天堂"品牌。同年，经过百万市民投票，杭州评选出"十佳精品杭帮菜"和"十佳家常杭帮菜"，极大地丰富了广大市民的美食选择，切实将杭帮菜"亲民、为民"的思想贯彻到底。

开展杭帮菜文化繁荣计划，是为了促进杭州餐饮产业转型升级，引导杭州餐饮企业迈向国际化、效益化、品牌化、规模化。在研究过程中充分挖掘、弘扬杭帮菜传统文化，彰显改革开放以来杭帮菜发展成就；最大限度地发挥杭帮菜对中外游客的吸引力，促进杭州旅游业发展，进而为提升杭州旅游产业品质、杭州老百姓生活品质起到积极促进作用，打造全国餐饮业和杭州城市的又一张"金名片"；以杭帮菜为突破口，整合杭州的餐饮历史、餐饮文化、餐饮旅游、餐饮产业和餐饮达人，彰显杭州餐饮的独特性。

杭帮菜系列文化研究注重传统与现代、市与区、国有与民营、专家与民间、线上与线下、社会效益与经济效益、烹饪与培训这七个"结合"，突出名菜与名店、名厨与名材、名栏目与名主播、名著与名作家这八个"名"。为实现上述目标，我们坚持运营管理与研究结合，研究先行。

在杭帮菜研究院的平台构建下，形成以杭帮菜大全为主体，包含丛书、文献集成、研究报告、通史、辞典的"1+5"研究体系，进而建立最具权威性的杭帮菜知识中心。

本书将由著名漫画家蔡志忠创作的"Q版食神"袁枚，给大家介绍1000道便宜好吃、用料易得、家家能做的杭帮菜。我们衷心希望这本书能给您的餐桌带来更多选择，能给您的厨房带来更多便利。让我们重新唤醒杭州美食与美好生活的联系，不要辜负美食带给我们的快乐。

最后，我们衷心感谢中共杭州市委宣传部、杭州市商务局给予本书编撰的专业指导，上城区、下城区、西湖区、江干区、拱墅区、滨江区、萧山区、余杭区、临安区、富阳区、建德市、桐庐县、淳安县，杭州市文化广电旅游局、杭州市人力资源和社会保障局、浙江省新华书店集团、华数数字电视传媒集团、杭州日报报业集团的大力支持，杭州国际城市学研究中心、中国棋院杭州分院、杭州出版集团、杭州市商贸旅游集团、杭州文化广播电视集团、杭州饮食服务集团、浙江工商大学中国饮食文化研究所、浙江旅游职业学院烹饪系、浙江商业职业技术学院旅游烹饪学院、杭帮菜研究所、杭州市餐饮旅店行业协会、杭州各区县（市）餐饮协会、杭州天元大厦有限公司、杭州美虹电脑设计有限公司、浙江新华数码印务有限公司的积极配合，以及知味杭州·亚洲美食节组委会将本书列为"亚洲美食节重点推荐书"的信任。

杭帮菜研究院
2019 年 4 月 22 日

目 录

1 冷菜类
腊拌糟冻、条丝片块，四季食材的高冷

2 肉菜类
猪牛羊，最爱的还是家常红烧

3 禽蛋类

鸡鸭鹅，流传千年的菜肴主角儿

4 水产类

鱼虾蟹贝，肚皮好似池塘

5 蔬食类

瓜果蔬豆，献给世界的友好食物

6 汤羹类
家常汤羹，最健康便宜的选择

7 小吃类

小盘小碗，小吃里有大世界

8 其他类
餐桌上的混搭风

最好吃最便宜的

杭帮菜等着您

1

冷菜类

腊拌糟冻、条丝片块，四季食材的高冷

杭州卤鸭

1956 年被浙江省认定为
36 种杭州名菜之一

制作单位

杭州知味观食品有限
公司

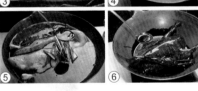

主 料 ·····

净鸭 1250 克

辅 料 ·····

桂皮 3 克,姜 5 克,葱段 15 克,酱油 100 克,
白糖 100 克,绍酒 50 克

制作要点 ·····

◎将鸭子洗净,沥干水分;姜拍松,桂皮
掰成小块。

◎锅洗净,放入白糖 50 克及酱油、绍酒、
桂皮、葱、姜,加清水 750 克烧沸。

◎将鸭入锅,在中火上煮沸后撇去浮油,
卤煮至七成熟,再加白糖 50 克,继续煮至
原汁色泽红亮稠浓。

◎用手勺不断地把卤汁淋浇在鸭身上,然
后将鸭起锅,冷却后斩成小条块装盘,吃
前浇上卤汁即可。

🐟 **杭味故事** ·····

江南地区水网交错、河湖密布,螺、鱼、
虾等资源丰富,有着饲养鸭群的优越
自然条件。

竹外桃花三两枝,春江水暖鸭先知。
　　——[宋]苏轼《惠崇春江晚景》

杭州酱鸭

1956 年被浙江省认定为
36 种杭州名菜之一
2012 年中国杭帮菜博物馆评选的
"十佳精品杭帮菜"之一

杭味故事

老杭州制作杭州酱鸭，首选当年饲养成熟的肥壮的绍兴麻鸭，先腌后卤，再在阴凉处放置一周左右即成。

制作单位

杭州楼外楼实业集团股份有限公司

① ② ③ ④ ⑤ ⑥

主料
麻鸭 1 只（约 2500 克）

辅料
葱 25 克，姜片 25 克，绍酒 30 克，白糖 15 克，酱油 100 克，盐 15 克

制作要点
◎鸭空腹宰杀，洗净后挖出内脏，斩去鸭掌，风干。

◎将精盐在鸭身外均匀地擦一遍，再在鸭嘴宰杀开口处和腹腔内塞入拌料，放入缸内压实，在 0℃ 左右的气温下腌 12 小时出缸，倒尽肚内卤水。

◎将鸭放入缸内，加入酱油并浸没，压实，在气温 0℃ 左右浸 24 小时将鸭翻身，再过 24 小时出缸，用竹片将鸭腔向两侧撑开。

◎将腌过的酱油加水 50% 放入锅中煮沸，

撇去浮沫，将鸭放入，用手勺舀起卤水不断地淋浇鸭身，至鸭呈酱红色时捞出沥干，在日光下晒 2-3 天即成。

◎食时先将酱鸭放入大盘内，淋上绍酒，撒上白糖、葱、姜，上笼用旺火蒸至鸭翅上有细裂缝时即熟，倒出腹内卤水，冷却后切块装盘。

鸭子陂头看水生，蜂儿园里按歌声。
——［宋］陆游《书感》

京葱拌鳗干

杭味故事

南宋以来，浙东地区长期为杭州供应各种海货，使得杭州人惯以各种海鲜干货制作美味佳肴。南宋吴自牧在《梦粱录》卷十二《江海船舰》记载道："明、越、温、台海鲜鱼、蟹、鳌、腊等货，亦上通于江、浙。"

制作单位

杭州渔哥餐饮娱乐管理有限公司

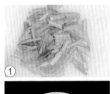
①

②

③

④

⑤

⑥

⑦

⑧

小贴士

凉拌菜要注重色彩的搭配、口感的配合，营养也要均衡。比如莴笋丝里加一点红萝卜丝，绿中带点红色。

主料

鳗干 300 克，京葱 20 克

辅料

香菜 10 克，红椒 150 克，米醋 5 克，酱油 5 克，白糖 5 克，橄榄油 5 克，麻油 10 克

制作要点

◎鳗干先蒸熟，冷却后切段；京葱、红椒切丝。

◎将鳗干放入盆中，加入京葱丝、红椒丝。

◎加入米醋、白糖拌匀。

◎加入橄榄油、香菜段、麻油拌匀即可。

鲛鳗环绕井楯间，两目神光状类丹。

——［宋］无名氏《仙迹岩题诗二十三首·龙井》

糟鸡

1956 年被浙江省认定为 36 种杭州名菜之一

制作单位

杭州知味观食品有限公司

主料

越鸡 2500 克

辅料

精盐 125 克，绍兴糟烧酒 250 克，绍兴香糟 250 克，味精 5 克，姜 2 克，葱 2 克

制作要点

◎选用新阉肥嫩雄鸡，宰杀洗净，放入沸水锅中焯 2 分钟。再次洗净，放入锅中加水浸没，在旺火上烧沸，移至小火上焖 20 分钟左右。

◎将鸡沥干水，斩断，用精盐和味精拌匀，擦遍鸡身、翅、腿各个部位。

◎将香糟和精盐 50 克，用冷开水调匀，放入糟烧酒搅匀待用。

◎取瓦罐 1 只，把酒糟搅匀，和鸡一起放入密封罐，封口存放 1 天，即可食用。

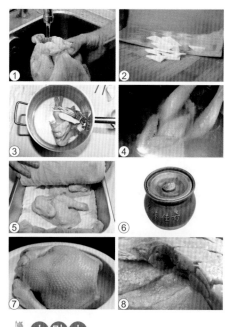

🌶 小贴士

在杀老鸡之前，先给鸡灌一汤匙食醋，然后再杀。炖鸡时放 3-4 枚山楂，用文火煮炖，鸡肉易烂。

故人具鸡黍，邀我至田家。
——［唐］孟浩然《过故人庄》

糟青鱼干

1956 年被浙江省认定为
36 种杭州名菜之一

杭味故事

杭州人摆筵席，冷菜中永远少不了糟青鱼干和酱鸭。由于冷青鱼干很硬，口感不佳，蒸透才软熟，故应该"冷菜热做"，进食之前先蒸一下。

制作单位

杭州饮食服务集团有限公司

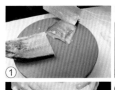 
① ②

③ ④

主料

青鱼 750 克

辅料

酒酿 80 克，绍兴糟烧酒 150 克，白糖 200 克，绍酒 500 克，精盐 50 克，葱 5 克，姜 50 克

制作要点

◎青鱼不去鱼鳞，对剖开，去内脏、鳃、牙齿，刮净腹内黑膜，用布揩净腹腔。

◎将精盐擦遍鱼的全身，背脊骨处多擦几遍。在背部厚肉处用竹签扎几个孔，以便将盐塞入，防止霉变。放入大缸（鱼鳞朝下），压实，7 天后取出，用清水洗净，晒 10 天，风干 1 个月。

◎将鱼干切成 10 厘米长、5 厘米宽的小块，装入小瓦坛。将酒酿、白糖、绍酒、糟烧酒调制成汁，倒入瓦坛，用两片毛竹压住鱼干，密封坛口，腌糟 4 个月。

◎食前将鱼干放入品锅，加原卤汁、白糖、绍酒，加盖，上笼用旺火蒸约 1 小时，至鱼肉呈鲜红色时即可。

◎食时改刀装盘，浇以蒸制的原汁。

◎糟鱼的老卤滤去杂质，高温消毒后放在干净的罐内，用黏土密封，留待次年再用，质量更好。

小贴士

原材料要确保新鲜，没有变质，没有散发异味。烧菜的时候应该根据食材选择切菜办法，便于烹饪入味。

冬夜伤离在五溪，青鱼雪落鲙橙荠。
——［唐］王昌龄《送程六》

西湖酥鱼

杭味故事

清李化楠《醒园录》载酥鱼做法：
"先用大葱厚铺锅底下，一重鱼，铺一重葱，鱼下完，加清酱少许，用好香油作汁，淹鱼一指，锅盖密。……取起吃之甚美，且可久藏不坏。"

制作单位

杭州饮食服务集团有限公司

主 料

青鱼（或草鱼）5000 克

辅 料

糟烧酒 100 克，绍酒 500 克，葱 150 克，酱油 250 克，姜块 150 克，白糖 750 克，八角茴香 10 克，精盐 100 克，桂皮 10 克，色拉油 500 克，五香粉 10 克

制作要点

◎青鱼去鳞、鳃、内脏后洗净，腹内血水用洁净布揩干，对剖开，切成 6 厘米厚的瓦块状，盛入大搪瓷盆。

◎加绍酒 100 克、精盐 50 克和酱油腌渍约 2 小时后取出，晾干，分成 5 份待用。

◎大锅中放入水 1000 克和绍酒 400 克，放入葱、姜（拍松）、八角茴香、桂皮、白糖，用旺火煎熬至汁水起黏性时，捞出葱、姜、茴香、桂皮，加入糟烧酒，离火，制成卤

汁待用。

◎另取大锅 1 只置旺火上，下色拉油，待油温升至 230℃ 左右时将鱼逐块逐块下锅，炸至外层结壳时捞起。待油温回升至 230℃ 时将鱼块入锅，炸至外层呈深棕色时捞出，再放入卤汁中，加盖焖约 1 分钟捞出。其余 4 份也如此炸制焖渍，装盘即成。

洞烟溪月晚来村，白酒青鱼旋揮豚。
——［宋］魏了翁《王常博寄示沌路七诗李肩吾用韵为予寿因次韵》

桂花糯米藕

🐟 🔥 **杭味故事**

这道菜将生糯米灌在莲藕中，配以桂花作为点缀，以口感甜糯、桂花香气浓郁的特点而享有盛誉。它是江南地区传统家常菜中一道既简单易做又好吃的佳肴。

制作单位

杭州知味观食品有限公司

主 料 ·······

藕 800 克，糯米 250 克

辅 料 ·······

红枣 10 颗，红糖 50 克，冰糖 50 克，糖桂花 20 克，盐 5 克

制作要点

◎糯米淘洗干净后浸泡 2 小时，沥干水分备用。

◎鲜藕洗净去皮，切去一端头部，头部留着备用。

◎将糯米填入莲藕中，灌满后把切下的藕梢盖在原切口上，用牙签固定。

◎锅中放入清水，以浸没藕为度，大火加热，待水沸腾后，加入红糖、冰糖、糖桂花，盖上盖子，改成小火煮 90 分钟，盛出晾凉后切片装盘即可。

🍒 **小贴士**

莲藕、萝卜、莴笋、山药、茄子等比较难熟的蔬菜，如果和肉类一起烹饪时，可以切成滚刀状，不仅好入口，而且口感非常浓郁。

桂花留晚色，帘影淡秋光。

——［元］倪瓒《桂花》

咸件儿

1956 年被浙江省认定为 36 种杭州名菜之一

制作单位

杭州皇饭儿王润兴酒楼有限公司

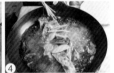

主 料

咸条肉 150 克

辅 料

绍酒 100 克，姜 20 克，葱 30 克，盐 5 克

制作要点

◎将咸肉处理干净，切取同样大小的两块肉放入锅内。

◎加入清水盖过咸肉，调入绍酒，用文火慢慢地将咸肉焖到七八分熟。

◎将咸肉捞出，放入蒸笼蒸熟，然后放在案上放平压实，待冷却后，切成 8 厘米长的长条形装盘即可。

  小贴士

这是杭州家常名菜，应大块烹制保温，适量取食。

平日公卿咸肉食，千年忠义属书生。

—— [明] 文徵明《咏文信国事四首》

   杭味故事

相传宋时老帅宗泽坚持抗金，家乡人民送去用土法腌制的猪肉劳军。此肉异香扑鼻，将士们纷纷询问，宗泽说："此乃吾家乡南肉也。"这就是咸件儿。

凉拌豆腐

豆腐是我国食品中的瑰宝。相传汉高祖刘邦之孙刘安是豆腐的发明者，被称为豆腐鼻祖。凉拌豆腐制作简单，便宜又好吃，是杭州人自家餐桌上百吃不厌的凉拌菜。

制作单位

杭州王元兴餐饮管理有限公司

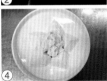

主　料

豆腐350克

辅　料

皮蛋70克,麻油20克,白糖5克,生抽5克,盐5克,小葱5克

制作要点

◎洗净豆腐后将其改刀，放入盘内。

◎皮蛋切碎，放生抽、盐、白糖、麻油，撒上葱花即可上桌。

小贴士

用剪刀将豆腐盒底四个角斜剪一刀，往里面吹一口气，再将豆腐盒，包装纸揭去，将整盒豆腐在一平底盘内反扣，便可轻松将易碎的嫩豆腐完整取出。用温热的刀背切皮蛋，蛋黄就不会粘住了。

石膏化后浓如酪，水沫挑成皱似衣。

——［清］李调元《豆腐诗》

糖醋萝卜

🐟 杭味故事

"熟食甘似芋，生荐脆如梨"，萝卜味甜、脆嫩、汁多，有"假燕窝""春不老"等民间称法，深受百姓喜爱，俗语有"十月萝卜赛人参"之说。

制作单位

建德市莘时客餐饮有限公司

主 料 ·····················

白萝卜 800 克

辅 料 ·····················

白糖 30 克，香醋 30 克

制作要点 ·················

◎ 把萝卜洗净备用。

◎ 取用萝卜四面表皮，厚度在 0.5 厘米左右。

◎ 用斜刀法把萝卜皮改刀切成小长条。

◎ 把切好的萝卜皮用白糖腌制出水，然后清洗干净，挤干水分。

◎ 把挤干水分的萝卜皮倒入调好的调料中浸泡，用盘子压实，12 小时后即可食用。

🐚 小贴士 ·················

萝卜、苦瓜等带有苦涩味的蔬菜，切好后加少量盐渍一下，滤出汁水再烧，苦涩味会明显减少。这道菜的出水环节必不可少，可用盐或糖。萝卜出水后调味，口感更脆爽入味。如果求速成，可用稍多的盐腌制，但滗去汁水后要用清水冲洗一下。如果直接用大量的糖腌制，最后可在调料里加一点点盐，"想要甜，加点盐"。

熟食甘似芋，生荐脆如梨。

——〔元〕许有壬《芦菔》

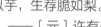

苦麻菜拌豆腐

小贴士

将豆腐用盐水煮一下，待水和豆腐变凉后一起放在保鲜盒内进冰箱存放，可以延长保存时间。

制作单位

杭州市王益春中式烹调技能大师工作室

主 料

豆腐 300 克，苦麻菜 300 克

辅 料

一品香麻油 5 克，精盐 5 克，蒜末 5 克，味精 3 克

制作要点

◎苦麻菜焯水，控干水分后切细末；豆腐切成小丁备用。

◎将切好的苦麻菜和豆腐丁倒入容器中，加入精盐、味精、胡椒粉搅拌均匀，淋入香麻油，盛入小碗倒扣至盘中即可。

杭味故事

明代鲍山《野菜博录》载："苦麻……食法：采嫩叶煠熟，淘去苦味，油盐调食。"明代高濂《遵生八笺》载："苦麻薹，三月采，用叶捣，和面，作饼食之。"

朝朝只与磨为亲，推转无边大法轮。
碾出一团真白玉，将归回向未来人。
　　——［宋］王老者《豆腐诗》

虫草花肚丝

制作单位

富阳东方茂开元名都
大酒店

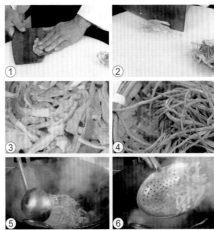

主料

肚头 250 克

辅料

新鲜虫草花 50 克，盐 3 克，味精 5 克，麻
油 2 克

制作要点

◎ 准备好新鲜肚头洗净，下锅煮熟，切成丝。
◎ 将新鲜虫草花洗净出水沥干。
◎ 最后将肚头丝和虫草花放一起，调入食
盐、味精、麻油，调拌均匀，装盘即可。

 小贴士

煮猪肚时千万不能先放盐，等煮熟后吃时
再放盐，否则猪肚会缩得像牛筋一样硬。

云辟御筵张，山呼圣寿长。
玉栏丰瑞草，金陛立神羊。
台鼎资庖膳，天星奉酒浆。

—— [唐] 卢纶《奉和圣制麟德殿宴百僚》

凉拌脆鱼皮

 小贴士

焯烫鱼皮的时间不
要过长，以免出现
化掉的迹象，影响
凉拌爽脆的口感。
要等鱼皮凉透了再
切丝。

供图单位
淳安县千岛湖烹饪餐
饮行业协会

①
②
③
④
⑤
⑥
⑦

主 料 ·······

鳙鱼鱼皮 400 克

辅 料 ·······

生姜 5 克，香菜 15 克，盐 3 克，白胡椒 3
克，绍酒 50 克，香油 5 克

制作要点 ·······

◎鱼皮洗净，改刀切成 8 厘米长、3 厘米
宽的长条。

◎锅内放入水、盐、绍酒，待沸后下鱼皮，
烫半分钟后捞出，控干水分，加入姜丝、
香菜和调味料拌匀即可。

海鱼沙玉皮，剪脍金齑酽。

——〔宋〕梅尧臣《答持国遗鲨鱼皮脍》

 **杭味故事**

宋代大诗人梅尧臣《答持国遗鲨鱼皮脍》一诗提及了鱼皮做菜，是为珍品："海鱼
沙玉皮，剪脍金齑酽。远持享佳宾，岂用饰宝剑。予贫食几稀，君爱则已泛。终当
饭葵藿，此味不为欠。"现代人充分利用产量更大的鳙鱼皮制作各类菜肴，让凉拌
鱼皮成为一道深受人们喜爱的家常下酒菜。

莲藕炝腰花

2000 年杭州市认定的
48 道新杭州名菜之一
新杭帮菜 108 将之一
2012 年中国杭帮菜博物馆评选的
"十佳精品杭帮菜"之一
第四届中国美食节金鼎奖

杭味故事

莲藕入菜不仅有
江南的地域特色，
也有季节的特征。
炝是目前流行的
一种烹饪方法，
它保持了腰花脆
嫩的口感。

制作单位

杭州新开元大酒店有
限公司

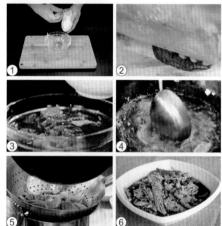

主 料

猪腰 300 克，莲藕 400 克

辅 料

青辣椒 100 克，红辣椒 100 克，姜 20 克，
葱 10 克，蒜 5 克，香油 5 克，盐 12 克，
味精 5 克，白酒 10 克，生粉 15 克，酱油
10 克，白醋 10 克，白糖 5 克，蚝油 20 克

制作要点

◎莲藕洗净，切成薄片，加入糖水、白酒
泡好。

◎将腰子洗净切梭子花刀块，放入盐、味精、
白酒、淀粉，搅拌上浆，焯水。

◎用矿泉水将腰子浸凉，放在莲藕打底的
盘中。

◎用蚝油、糖、酱油、醋、姜、蒜、红椒片、
青椒片等调成酱料，浇在腰花上，淋上芝
麻油，撒上葱丝。

小贴士

爆炒腰花或猪肝时，先用料酒和醋腌制一
刻钟，然后用蒜头和洋葱进行爆炒。这样
做的腰花不仅无血水，而且还会胀大一倍，
吃起来更加爽口。

桂尊瑶席不复陈，苍山绿水暮愁人。

———［唐］司空曙《送神》

椒盐白鳌鯈

🐟 杭味故事

鳌鯈鱼是杂食性鱼类，个体小，生长慢，喜欢群居，经济价值不高，这也使得这类杂鱼能够时常成为百姓餐桌上的家常菜。

供图单位

淳安县千岛湖烹饪餐饮行业协会

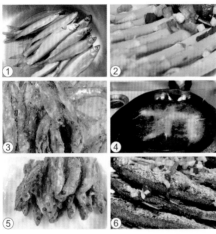

①　②

③　④

⑤　⑥

制作要点 ....

◎鳌鯈去鳞去内脏洗净后沥干水，加入姜、盐、糖、料酒、生抽、老抽腌渍10分钟。

◎将芦笋洗干净并焯水，再整齐地摆放在盘中。

◎炒锅不放油，将花椒炒至微黄捣成粉，加入细盐和五香粉，做成椒盐。

◎另起油锅，待油温七成热时，放入腌制好的鳌鯈，炸至金黄香酥，撒上椒盐，点缀青红椒和小葱即可。

主 料 ....

鳌鯈10条约400克

辅 料 ....

芦笋250克，青、红椒各15克，小葱10克，盐6克，花椒8克，生姜6克，白糖3克，五香粉3克，料酒10克，生抽15克，老抽5克，色拉油1000克（约耗100克）

🍇 **小贴士**

烧整条鱼、炸鱼块时，在烹制前先用适量的盐腌渍再烹制，有助于咸味渗入。

好鸟忽双下，鯈鱼亦群游。

——［明］王守仁《水滨洞》

蟹子黄鱼卷

新杭帮菜108 将之一

杭味故事

小黄鱼肉嫩且多，肉呈蒜瓣状，刺少，营养丰富，是优质食用鱼，味道鲜美，是病后体虚者的滋补和食疗佳品。

制作单位

杭州名人名家餐饮娱乐投资有限公司

①

②

③

④

⑤

⑥

主 料

小黄鱼 500 克，蟹子 15 克

辅 料

糟卤汁 500 克，盐 15 克，味精 5 克

制作要点

◎将小黄鱼洗净，去掉骨头，用盐腌渍。
◎将小黄鱼卷成筒状，用牙签固定。
◎锅内放油，待油温六成热时放入小黄鱼，炸成形。
◎将炸好的小黄鱼浸泡在糟卤汁中，一小时后取出。
◎将蟹子摆在黄鱼上，装盘即可。

 小贴士

小黄鱼切块大小要适中，更易烹饪。黄鱼肉质鲜嫩，适合清蒸，如果用炒的话，油量需多些，以免将黄鱼肉炒散，煎的时间也不宜过长。

荻芽抽笋河肫上，楝子开花石首来。
　　　　——［宋］范成大《晚春田园杂兴》

凉拌芹菜

制作单位

杭州渔哥餐饮娱乐管
理有限公司

主 料

芹菜 200 克，小萝卜 100 克

辅 料

米醋 100 克，酱油 50 克，蒜末 10 克，红
泰椒 50 克，味精 3 克，麻油 10 克，盐 5 克

制作要点

◎将芹菜洗净，改刀切段，放入冰水中泡
20 分钟左右。

◎将泡好的芹菜捞出，放入盆中，加入蒜末、
红泰椒段，调入米醋、酱油、味精拌匀。

◎加入切好的小萝卜，调入麻油，拌匀装盘。

小贴士

拌凉菜的绿色蔬菜烫熟后过一遍凉水，会
变得更翠绿更爽口，莴笋、芹菜、豆角等
更是如此。

晨霞耀中轩，满席罗金琼。
——〔唐〕卢纶《上巳日陪齐相公花楼宴》

西湖醉膏蟹

小贴士

这道菜制作时一定要把蟹脐部的脏污挤掉或剪掉，最好用小牙刷把蟹洗净沥干，最后用饮用水冲洗一下，再让蟹把水完全吐净。

制作单位

杭州西湖春天餐饮管理有限公司

主 料

青蟹或梭子蟹 600 克

辅 料

生姜 20 克，黄酒 300 克，糖 80 克

制作要点

◎膏蟹揭盖洗净，沥干水分。

◎取一容器放入黄酒、糖、生姜搅匀。

◎放入膏蟹密封，进冰箱冷藏，5 天后即可食用。

◎改刀装盘，蘸姜末和醋食用。

未游沧海早知名，有骨还从肉上生。
——[唐]皮日休《咏螃蟹呈浙西从事》

杭味故事

人称"蟹仙"的清代美食家李渔曾说过："（螃蟹）无论终身一日皆不能忘之，至其可嗜、可甘与不可忘之故，则绝口不能形容之。" 李渔已将吃螃蟹提升到"平生独此求"的境界。自上一年螃蟹退市时，李渔就存钱等待螃蟹上市，称之为"买命钱"。蟹还未上市，他就担心过了时节，螃蟹要没了，便命家人洗瓮酿酒，以备制作糟蟹、醉蟹之用。这道菜酒香浸透膏蟹的每一丝肉，两种香味美妙地融合在一起。

鸡火拌莼菜

制作单位

杭州天元大厦有限公司

主　料 ································

莼菜 400 克，熟鸡肉 50 克，火腿 50 克

辅　料 ································

精盐 5 克，香油 3 克，鸡精 3 克

制作要点 ································

◎将熟鸡肉和火腿切细丝。

◎将莼菜洗净，沸水焯至变色捞出，控干水分。

◎取一大碗，放入莼菜、鸡肉丝、火腿丝、精盐、香油、鸡精，拌匀装盘即可。

鲈鱼正美莼丝熟，不到秋风已倦游。

——［明］陆树声《莼菜》

 杭味故事 ·············

鸡火指鸡及火腿。莼菜，又名水葵，其嫩茎、芽及卷状幼叶，有无味之味，通常用于高档羹汤。南朝宋刘义庆《世说新语·言语》载："陆机诣王武子，武子前置数斛羊酪，指以示陆曰：'卿江东何以敌此？'陆云：'有千里莼羹，但未下盐豉耳。'"南宋美食家陆游《致仕后即事》一诗中也提到莼羹："一生病鹤寄樊笼，此去鸿冥万里空。未论莼羹与羊酪，新粳要胜太仓红。"莼羹与羊酪一样，古人常借此代指乡土特产的美味。

白切献鸡

🦪 小贴士

做这道菜的关键在于保持水不沸腾或微沸，再用冷开水过冷而成。鸡熟与否可以摸捏鸡的腿部，以大脚筋紧缩、鸡腿肉紧实为熟。

制作单位

杭州西湖春天餐饮管理有限公司

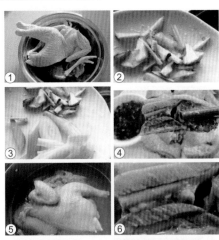

主 料

献鸡 1 只 3000 克

辅 料

姜 20 克，葱 15 克，花生油 50 克，盐 15 克，生抽 10 克，香油 5 克

制作要点

◎将鸡洗净，浸入锅里热水中。
◎用文火烧 25 分钟，锅里的水保持不沸腾。
◎将原汤和鸡倒入盆中自然冷却，利用水的热度把鸡浸透、泡熟。
◎将姜、葱、花生油、盐、生抽、香油等辅料混合拌匀待用。
◎把鸡取出切块装盘，搭配自制蘸料上席。

🐟 杭味故事

据记载，萧山鸡已有 2000 多年的饲养历史。早在春秋时期的越国，民间土种鸡被择优选入越王宫中作观赏玩乐之用，逐渐形成性状良好的鸡种，名为越鸡。在 20 世纪六七十年代，萧山鸡也是杭州、上海等地高档饭店里指定的鸡种。

只有今宵同此宴，翠娥伴醉欲先归。

——［唐］崔瓘《赠营妓》

陈皮醉蟹

选蟹时选个头稍小的青蟹（母蟹），这样不仅容易让酒香入味，而且肉质肥美。制作前要将蟹洗刷干净并沥去水分，盛器要严格消毒。

制作单位

杭州天元大厦有限公司

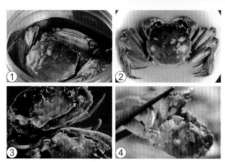

① ② ③ ④

杭味故事

《晋书·毕卓传》记载了东晋吏部郎毕卓的名句："得酒满数百斛船，四时甘味置两头，右手持酒杯，左手持蟹螯，拍浮酒船中，便足了一生矣。"在他眼里，一只手拿着酒杯，一只手拿着螃蟹，这样一生就知足了。杭州人爱吃醉蟹，从这个角度看，古代杭州人真的很会享受美好生活。

初筵临泛地，旧俗祓禳时。

——［唐］张登《上巳泛舟得迟字》

主 料

湖蟹（母蟹）100 克

辅 料

陈皮 20 克，干辣椒 10 克，茴香 10 克，桂皮 15 克，生姜 20 克，黄酒 100 克，酱油 20 克，白糖 3 克，盐 3 克

制作要点

◎把母蟹外表刷洗干净，沥干水。

◎母蟹放入盆中，加入淹没毛蟹的黄酒，放置 1 个小时。

◎把腌渍母蟹的酒倒掉，用清水把蟹冲洗干净。

◎再次加入适量黄酒和酱油，混入陈皮、干辣椒、茴香、桂皮、姜末、盐和白糖，搅拌均匀，入冰箱放置 2-3 天即可。

糟三拼

制作单位

杭州新开元大酒店有限公司

主 料
门腔 80 克，鸭爪 1 对 150 克，五花肉 400 克

辅 料
香糟卤 50 克，盐 10 克，味精 15 克，生姜 5 克，干辣椒 5 克，黄酒 15 克

制作要点
◎将门腔、鸭爪、五花肉分别放在净水里浸泡几个小时，洗净，沥干水分。

◎将门腔和五花肉切片，鸭爪切小块。生姜切末，干辣椒切碎。把黄酒、食盐、生姜、味精等加入香糟卤，搅拌均匀。

◎将门腔、鸭爪、五花肉和香糟卤拌匀，放入锅内蒸熟后放入干糟罐内数天即可。

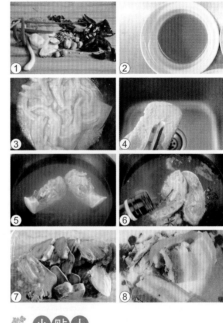

 小贴士

炖煮肉类时加入啤酒可以让肉质更松软。香糟卤除了可以卤制门腔(猪舌头)、鸭爪、五花肉等荤菜外，还可以卤制蔬菜，不过时间可以相对缩短，半小时即可。

开门面淮甸，楚俗饶欢宴。

——［唐］武元衡《古意》

雪汁白马御笋

 杭味故事

据说，产于遂昌海拔 1200 多米的国家级森林公园白马山的白马御笋，并不是所有人都能找得到，如果心不够虔诚，即使能远远看到它，走近时也会幻化成一条条小蛇。

制作单位

杭州渔哥餐饮娱乐管理有限公司

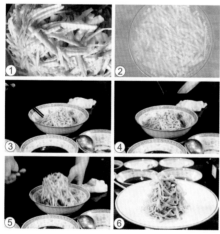

主 料

白马御笋 100 克

辅 料

麻油 15 克，葱花 10 克，盐 5 克

制作要点

◎ 将笋焯水后撕成丝，放入容器中。

◎ 倒入麻油，放入葱花，拌匀即可。

竹笋味甘，在药用上具有清热化痰、益气和胃、治消渴、利水道、利膈爽胃等功效。竹笋含纤维多，食用竹笋不仅能促进肠道蠕动、帮助消化、去积食、防便秘，并有预防大肠癌的功效。竹笋含脂肪、淀粉很少，属天然低脂、低热量食品，是肥胖者减肥的佳品。养生学家认为，竹林丛生之地的人多长寿，且极少患高血压，这与常吃竹笋有一定关系。

此处乃竹乡，春笋满山谷。
——［唐］白居易《食笋诗》

抹茶山药

 杭味故事

元代诗人王冕是浙江诸暨人，号煮石山农。他尤喜食山药，并专门为山药赋诗一首，流传至今："山药依阑出，分披受夏凉。叶连黄独瘦，蔓引绿萝长。结实终堪食，开花近得香。烹庖入盘馔，不馈大官羊。"

制作单位

杭州名人名家餐饮娱乐投资有限公司

主　料

山药 300 克

辅　料

牛奶 40 克，白糖 20 克，抹茶酱 5 克

制作要点

◎将山药切成段，大火蒸熟后去皮。

◎山药放榨汁机打成泥，并准备好牛奶和白糖。

◎山药泥中加入牛奶和白糖。

◎将调好的山药泥装在特殊模具里，倒扣在碟子上，并在山药顶端挖一个洞，方便之后浇抹茶酱。

◎把抹茶酱用牛奶调稀后浇在山药上。

◎把山药倒入保鲜盒中，放冷藏冰箱凝固，保鲜。食用时，撒上些许抹茶用于出品造型即可。

小贴士

山药是一味珍贵的中药材，被赞为长寿因子，是药食兼用的良药佳肴。作为蔬菜食用，它细腻滑爽，别具风味。山药肉质细嫩，含有极丰富的营养保健物质。山药中含皂苷、黏液质、胆碱、山药碱、淀粉、糖蛋白、自由氨基酸、多酚氧化酶、维生素C、，还有硒、铁、铜、锌、锰、钙等多种微量元素。

秋夜渐长饥作祟，一杯山药进琼糜。
——［宋］陆游《秋夜读书每以二鼓尽为节》

鲞拼鸡

🐟 **杭味故事**

此菜源自浙江传统菜白鲞蒸鸡。白鲞原则上是指黄鱼鲞，其咸味与鸡肉融合，产生咸鲜的口感。《本草纲目》有载："诸鱼鲞干皆为鲞，其美不及石首，故独得专称。以白者为佳，故呼白鲞。"

制作单位

杭州跨湖楼餐饮有限公司

主 料

萧山大种鸡400克，大白鲞200克

辅 料

绍酒10克，生姜5克，味精3克，小葱5

风雨交中土，簪裾敞别筵。
——［唐］权德舆《送杜尹赴东都》

克，盐5克

制作要点

◎将鸡宰杀洗净，上笼蒸至六分熟取出凉透待用。

◎白鲞取中段用淘米水浸泡12小时，取出冲水待用。

◎中碗一只，将鸡脯肉切成长方条，皮朝下摆放在碗的一侧，另一侧也用等宽的白鲞条摆放。

◎上面放剩余的鸡肉，放入绍酒、生姜、葱段、原汁鸡汤，上笼用旺火蒸30分钟。

◎出笼拣去姜、葱，倒出原汤后覆扣在深盘中，原汤加味精淋扣在鸡上，撒上葱丝。

🍇 **小贴士**

盐渍后经漂洗晒干的干黄鱼称"白鲞"，质优；整条盐渍后晒干的称"瓜鲞"，质量较白鲞差。

捞汁大连鲍

制作单位

杭州名人名家餐饮娱乐投资有限公司

主 料

8头鲍鱼6只

辅 料

盐20克，沙拉酱5克，辣油5克

制作要点

◎将鲍鱼洗杀干净，去壳备用。

◎将每个鲍鱼一开二，放在自制盐水里泡2小时。

◎把泡过盐水的鲍鱼吸干水分。

◎用原味沙拉酱和辣油把鲍鱼拌匀即可。

🌼 小贴士

捞汁是一款由酿造酱油、果汁、酿造食醋及各种香辛料调和而成的复合调味汁，其口味特点是酸、甜、鲜、咸、微辣。

带香入鲍肆，香气同鲍鱼。

——〔唐〕曹邺《杂诫》

老卤牛腱子

制作单位

杭州照晖冠江楼餐饮有限公司

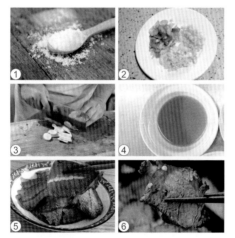

主 料 ....

牛腱子 300 克

辅 料 ....

黄酒 20 克，辣椒 10 克，冰糖 50 克，八角 5 克，桂皮 5 克，花椒 5 克，小茴香 5 克，肉蔻 5 克，丁香 5 克，葱 2 克，姜 5 克，盐 5 克

 小贴士 ....

牛腱子肉是指牛膝关节往上大腿上的肉，前腿肉称前腱，后腿肉称后腱，均有肉膜包裹，内藏筋，硬度适中。牛肉的纤维组织较粗，结缔组织又较多，应横切，将长纤维切断，不能顺着纤维组织切，否则不仅没法入味，还嚼不烂。

制作要点 ....

◎将牛腱子肉放入净水中浸泡 6 个小时，取出，沥干水分。

◎取八角、桂皮、花椒、小茴香、肉蔻、丁香，放入棉布袋中，收口绑紧。

◎在锅内加入葱、辣椒、姜、黄酒、酱油适量，加入水和冰糖，将香料袋放入，煮滚后小熬一会儿。

◎将牛腱子放入锅中，小火炖 1 个小时左右。

◎取出牛腱子肉，待凉，切片装盘即可。

长筵映玉姐，素手弹秦筝。

——〔唐〕权德舆《古意》

冷菜类 / 29

腊味糍粑

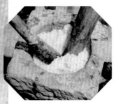

制作单位

浙江德悦酒店管理有限公司

主 料

糯米 500 克

辅 料

香肠 80 克，咸肉 100 克

制作要点

◎糯米放平盘蒸熟。

◎单面煎金黄，刷咸肉汤汁出锅改刀。

◎装盘时上面盖上香肠和咸肉片。

 杭味故事

糍粑是很多地方的传统美食，但不同地区做糍粑的时间不尽相同。多数地区习惯在腊月打糍粑，江浙地区就是如此；广东梅州客家地区，每逢传统节日或家庭喜庆时都会做糍粑；四川地区的人会在中秋节前制作糍粑，象征丰收、喜庆和团圆，是与月饼齐名的必备佳品。

小贴士

不同地方制作的糍粑口味也不一样。有的喜欢在糍粑中加入桂花捣制成月桂糍粑，蘸炒黄豆面和白糖吃；有的喜欢在热糍粑中裹入熟红豆等豆制品，再加入适量食盐，切成椭圆状片块放到熟菜油中油炸。

早晚归来欢宴同，可怜歌吹月明中。

——［唐］权德舆《秋闺月》

话梅花生

小贴士

用冷锅冷油炒花生米，花生米酥而不变色、不脱衣。如果使用的话梅表面有一层白白的盐，要将那层盐洗掉，这样煮出来的花生米颜值才会高。

制作单位

杭州新白鹿餐饮管理有限公司

杭味故事

花生又名落花生、长生果，原产于南美洲热带、亚热带地区，约 16 世纪传入中国。在杭州比较讲究的饭馆，话梅花生的做法要冷菜热做，即采用蒸制之法。先将花生等原料经过初加工和腌渍入味后，再加入蒸锅中蒸熟。这样蒸制的好处是成菜后原料的色泽保持不变，口感清鲜软嫩。

主 料

花生仁 400 克，话梅 10 颗

辅 料

桂皮 5 克，食盐 3 克，白糖 6 克

制作要点

◎花生仁洗净，浸泡 3 小时。

◎锅中放水烧开，加入桂皮、花生仁，大火煮沸后转中火煮 10 分钟，加入食盐、白糖再煮 5 分钟。

◎加入话梅，继续煮 10 分钟，盛出待凉后放入冰箱冷藏 3-4 小时即可食用。

秋光风露天，令节庆初筵。

—— [唐] 权德舆《和九日从杨氏姊游》

古法素火腿

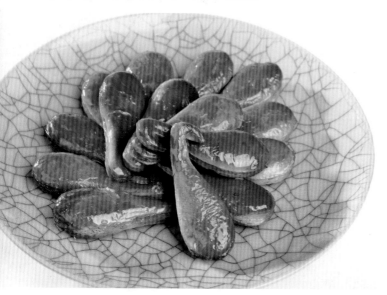

杭味故事

"火腿偏宜素食人，酒边细嚼味津津。猫笋大者切片，盐炸干后，买以佐酒，号素火腿。"清代杭州食谱《乡味杂咏》为我们提供了完备记录。

供图单位
杭州酒家

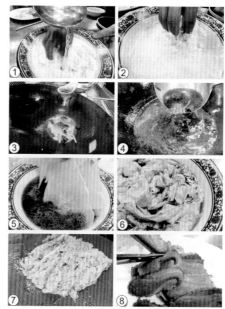

主料

豆腐皮 250 克

辅料

酱油 25 克，白砂糖 15 克，五香粉 3 克，黄酒 5 克，香油 2 克

制作要点

◎炒勺内放酱油、白砂糖、黄酒等辅料。

◎用旺火烧开后，将豆腐皮撕碎投入。关火，待汤基本吸干后，淋入香油拌匀。

◎用吊幅布将豆腐衣紧紧包成圆棍形，用绳扎紧，上笼蒸约 1 小时，取出。

◎待完全冷却后，解开布包，装盘即成。

台心短黄奉天厨，熊蹯驼峰美不如。

——［宋］陆游《菜羹》

小贴士

吃素可以减低胆固醇含量，保护肠胃，平和心境，减轻体重，降低患癌风险。但是，素食者不应将牛奶之类的乳制品排斥在外，应适量食用乳制品。

秀水醉鱼

供图单位

淳安县千岛湖烹饪餐饮行业协会

① ② ③ ④ ⑤ ⑥

◎鱼内外均匀抹上盐后腌渍，咸度自己掌控。

◎取陶罐，底下垫上蒸架，把鱼层层码入，上面用重物压水分，一周后取出晒干，大约晒两天。

◎把准备好的红干椒、花椒、醉料（黄酒和糟烧酒按 10∶1 调配）倒入容器。

◎把晒好的鱼干放进容器，用调料淹没浸泡，盖上盖子，置阴凉的地方腌制 7 天。

◎腌制好的醉鱼分成 300 克一份，切成小段，去掉鱼鳍，码在一起，上锅大火蒸 10 分钟，冷却后即可。

主　料

青鱼 500 克

辅　料

红干椒 10 克，食盐 5 克，花椒，50 度糟烧酒 10 克，黄酒等（做醉鱼一般量比较大，这里主料、辅料不具体量化）

制作要点

◎将青鱼剖杀洗净，鱼腹的部分剖开，鱼腩和脊柱舍去，用刀把鱼肋骨切下来。

南有嘉鱼，烝然罩罩。

君子有酒，嘉宾式燕以乐。

——［先秦］《诗经·小雅·南有嘉鱼》

冷菜类 / 33

酱鱼

🐟 杭 味 故 事

酱鱼是千岛湖水上
人家过年的传统年
货，自己动手晒制
美味的酱鱼干，先
腌再用特制的农家
酱精心制作而成，
其肉色酱红，酱香
油润，回味无穷。

供图单位

淳安县千岛湖烹饪餐
饮行业协会

主 料

黄力梢鱼 10 条

辅 料

葱 20 克，生姜 25 克，农家酱 50 克，白
糖 10 克，料酒 50 克，酱油 250 克

制作要点

◎鱼剖杀后挖出内脏洗净，控干水，用精
盐在鱼表面均匀地擦一遍。

◎缸内排放好鱼，加入白酒、农家酱、酱油、
白糖、姜、葱结调匀，上面用竹网盖住压实，
在 0℃左右的温度下腌 24 小时出缸。

◎出缸后在日光下晾晒 2 天即为酱鱼成品。

 小 贴 士

腌的目的有三：或为将材料腌软，或为使材
料腌上香味，或为能较长时间保存材料。

◎将鱼放入大盘，加料酒、姜、葱，上笼
蒸 30 分钟，冷却后切块装盘。

湖游泛漭沆，溪宴驻潺湲。

—— [唐]韩愈《送灵师》

素烧鹅

素烧鹅是杭州人很喜欢的素卤凉菜，口感清鲜，营养丰富。它虽是素食名肴，但是文人墨客惯以仿荤菜称之，体现了江南地区文人的一种生活情趣。

制作单位

杭州饮食服务集团有限公司

主料

豆腐皮 10 张

辅料

胡萝卜 50 克，西葫芦 250 克

制作要点

◎将西葫芦、胡萝卜切丝汆水，拌入调料。

◎将两丝用豆腐皮包制。

◎放入锅内煎至两面金黄，改刀装盘即可。

 小 贴 士

西葫芦含有较多维生素 C、葡萄糖等营养物质，尤其是钙的含量极高。胡萝卜含有大量胡萝卜素，进入人体后，在肝脏及小肠黏膜内经过酶的作用，其中部分胡萝卜素变成维生素 A，有补肝明目的作用，可治疗夜盲症。胡萝卜还含有植物纤维，是肠道中的"充盈物质"，可加强肠道的蠕动。此外还含有降糖物质，是糖尿病人的良好食品。

蔬盘惯杂同羊酪，象箸难挑比髓肥。

——〔元〕张劢《豆腐诗》

曹家桥鹅肉

🍓 **小贴士**

肉色呈鲜红色、血水不会渗出太多的鹅肉才新鲜。鹅肉鲜嫩松软，清香不腻，以煨汤居多，也可熏、蒸、烤、烧、酱、糟等。

制作单位

杭州雷迪森铂丽大饭店

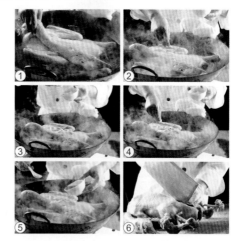

主 料

家鹅250克

辅 料

生姜15克，葱5克，绍酒20克，酱油10克，盐5克

制作要点

◎将鹅肉洗净后抹上少许盐，加水用大火煮沸。

◎再改中火煮至血水放出即可熄火，加生姜、葱和绍酒，将鹅肉焖熟，捞起待凉后再切成薄片备用。

◎将调味料与鹅肉片拌匀，腌入味后再将其他材料放入拌匀。

◎盛盘时，可用筷子先将鹅肉片排好，再将其他材料铺上，淋上母子酱油即可。

🐟 **杭味故事**

南方人喜欢吃鹅肉，鹅肉有"家雁肉""舒雁肉"的雅号，农村还有"无鹅不成席"的俗话。在杭州萧山区曹家桥一带，人们爱吃鹅肉是出了名的，当地有一家树金鹅肉馆，已经开了三十余年。

念汝欲别我，解装具盘筵。

——［唐］韩愈《示爽》

义桥羊肉

制作单位

杭州雷迪森铂丽大饭店

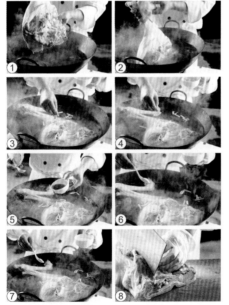

主 料 ....•

小山羊肉 200 克

辅 料 ....•

葱 5 克，姜 10 克，味精 2 克，绍酒 10 克，
花椒盐 5 克

制作要点 ....•

◎将小山羊肉余水。

◎加入葱、姜、味精、绍酒，调味小火煮熟。

◎将小山羊肉出锅改刀，配上花椒盐即可。

 杭 味 故 事

清末，义桥有朱姓人家以宰羊、煮肉为生，徒弟姓王。一次，徒弟不小心把石磨砸在烹煮的
羊肉上，结果发现味道反而更美，师徒俩便创制出了以拆骨、整羊和老汤烹煮为特色的义桥羊
肉，至今已传承五代。元代许有壬《秋羊》一诗，说尽了羊肉之美："塞上寒风起，庖人急尚供。
戎盐春玉碎，肥狞压花重。肉净燕支透，膏凝琥珀浓。年年神御殿，颁馂每沾侬。"

烹羊宰牛且为乐，会须一饮三百杯。

——［唐］李白《将进酒》

冷菜类 ／

37

白切萧山鸡

🍍 **小贴士**

煮好的鸡要用冷水冷却，这样既保持鸡的原汁原味，又能使鸡皮爽口、肉质嫩滑，食时佐以蘸料，如芥末酱料、姜蒜葱味料、沙姜蒜味料、蒜泥香菜料等。

制作单位

杭州雷迪森铂丽大饭店

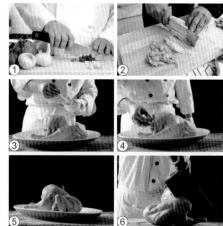

主料

萧山大种鸡 200 克

辅料

姜 5 克，葱 10 克，绍酒 10 克，酱油 5 克

制作要点

◎鲜鸡宰杀洗净。

◎加姜、葱、绍酒调味后蒸熟。

◎改刀，配母子酱油即可。

金鼎调和天膳美，瑶池沐浴赐衣新。

——［唐］王建《上李吉甫相公》

🐟 **杭味故事**

萧山鸡又称"萧山大种鸡"，形态俊美，肉质鲜嫩，香味浓郁，营养丰富。这种鸡的特点是早期生长较快，早熟，易肥，屠宰率高，是杭州人经常食用的家禽。据传白切鸡创始于清代的民间酒店，因烹鸡时不加调味白煮而成，食用时随吃随斩，故名，又叫白斩鸡。清人袁枚《随园食单》称之为白片鸡："鸡功最巨，诸菜赖之，故令羽族之首，而以他禽附之，作羽族单。"

风味青鱼干

制作单位

杭州雷迪森铂丽大饭店

割几下，以便入味及烘干时可快速散发水分。用流水清洗，除净污血、黑膜、内脏及鱼鳞等。

◎以鱼体重 15%-20% 的盐分进行腌渍，均匀撒盐，然后腌渍（一般腌渍时间 1 天以上），5 天后翻面，风干。

◎食用时斩成块，放在锅里蒸熟，冷却后改刀装盘即可。

主 料 ....

青鱼干 200 克

辅 料 ....

葱 5 克，姜 5 克，盐 5 克，白酒 3 克

制作要点 ....

◎先将鱼鳞去除干净，再从尾鳍沿背鳍剖开至鱼头处，肚皮相连，去头，从背部无肉处切下，把整个鱼身摊开，不要弄破胆汁。

◎去除内脏及杂物，在鱼身肉厚处用刀划

小贴士

蒸鱼或蒸肉时，待水沸后再上蒸笼，能使鱼或肉外部突然遇到高温蒸汽而立即收缩，内部鲜汁不外流，熟后味道更鲜美。

劳动故人庞阁老，提鱼携酒远相寻。

——［唐］白居易《病假中庞少尹携鱼酒相过》

萧山萝卜干

萧山十大名菜之一

制作单位

杭州雷迪森铂丽大饭店

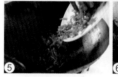 

主 料
萝卜干 200 克

辅 料
糖 20 克，麻油 7 克，味精 2 克，食用油 3 克

制作要点
◎ 将萝卜干洗净后蒸熟。

◎ 淋上糖、麻油、味精，搅拌均匀。

◎ 翻炒入味即可。

小贴士

蒸萝卜时应该先将其切碎，按 300：1 的比例放入食醋，再上锅蒸，就可使异味消失。

如何纯白质，近蒂染微青。
——［宋］刘子翚《园蔬十咏·萝卜》

杭味故事

萧山萝卜干以萧山的"一刀种"萝卜为原料，"一刀种"因其长度与菜刀相近，加工时一刀可分成两半而得名。这道菜是萧山的金名片，其制作技艺于 2009 年被列入"第三批浙江省非物质文化遗产名录"，具体的工艺流程为：原料整理→晾晒→盐腌→晾晒→盐腌→加料腌制→成品。

虾油拼盘

制作单位

杭州雷迪森铂丽大饭店

辅 料 ....

虾油 100 克，清鸡汤 30 克

制作要点 ....

◎将猪肝洗净，经开水蒸熟至断生，捞出控干水分，切成薄片。

◎蛋卷氽水后煮熟，捞出控干水分。

◎将猪肝和蛋卷分别放入鸡汤和虾油鱼露中浸入味。

◎根据装盘器皿，将猪肝切片、蛋卷改刀，装盘即可。

 小贴士

猪肝中含有丰富的维生素 A、维生素 B_2、铁等元素，有补肝、明目、养血的功效，特别适合贫血、常在电脑前工作、爱喝酒的人食用。

主 料 ....

猪肝 100 克，蛋卷 100 克

宜春院里驻仙舆，夜宴笙歌总不如。

——［唐］王涯《宫词三十首》

鲞冻肉

萧山十大名菜之一

🍍 **小 贴 士**

制鲞工艺是很讲究的：压物过轻，鱼不易腌透入味且容易变质；过重，鱼的水分挤出过多，鲞肉会发"柴"。腌时间一般以 48 小时为宜。

制作单位

杭州雷迪森铂丽大饭店

主 料

猪五花肉 350 克，黄鱼鲞 100 克

辅 料

黄酒 50 克，酱油 50 克，白糖 15 克，葱、姜各 10 克，猪皮 100 克，香叶、桂皮、茴香各 2 克

制作要点

◎选 2/3 瘦、1/3 肥的猪五花肉洗净沥干，切成长 3 厘米、宽 2 厘米的条形。

◎黄鱼鲞刮鳞去鳃洗净沥干，切成长、宽各 2 厘米的正方块。

◎猪皮切成长 10 厘米、宽 4 厘米的条状备用。

◎炒锅烧热滑锅，将葱、姜煸一下，加入黄酒、清水、酱油、白糖、香叶、桂皮、茴香，放入五花肉、黄鱼鲞、猪皮，用大火烧沸，

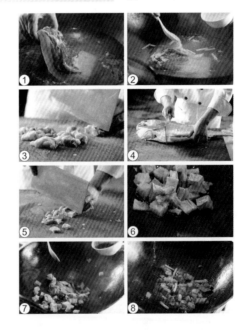

撇去浮沫。

◎加盖用小火烧 1 小时 50 分钟至酥软，出锅分盛在小碗里，冷却结冻即成。

远行僮仆应苦饥，新妇厨中炊欲熟。
　　　——［唐］王建《田家留客》

蛋松

制作单位

建德汇金大酒店

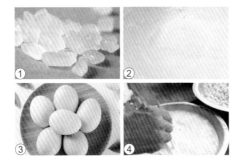

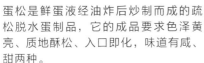**小贴士**

蛋松营养丰富，但老年高血压、高血脂、冠心病人宜少量、限量食用，既可补充优质蛋白质，又不影响血脂水平。湿热体质、痰湿体质也不宜过多食用蛋松。

杭味故事

蛋松是鲜蛋液经油炸后炒制而成的疏松脱水蛋制品，它的成品要求色泽黄亮、质地酥松、入口即化，味道有咸、甜两种。

主　料

鸡蛋250克（5只）

辅　料

白糖5克，淀粉15克，白芝麻3克，食盐2克

制作要点

◎鸡蛋加白糖、淀粉后打散，要将白糖打化。

◎七成油温入鸡蛋炸至微黄，关火快速捞出控油。

◎将鸡蛋倒在模具上，撒上白芝麻压3分钟后切成小条即可。

鱼盐隘里巷，桑柘盈田畴。

——［唐］岑参《送颜平原》

排南

1956 年被浙江省认定为 36 种杭州名菜之一

🌿 小贴士

排南的主要材料
为火腿。虽然火
腿为发酵食品，
便于携带和贮藏，
但是它仍然不能
长期放在日光直
射、高温、近火或
潮湿的地方，应
放在阴凉、通风、
干燥的地方。

制作单位

杭州饮食服务集团有
限公司

主 料

熟上方火腿 1 块 150 克

辅 料

绍酒 10 克，白糖 15 克

制作要点

◎将火腿洗净备用。

◎将火腿上方留 0.3 厘米厚的肥膘，其余
肥膘批去不用。

◎切成厚薄均匀、"骨牌"大小的小方块
24 块，分 3 层装盘，底层 12 块（3 行），
中层 8 块（2 行），上层 4 块。

◎白糖加入少许开水，溶化后再加绍酒搅
匀，浇在排南块上。

◎放入蒸笼，扣上碗，蒸 1 分钟左右即成。

🐟 杭味故事

南肉是产于长江以南的腌肉的总称。排南
是南腿（火腿）的简称，选用南肉中的上
品金华火腿，切成骨牌形的小块，蒸制而成。
因"牌"与"排"同音，故杭州人称之为"排
南"。

火腿用猪胰二个同煮，油尽去。藏火
腿于谷内，数十年不油，一云谷糠。
　　——［宋］苏轼《格物粗谈·饮馔》

2 肉菜类

猪牛羊，最爱的还是家常红烧

 **钱江肉丝**

制作单位

杭州饮食服务集团有限公司

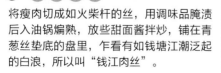

主 料

猪里脊 250 克

辅 料

酱油 10 克，姜丝 20 克，白糖 5 克，葱丝 50 克，料酒 5 克，湿淀粉 20 克，鸡蛋清 1 个，精盐 20 克，清汤 30 克，甜面酱 20 克，淀粉 10 克，红辣油 10 克，高汤 50 克

制作要点

◎猪里脊肉洗净切成肉丝，加入蛋清、盐、胡椒粉、绍酒和一点淀粉，用手抓匀静置片刻。起油锅烧至四成热，倒入肉丝划散，待肉丝发白捞起备用。

◎锅里留少许油，放甜面酱炒香，再加入酱油、料酒、白糖，再加入一勺高汤，倒入肉丝，加湿淀粉勾芡。

◎将葱丝摆在盘中，盛入肉丝，上面再放点姜丝即可。

🐟 **杭味故事**

将瘦肉切成如火柴杆的丝，用调味品腌渍后入油锅煸熟，放些甜面酱拌炒，铺在青葱丝垫底的盘里，乍看有如钱塘江潮泛起的白浪，所以叫"钱江肉丝"。

社日取社猪，燔炙香满村。

　　——［宋］陆游《社肉》

东坡肉

制作单位

**杭州楼外楼实业集团
股份有限公司**

主 料

猪五花条肉 1500 克

辅 料

葱 50 克，姜块 50 克，白糖 100 克，酱油
150 克，黄酒 100 克

制作要点

◎条肉切成方块，焯水洗净。

◎砂锅内放入葱和姜块垫底，条肉皮朝下
放在葱姜上。

◎加入酱油、白糖、黄酒，加盖先用旺火
烧开，再用微火焖 2 小时。

◎将肉块取出，装入陶罐，加盖后以桃花
纸密封，上笼蒸透即成。

净洗锅，少著水，柴头罨烟焰不起。
待他自熟莫催他，火候足时他自美。

—— ［宋］苏轼《猪肉赋》

 杭味故事

东坡肉相传为北宋诗人苏东坡创制。宋哲
宗元祐四年（1089），苏东坡组织民工
疏浚西湖，杭州百姓很感谢苏轼做的这件
好事，都夸他是个贤明的父母官。又听说
他最喜欢吃猪肉，大家就抬猪担酒来感谢
他。苏轼收到后，指点家人将肉切成方块，
慢火煨熟，分送给参加疏浚西湖的民工们
吃。大家吃后无不称奇，就把这肉称为"东
坡肉"。

笋干炖猪手

制作单位

杭州知味观食品有限公司

①　②
③　④
⑤　⑥

主 料

咸猪脚 300 克，新鲜荷花猪脚 300 克

辅 料

建德高山笋干 50 克，火腿 30 克，姜 20 克，葱 20 克

制作要点

◎ 猪脚分别余水。

◎ 笋干用热水泡 1 小时。

◎ 猪脚分别砍成宽 3 厘米的块，笋干切成长 8 厘米的段。

◎ 高压锅放高汤，加入猪脚先压半小时，再加入笋干、火腿、姜、葱煮熟。

🍅 **小贴士**

猪蹄不宜在临睡前食用，避免增加血黏度。猪蹄可剁成碎骨或者大段骨，再与肉一起加入锅中煮食。

饱食缓行新睡觉，一瓯新茗侍儿煎。

——［唐］裴度《凉风亭睡觉》

鲞焐肉

制作单位

杭州饮食服务集团有限公司

主 料

猪肉 600 克，黄鱼鲞 300 克

辅 料

蒜 10 克，老姜 20 克，料酒 25 克，酱油 100 克，白糖 25 克

制作要点

◎猪肉洗净切块，冷水下锅焯过。

◎将猪肉和鲞洗净切块，留作备用。

◎砂锅烧热放油，将大蒜和老姜下锅煸香。

◎下猪肉翻炒至炒出猪油，放入黄鱼鲞一起煸炒。

◎放料酒、蒸鱼豉油、老抽、冰糖、开水，大火烧开后小火慢炖 1 个小时左右，转大火稍稍收汁即可。

烹鱼邀水客，载酒奠山神。

——［唐］李端《晚次巴陵》

🐟 **杭味故事**

历史上，来自宁波、温州等地的海鲜干货长期供应杭州，因此杭州人常用海鲜干货烹调美味佳肴。此菜将咸鱼的鲜味与猪肉完美融合，是一道深受杭州老百姓喜爱的家常下酒菜。

糖醋排骨

制作单位

杭州知味观食品有限公司

① ② ③ ④ ⑤ ⑥ ⑦ ⑧

 小贴士

炖煮牛肉、排骨等本身具有鲜味的食物时，不要放鸡精，否则会使食物走味，影响菜的味道。

利用调羹鼎，馀辉烛缙绅。

——［唐］韩滉《清明日赐百僚新火》

主 料 ····································

猪仔排 250 克

辅 料 ····································

绍酒 30 克，葱段 5 克，白糖 45 克，酱油 25 克，米醋 40 克，精盐 5 克

制作要点 ····································

◎将仔排斩成骨牌块，加绍酒和精盐拌匀，加淀粉、面粉和水调糊。

◎将酱油、白糖、米醋、绍酒、湿淀粉放在碗中，加水调成汁，待用。

◎将炒锅置中火上烧热，下色拉油至 150℃时把仔排逐块挂糊放入油锅，炸至结壳捞出，待油升温后再将排骨入锅，复炸至外壳松脆，盛起沥去油。

◎原锅留少许油，放入葱段煸出香味后捞出，随即将排骨落锅，迅速冲入调好的芡汁，颠动炒锅，淋上芝麻油即可。

软炸里脊

制作单位

杭州饮食服务集团有限公司

主 料

猪里脊肉200克

辅 料

花椒粉2克，湿淀粉25克，酱油2克，鸡蛋1个，味精5克，面粉25克，京葱末5克，绍酒10克，精盐2克，甜面酱、花椒盐各2克，色拉油1000克

制作要点

◎将里脊肉批成0.5厘米厚的大片，用刀面拍松，虚刀排斩成直径2厘米、边宽3厘米的条。

◎把绍酒、精盐、味精、花椒粉、京葱末、酱油盛入碗里搅匀，放入猪里脊肉腌渍，再放入由淀粉、面粉和鸡蛋调好的糊中进行挂糊。

◎炒锅置旺火上烧热，下色拉油至130℃左右时将里脊肉逐块下锅炸至结壳捞出，拨

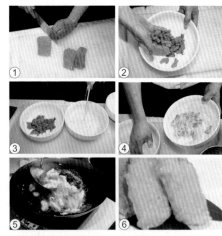

开粘连，捡去碎末，待油温上升到170℃左右时再下锅炸至金黄色捞出，装盘。

◎上桌随带甜面酱、花椒盐，食用时蘸取。

小贴士

反复炸过的油不宜食用，因食油中经过加热，油中的维生素及脂肪酸均遭到破坏，产生各种有害的聚合物，会使人体生长停滞、肝脏肿大。

所饷惟猪鸡，况此乏菌蕈。

——〔宋〕梅尧臣《四月二十八日记与王正仲及舍弟饮》

一品南乳肉

1956 年被浙江省认定为
36 种杭州名菜之一
在 1993 年第三届
全国烹饪大赛上获金牌

🐟 杭味故事

这道菜的制作难点是如何在猪肉皮层刻上"一品"两字的花纹，这两个字或横直或斜直，提升了菜品的文化观赏性。

制作单位

杭州饮食服务集团有限公司

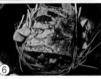

主料

猪五花条肉（长方形整块）500 克

辅料

味精 2 克，葱、姜各 5 克，青菜心 200 克，红曲粉 5 克，红腐乳卤 15 克，酱油 15 克，绍酒 15 克，精盐 5 克，白糖 20 克，熟猪油 15 克

制作要点

◎将整块五花条肉皮朝下放到炉火上烧烤至肉皮起泡，用刀刮去焦炭；再烧烤至发泡炭化，再刮去焦炭的部位，剩留焦黄色的皮层。

◎在皮面四周雕出花纹，中间刻"一品"两字或花纹。

◎将肉在沸水锅中稍氽，洗净，锅内放小竹架，把肉皮朝下放入锅内，加葱、姜、绍酒、酱油、白糖、腐乳卤、精盐和水，旺火煮沸，小火焖烧约半小时，加红曲粉继续烧约半小时，至八成熟约捞出，皮朝下装在碗内，加入原汤汁，盖以平盘上笼用旺火蒸酥为止。

◎将肉从笼中取出，滗去卤汁，覆扣盘中，卤汁淋于肉上。用熟猪油下锅烧热，放入青菜心，加精盐、味精，炒熟起锅，滗去汁水，放在肉的两边即成。

故乡于此时，酿熟岁猪肥。

——〔宋〕吴泳《别岁》

果仁仔排

制作单位

杭州饮食服务集团有限公司

主 料

猪仔排1块400克

辅 料

排骨酱50克，松仁15克，香叶2片，瓜仁5克，草果1颗，腰果仁10克，干红椒1只，葱结1个，蚝油15克，葱末5克，味精4克，姜块15克，湿淀粉10克，蒜泥15克，色拉油1000克，绍酒20克

制作要点

◎猪仔排切成20厘米长、16厘米宽的长方块。

◎将仔排入油锅炸成金黄色后沥去油，加入绍酒、排骨酱、姜块、蚝油、香叶、草果、干红椒、清水，焖烧至酥。

◎将烧酥的仔排放入盘中，另在汤汁中放入味精，用湿淀粉勾芡，淋在仔排上，撒

上用色拉油煸好的葱蒜末和腰果仁、松仁即成。

小贴士

炸肉排前，可先在有筋的地方割几个切口，炸出来的肉排就不会收缩变小。

试将诗义授，如以肉贯弗。

——〔唐〕韩愈《赠张籍》

1997 年第二届中国烹饪
世界大赛金牌菜
2000 年杭州市认定的 48 道
"新杭州名菜"之一

金牌扣肉

杭味故事

这道菜酥而不烂，油而不腻，精于造型，用刀将肉批成宝塔形，在塔中嵌入笋干丝，体现了杭帮菜"粗菜精做"的特色。

制作单位

杭州知味观食品有限公司

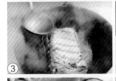

小贴士

在烹调肉时加入些功能性辅料，如绿茶、洋葱、月桂、鼠尾草、丁香、生姜或肉桂等，基本上可以防止腥味。

磨刀向猪羊，酾酒会邻里。
——[宋]苏轼《送顾子敦奉使河朔》

主 料

猪肋条肉 500 克

辅 料

绍酒 80 克，淡笋干丝 150 克，味精 3 克，酱油 15 克，葱结、姜块各 15 克，白糖 10 克，菜心 150 克

制作要点

◎猪肉去骨焯水，放入垫有葱、姜的锅内，加入笋干、酱油、白糖、味精、绍酒和水，置火上烧透上色，捞出冷却并压平。

◎把压平的猪肉切成边长 15 厘米的正方形，沿边批成连刀片。

◎将猪肉围成金字塔状，底里放入笋干丝，浇入适量原汁，上笼蒸透。

◎将蒸好的肉扣在盘内，浇上汁，菜心炒好围在肉旁即成。

农家肉圆子

2015 年千岛湖十大特色菜
之一

主 料

五花肉 250 克，地瓜粉 250 克

辅 料

白萝卜 250 克，白豆腐 250 克，葱、姜各 5 克，盐 5 克，生抽 10 克，黄酒 5 克，味精 3 克，糖 3 克

制作要点

◎将五花肉绞成肉泥，白萝卜、白豆腐切成细粒。加入葱花、姜末、盐、生抽、黄酒、糖、味精、地瓜粉，以及适量水，调好味，搅拌成糊状。

◎把搅拌好的糊做成丸子形状，逐个摆放在蒸笼里，开火蒸 15 分钟，点缀配菜即可。

🍐 小贴士

做丸子时按 50 克肉加 10 克淀粉的比例调制，成菜软嫩。

忍用烹酥酪，从将玩玉盘。

——［唐］权德舆《和裴杰秀才新樱桃》

圆笼糯香骨

  **杭味故事**

古代蒸菜又名炊菜，南方地区通过水蒸气蒸食材的做法由来已久。这道菜的实质就是粉蒸排骨，是一道深受百姓喜爱的家常菜。

供图单位

杭州市餐饮旅店行业协会

主 料

仔排 500 克，糯米 200 克

辅 料

盐 4 克，辣酱 5 克，黄酒 20 克，老抽 10 克，胡椒粉 5 克，淀粉 10 克，生姜 5 克，小葱 5 克，大蒜 5 克，干辣椒 5 克

小贴士

蒸排骨前，先用适量白砂糖把排骨腌制一刻钟，再用其他佐料腌制，最后蒸出来的排骨更鲜香，口感也更嫩滑。

制作要点

◎将仔排斩成 7 厘米长的段，用水浸漂 1 小时，用干布吸干，加味精、辣酱、黄酒、老抽、大蒜汁、胡椒粉、盐、淀粉腌渍 1 小时。

◎糯米温水浸泡半小时，捞出沥干，加老抽、辣酱、味精拌匀。

◎仔排外面均匀裹上糯米，放在小蒸笼上。

◎入蒸箱蒸 40 分钟，取出后放干辣椒、葱花，浇香油即可。

蒸梨常共灶，浇薤亦同渠。

——［唐］于鹄《题邻居》

九姓肉圆

2015 年千岛湖十大特色菜 之一

🍓 **小贴士**

将切好的猪肉片放在漏勺里，在沸水中晃几下，待肉刚变色时就捞起，沥干水分，然后下锅炒，几分钟即熟，肉质鲜嫩可口。

供图单位
建德市餐饮行业协会

主料
五花肉 400 克，番薯淀粉 20 克

辅料
萝卜丝 20 克，生姜 10 克，葱花 15 克，熟猪油 10 克，食盐 3 克

制作要点
◎将萝卜刨成丝，将萝卜汆水后沥干，待用。
◎将五花肉切成丁，放锅里熬 10 分钟，起锅晾凉。
◎将萝卜丝、肉丁加入酱油、食盐拌匀，再加入番薯淀粉拌匀，捏成 5 厘米直径的团。
◎入蒸箱蒸 20 分钟取出，拌上猪油、生姜、葱花、味精和酱油装盆即可。

🐟 **杭味故事**

相传，建德的渔姑许萍与严州府衙的邵青成亲时，许母特地用番薯淀粉和猪肉做成肉圆来款待客人，并笑道："船儿水中摇，肉圆随浪滚。摇出水陆情，滚起大团圆。"后来渔民每逢喜事都要做肉圆，还要说上这番祝福话。

却念客无归，烧猪饭苏郎。
—— 〔宋〕邓肃《玉山避寇》

红烧羊肉

杭味故事

太湖流域是湖羊的重要产区，如杭州余杭区运河街道的红烧羊肉便非常有名，该地较好的羊肉菜肴都会选用湖羊肉。湖羊浑身是宝，皮质柔软，肉质鲜嫩，多为红烧，深受杭州人喜爱。

制作单位

踏步档饭店、万士达酒家

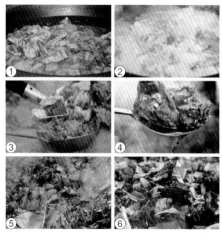

小贴士

新鲜的羊肉色红有光泽，质坚而细，有弹性，不粘手，无异味。不新鲜的羊肉色暗，质松，无韧性，干燥或粘手，略有酸味。变质的羊肉色暗，无光泽，粘手，脂肪呈黄绿色，有臭味。

主 料

羊肉 1500 克

辅 料

姜 30 克，青蒜叶 20 克，辣椒 25 克，桂皮 10 克，料酒 150 克，老抽 10 克，酱油 300 克，鸡精 10 克，精盐 5 克

制作要点

◎将羊肉洗净备用。

◎锅中放清水，羊肉冷水下锅，中大火煮，不要盖盖子，煮开后撇去浮沫。

◎加入姜、辣椒、桂皮、料酒至羊肉煮熟。

◎加入老抽、酱油再炖煮 3 小时左右。

◎调味后撒上青蒜叶即可。

金盘堆起胡羊肉，御指三千响碧空。

——［宋］汪元量《湖州歌九十八首》

枇杷土焖肉

余杭传统烹饪技艺项目"非遗菜"之一

杭味故事

塘栖以产枇杷闻名天下。这道菜将节令水果融入焖肉之中，造型优美，口感甜鲜。

制作单位

杭州王元兴餐饮管理有限公司

主料
土猪肉 500 克，枇杷肉 200 克

辅料
酱油 50 克，白糖 40 克，绍酒 80 克，排骨酱 20 克，生姜 5 克，小葱 5 克

制作要点
◎将土猪肉切成 3 厘米见方的块。
◎锅上火，将肉焯水之后翻炒。
◎锅中加入清水，放入事先处理过的猪肉，加入绍酒、生姜、白糖、酱油、排骨酱烧开，改小火烧 1 小时。
◎至汤汁浓稠，放入枇杷肉烧 5 分钟，加入味精少许调味，装盘洒上葱花即可。

小贴士

猪肉的肉质比较嫩，肉中筋少，顺着切就可以了。牛肉质老，筋多，必须顶着肌肉的纹路切，才能把筋切断，以便于烹制适口的菜肴。鸡肉和兔肉最细嫩，肉中几乎没有筋络，必须斜顺着纤维纹路切。

莫笑农家腊酒浑，丰年留客足鸡豚。
　　——〔宋〕陆游《游山西村》

元宝肉

制作单位

杭州天元大厦有限公司

主 料

猪五花肉 300 克，鸡蛋 5 个

辅 料

酱油 60 克，葱、姜各 2 克，八角 2 克，花椒 2 克，水 250 克，黄姜 5 克

制作要点

◎将五花肉切成 3 厘米的块，用热油炸至金黄色。

◎将鸡蛋煮熟去皮炸成金黄色卤好切成块，码在肉片周围，加上花椒、葱、姜、八角、酱油。

◎将五花肉放入锅中，加入黄姜、酱油、八角、花椒、水烧至酥烂，加入鸡蛋，烧 5 分钟即可。

小贴士

巧剥鸡蛋皮：在鸡蛋煮熟后，立刻放入冷水，降低鸡蛋的热度，然后将两头都敲碎，最后把鸡蛋横放，手掌用力往前一推即可。

明朝邻曲各欢喜，赛庙沽酒刲猪羊。
——［宋］陆游《喜雨》

越王东坡鸡

中国名菜中－加－美国际烹饪大赛蓝钻奖
第三季浙江省十大家乡名菜
杭州名菜
第一届萧山十大名菜之一

制作单位

西苑跨湖楼酒店

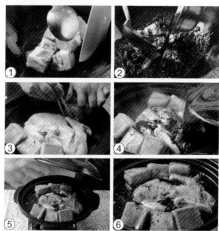

主 料

农家本鸡 1 只 1500 克，条肉 800 克

辅 料

绍酒 250 克，糖 50 克，酱油 150 克，姜 50 克，葱 100 克

制作要点

◎五花猪肉取 4 厘米正方肉块 10 块，把准备好的生肉炒出香味。

◎加入绍酒、酱油、葱等调料烧制 2 小时。

◎将本鸡去掉内脏和脚爪，洗净后用刀把整鸡拍松，将头向上翅膀定型入锅飞水。

◎把本鸡放入煲中，再加入烧制好的肉和汤汁一起用文火煲制 1 小时，收汁后放入一小把葱花即可。

狗吠深巷中，鸡鸣桑树颠。

——［晋］陶渊明《归园田居》

 杭 味 故 事

相传春秋末期，吴越争霸，越王勾践卧薪尝胆，意图复国。越王有一位厨子，每日苦思冥想如何为越王调节膳食。有一天，他把红烧肉和土鸡烧在一起，越王吃后赞不绝口，自此便有了这道菜。

秀才小炒

制作单位

杭州渔哥餐饮娱乐管理有限公司

杭味故事

秀才小炒其实就是农家小炒肉，但这个以"秀才"名之的家常菜充满了对子孙成才的期许。旧时大户人家，尤其是士人文人，再怎样家道中落或屡试不举，哪怕家中只剩下一把咸菜，也会在入锅之前，去其杂叶和菜梗。所以，在珍贵的猪肉中配以青椒、大蒜等家常蔬菜，烹制成小炒，解口腹之欲的同时也不失面子。

主料

五花肉 500 克，秀才小炒料包 200 克

辅料

青蒜 50 克，红椒 20 克，菜籽油 100 克

制作要点

◎五花肉切片，青蒜切末，红椒切粒。

◎将锅烧热，加入菜籽油，放入五花肉片，煸炒至金黄色。

◎加入青蒜末、红椒粒，加入秀才小炒料包，翻炒至香，装盘即可。

金鼎调和天膳美，瑶池沐浴赐衣新。

——［唐］王建《上李吉甫相公》

荷香砂锅肉

制作单位

杭州饮食服务集团有
限公司

主料

五花条肉 400 克，黄米 250 克

辅料

酱油 5 克，老抽 2 克，排骨酱 5 克，蚝油
10 克，味精 10 克

制作要点

◎黄米浸水 8 小时吸足水分。

◎五花条肉切成长 11 厘米、厚 0.6 厘米
的块。

◎将五花条肉在腌料中腌渍半小时，至入
味上色后，沾上泡发的黄米。

◎一层肉一层米地叠放在新鲜荷叶中，成
形。

◎裹紧荷叶上笼蒸至酥而不烂即可。

且莫看归路，同须醉酒家。

——［唐］杨凝《赠同游》

🍋 小贴士

砂锅是一种炊具。传统砂锅是由不易传热
的石英、长石、黏土等原料，经过高温烧
制而成的，具有通气性、吸附性、传热均匀、
散热慢等特点。砂锅菜有砂锅鸡、砂锅豆
腐、砂锅鱼头等。由于制作工艺与原料问
题，传统砂锅不耐温差变化，容易炸裂，
不能干烧。经过研发改良后，在原料里加
入了锂辉石，制造出耐高温砂锅，在砂锅
保持原有优点的情况下还能承受数百摄氏
度高温干烧而不裂，大大提高了实用性。

木桶馋嘴

新杭帮菜 108 将之一

小贴士

猪毛难去，可用松香。将松香先烧融，趁热泼在猪毛上，待松香凉了揭开，猪毛也跟着脱落。

制作单位

世纪喜乐酒店

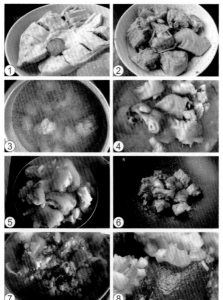

① ② ③ ④ ⑤ ⑥ ⑦ ⑧

主 料

猪手 800 克

辅 料

美极鲜 15 克，豉油鸡汁 5 克，酱油 50 克，蚝油 8 克，黄酒 50 克，白糖 5 克，味精 8克，鸡精 8 克，葱、姜、洋葱粒各 5 克，春笋粒 5 克，青红椒粒 10 克

制作要点

◎将 800 克猪手斩成约 18 块放入锅中，沸水煮 3 分钟，捞出洗净。

◎将猪手放入砂锅，加入以上各种调料，放适量的水，用文火炖 3 小时左右，要求酥而不烂，捞出待用。

◎取锅一只，下油在七成油温时将猪手下锅炸至金黄捞出，装在木桶中的罗汉石上（罗汉石需在油锅中加热）。

◎再取锅一只，放少量的油，倒入洋葱、蒜、青红椒粒煸出香味，撒在炸好的猪手中，用胡萝卜丝和白萝卜丝围边。

烹猪又宰羊，夸道甜如蜜。

——［唐］拾得《诗》

金牌羊排

新杭帮菜 108 将之一

制作单位
杭州万隆酒家

主 料

带肉羊排 500 克

辅 料

精盐 15 克，味精 5 克，料酒 15 克，萝卜 30 克，洋葱 30 克，京葱 20 克，胡椒粉 10 克，花椒 8 克

制作要点

◎羊排洗净，用布吸干，加入盐、味精、胡椒粉、料酒、花椒腌制 2 小时。

◎洗净放入盛好了洋葱、京葱、萝卜片的烤盘，入烤箱烧烤，每隔半小时刷一次油，5-6 次即可。

鸿雁及羔羊，有礼太古前。

——〔唐〕杜甫《杜鹃》

🍇 小贴士

羊肉含优质蛋白质、脂肪、维生素 A 和 B、磷、铁等营养成分，具有益肾气、开胃健脾、通乳、治带、助元阳、生精血等功效。

一品飘香肋排

制作单位

杭州名人名家餐饮娱
乐投资有限公司

主 料

排骨 500 克，土豆 200 克

辅 料

青红椒圈 100 克，卤料 100 克

制作要点

◎取八角、桂皮、花椒、小茴香、肉蔻、丁香、
沙姜、草果等香料各 5 克放入棉布袋中，
收口绑紧。

◎将锅内加入葱、辣椒、姜、黄酒、酱油
等辅料和配料，将香料袋放入，煮滚，小
熬一会，即成卤料。

◎将排骨用卤料，放入锅中烧熟。

◎锅内放入色拉油适量，土豆切块过油，
用青红椒圈煸炒。

◎把排骨和土豆一起装盘即可。

小贴士

猪肉和其他动物肉一样，含有较多的钙、
镁、磷、钠、钾等人体必需的微量元素。

汉陵帝子黄金碗，晋代神仙白玉棺。
——〔唐〕戴叔伦《赠徐山人》

手扒羊肉

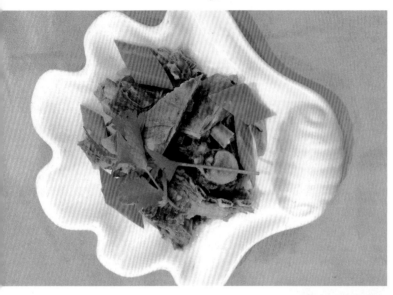

制作单位

杭州羊汤饭店

主 料

带骨羊肉 300 克

辅 料

胡萝卜 50 克，八角、桂皮、香叶各 6 克，
葱、姜各 15 克，蒜 10 克

制作要点

◎取带骨羊肉切成小块，将其汆水待用。
◎锅中留底油入八角、桂皮、香叶等香料
煸香羊肉，加调料，入水浸过羊肉，炖至
烂熟。
◎锅中放入胡罗卜片，烧热即可出锅。

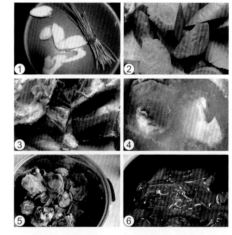

🌶 小贴士

羊肉上由于黏膜多，切丝前应该将黏膜剔
除，否则炒熟后会变得坚韧，不易嚼烂。

羊羔酒面频倾，护寒香缓娇屏。
唤取雪儿对舞，看他若个轻盈。
　　——［宋］卢祖皋《清平乐·庚申中吴对雪》

荷叶粉蒸肉

1956 年被浙江省认定为 36 种杭州名菜之一

🐟 杭味故事

相传这道菜的菜名与"西湖十景"的"曲院风荷"有关。它是用杭州的鲜荷叶，将炒熟的米粉和经调味的猪肉包裹起来蒸制而成的，其味清香，口感鲜肥软糯而不腻。

制作单位

杭州饮食服务集团有限公司

主　料

五花条肉 600 克

辅　料

酱油 75 克，粳米 100 克，籼米 100 克，鲜荷叶 2 张半，姜丝 30 克，葱丝 30 克，桂皮 1 克，山奈（即沙姜粉）0.5 克，丁香 0.5 克，八角 1 克，绍酒 40 克，甜面酱 75 克，白糖 15 克

制作要点

◎将粳米和籼米淘洗干净，沥干晒燥。把八角、山奈、丁香、桂皮同米一起放入锅内，用小火炒拌至呈黄色（不能炒焦），冷却后磨成粉（不宜过细）。

◎刮净肉皮上的细毛后洗净，切成长约 5 厘米的均匀长方块 10 块，每块肉正中各切一刀（不要切破皮）。

◎将肉块盛入陶罐，加入甜面酱、酱油、白糖、绍酒、葱丝、姜丝，拌和后约渍 1 小时，使卤汁渗入肉内。

◎渍后加入米粉搅匀，使每块肉的表层和中间的刀口处都沾上米粉。

◎荷叶用沸水烫一下，每张一切成四，放入块肉包成小方块上笼用旺火蒸 2 小时左右即可。

炉灶石锅频煮沸，土甑久蒸气味珍。

——［唐］拾得《诗》

富贵猪手

2000 年新杭州名菜评选参评佳肴之一

制作单位

杭州高朋大酒店

主 料

猪手 2 只（500 克）

辅 料

干辣椒 10 克，香叶 15 克，姜片 12 克，葱花 15 克，蒜泥 10 克，八角、花椒各 8 克，酱油、料酒各 50 克，冰糖 20 克，盐 10 克，胡椒粉 8 克，醋 20 克

制作要点

◎猪手去毛，洗净，入开水煮 10 分钟去除血沫后捞出，剁成小块。

◎锅内放姜片、八角等辅料，注水烧开，下猪手小火煮 30 分钟后捞出，放入凉水中冲洗片刻，晾凉后下油锅煎至颜色略变后捞出。

◎锅内放油烧热，加姜片、葱花煸炒出香味，转中小火加冰糖炒至琥珀色，下猪手，加

料酒、盐、干辣椒、八角、香叶、酱油煸炒，至猪手均匀上色，加水没过猪手。

◎小火焖至猪手上色，撒入胡椒粉等配料，入蒸锅蒸 20 分钟，待汤汁浓稠后淋醋，盖锅盖焖 2-3 分钟即可。

磨刀向猪羊，穴地安斧鬶。

——〔宋〕黄大受《春日田家三首》

栗子焖肉

制作单位

杭州天元大厦有限公司

小贴士

巧剥栗子：一是热水浸泡法：生栗子洗净后放入器皿，加精盐少许，用滚沸的开水浸没，盖上盖。5分钟后取出栗子切开，栗皮即随栗子壳一起脱落，此法去除栗子皮最是省时、省力。二是冰箱冷冻法：栗子煮熟待其冷却后放入冰箱内冷冻两小时，可使壳肉分离。这样栗子剥起来快，栗子肉又完整。三是热胀冷缩法：用刀把栗子的外壳剥除，放入沸水中煮3-5分钟，捞出后立即放入冷水中浸泡3-5分钟，很容易剥去栗衣，且味道不变。

主 料

栗子300克，猪五花肉600克

辅 料

酱油20克，绍酒30克，白糖15克，味精2克，葱5克，姜7克

制作要点

◎猪五花肉去毛洗净，切成2.5厘米的方块。

◎猪肉入沸水锅焯水，捞出洗净待用。

◎将栗子横割一刀，放入沸水煮至壳裂，捞出剥壳去膜。

◎锅中放入小竹架，架上铺葱、姜，再放入肉和栗子，加入绍酒、酱油、糖和清水。

◎先用旺火煮沸，再改用小火烧1小时，待卤汁收浓，加入味精，出锅即成。

此人何苦厌猪羊，甘尔臭味不饱腹。

——［宋］梅尧臣《卖鹿角鱼》

梅干菜蒸肉

杭味故事

张载阳《越中便览》载："乌干菜有芥菜干、油菜干、白菜干之别。芥菜味鲜，油菜性平，白菜质嫩，用以烹鸭、烧肉别有风味，绍兴居民十九自制。"杭州的梅干菜做法相似。

制作单位

杭州饮食服务集团有限公司

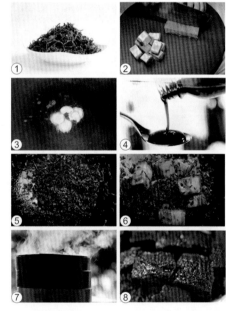

主 料

带皮五花肉 500 克，梅干菜 100 克

辅 料

老抽 10 克，黄酒 15 克，白糖 10 克，盐 2 克，姜 30 克

制作要点

◎清洗梅干菜后即刻挤去水分，放在蒸碗里。

◎带皮五花肉切成 3 厘米大小的方块，焯水后捞出。

◎起锅下姜片翻炒几下，下五花肉煸炒，炒至肉出油、外表炒干呈黄色。关火，加半勺酱油炒匀，使肉上色。将肉和煸出的油脂倒入装梅干菜的蒸碗里，加砂糖、黄酒和盐。

◎将碗放入锅中蒸两小时，中间翻拌一次即可。

 小贴士

在烹调前先将肉放入冷水中，加热至水开，这样可以更好地去除血污脏物，也可以使肉质更鲜嫩。

多开石髓供调膳，时御霓裳奉易衣。
——[唐]司空曙《送王尊师归湖州》

腊笋千层肉

2000 年新杭州名菜评选
参评佳肴之一

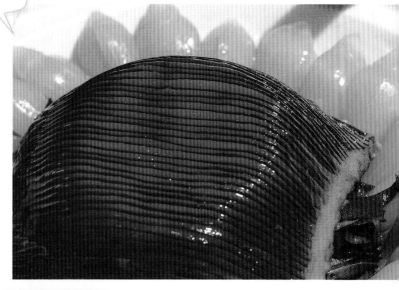

制作单位

杭州新开元大酒店有
限公司

① ② ③ ④ ⑤ ⑥

小贴士

此道菜是在东坡肉的基础上开发的创新
菜。运用高超的刀功技法精心调治的"千
层肉",不仅保留了猪肉油润柔糯的特点,
腊笋和时蔬的清香也令人垂涎欲滴。

独归初失桂,共醉忽停杯。
——［唐］卢纶《送魏广下第归扬州》

主 料

五花肉 750 克,腊笋 150 克,青菜 150 克,
夹饼 50 克

辅 料

老抽 30 克,酱油 40 克,糖 20 克,黄酒 30 克,
香料 40 克

制作要点

◎将五花肉,余水,加入料酒、酱油、糖、
水焖烧至熟,出锅。

◎条肉经速冻后切成薄片,皮朝下扣入碗
内。

◎腊笋涨泡后切成丝,余水后把红烧肉原
汁盛入扣肉碗内,封上玻璃纸（不能进水）
上笼蒸酥。

◎青菜心焯熟调味,围在盘边,将肉反扣
在盘内,原汁勾芡浇在肉上,再放上夹饼
即可。

蜜汁火方

1956 年被浙江省认定为 36 种杭州名菜之一

小贴士

生肉不宜反复冷冻，应切成每顿吃得完的分量，吃一次，拿一次。

制作单位

杭州楼外楼实业集团股份有限公司

主 料

带皮熟火腿 1 方 400 克

辅 料

干莲子 50 克，冰糖 150 克，樱桃 5 粒 80 克，青梅 1 粒 10 克，绍酒 75 克，湿淀粉 20 克

制作要点

◎将火腿中腰峰肉一方，洗净备用，将肉的一面切成小方块（皮不切断）。

◎肉入蒸锅，加黄酒、冰糖、清水蒸 1 小时，倒去汤水。

◎再加黄酒、冰糖、莲子、清水，用旺火蒸 1 个半小时。

◎火方、莲子装盘，缀上樱桃、青梅，蒸肉原汁加冰糖，淋入。

◎用湿淀粉勾薄芡，浇在火方和莲子上即成。

杭味故事

蜜汁火方是江浙菜中的名肴佳馔。制作材料有金华火腿、通心白莲等，其色泽火红，卤汁透明，令人回味。杭帮菜是一种开放性的菜系，不断地向周边其他菜系学习，丰富和发展自己。

汝能破之惟汝欲，犒赏有酒牛羊猪。
　　　　——［明］李梦阳《土兵行》

江南文火小牛肉

制作单位

杭州紫萱度假村

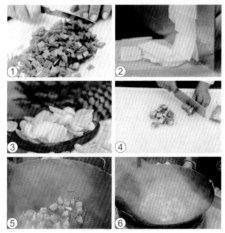

① ② ③ ④ ⑤ ⑥

主 料

牛小排 500 克

辅 料

杏仁 10 克，葱、姜各 15 克，酱油 50 克，料酒 25 克

制作要点

◎将牛肉洗净备用。

◎将牛肉切成 40 克至 50 克的肉块，锅内用少许油把牛肉煸香。

◎加葱、姜、料酒、酱油后大火烧开，小火慢炖至酥。

◎大火收汁，装盘。

🐟 杭味故事

此菜借用老底子红烧肉的做法，选用手作酱油，文火慢炖，酱汁的酱香尽数渗入柔韧纤细的牛肉中，浓郁的鲜甜滋味慢慢渗出，让人流连在小牛肉的美味与儿时的回忆之中。

张翁对卢叟，一榼山村酒。

——［唐］卢纶《与张擢对酌》

肉菜类 / 75

墨香肉

🐟 杭味故事

此菜由归园主人周墙研制，最早用明代遗留的药墨——"五胆八宝麝香墨"烹制红烧肉，后由来杭徽商传入。古墨无多，现在就改用墨鱼汁与墨鱼蛋为土猪肉增色提鲜。

制作单位

杭州渔哥餐饮娱乐管理有限公司

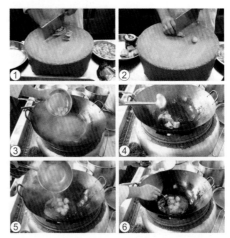

主料

五花肉 500 克，墨鱼汁 50 克，墨鱼蛋 450 克

辅料

色拉油 100 克，葱结 10 克，姜片 10 克，八角 5 克，桂皮 5 克，盐 8 克，白糖 5 克，啤酒 20 克

◎开大火，收汁装盘。

制作要点

◎将五花肉洗净放入蒸箱蒸熟，切成 5 厘米正方形备用；姜切片备用。

◎起热锅，加适量油，入葱结、姜片、八角、桂皮煸香。

◎放入切好的五花肉和墨鱼汁、墨鱼蛋，加入啤酒和矿泉水，然后加入盐、糖，盖上锅盖，直至水烧开。

◎待水烧开后，调小火慢炖 1.5 小时。

🍅 小贴士

炒制五花肉时可先用植物油爆炒一下，再用开水冲洗表面，可以去除 80% 的脂肪和 50% 的胆固醇。

卢叟醉言粗，一杯凡数呼。

——[唐]卢纶《与张擢对酌》

老头儿炒腰花

制作单位

杭州厨翔餐饮管理有限公司（老头儿油爆虾）

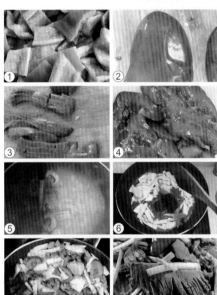

①②③④⑤⑥⑦⑧

小贴士

雕好的腰花加入少许白醋，用水浸泡10分钟，腰花会发大无血水，炒熟后清嫩爽口。

吴王扶头酒初醒，秉烛张筵乐清景。
——［唐］戴叔伦《白苎词》

主 料

腰花 100 克，茭白 30 克

辅 料

杭椒 20 克，韭芽 15 克，盐 3 克，葱末 5 克，姜末 3 克

制作要点

◎在腰花上切上十字花刀，再切成长方形；茭白、杭椒改刀。

◎将猪腰花片放入开水锅中氽烫几秒钟，腰花微微卷起后立刻捞出备用。

◎锅里放油，烧至七成热时将葱末、姜末、蒜末放入锅里爆香。

◎放入氽烫好的猪腰，大火爆炒半分钟，沿着锅边淋入白酒，大火烹香。

◎放入杭椒和韭芽再炒半分钟左右，出锅装盘即可。

金华两头乌东坡肉

制作单位

杭州名人名家餐饮娱乐投资有限公司

主 料

两头乌五花肉 1500 克

辅 料

葱 50 克，姜块 50 克，白糖 100 克，酱油 150 克，绍酒 30 克

制作要点

◎将两头乌五花肉切成边长为 4 厘米的方块。

◎五花肉焯水 2 小时，把血水焯干净。

◎用大锅加入水，加入葱、姜、酱油、绍酒、白糖烧 90 分钟。

◎将五花肉带油收汁，出锅即可。

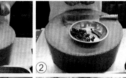

杭味故事

金华猪又称金华两头乌，是我国著名的优良猪种之一。金华猪具有成熟早、肉质好、繁殖率高等优良性能，金华当地腌制的火腿质佳味香、外形美观，蜚声中外。所以用此猪肉做的东坡肉自然格外美味。

小贴士

肉类焯水可以去除腥味与血水。

腐儒不杀生，穷市惟猪肉。

——［明］赵南星《王海峰至》

文武猪手

制作单位

杭州照晖冠江楼餐饮
有限公司

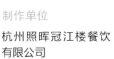

 小贴士

猪手中的胶原蛋白在烹调过程中可转化成
明胶，能有效改善机体生理功能和皮肤组
织细胞的储水功能，可防止皮肤过早褶皱，
延缓皮肤衰老；还可促进毛皮生长，预治
进行性肌营养不良症，使冠心病和脑血管
症得到改善，对改善消化道出血也有一定
效果。

主 料

咸猪手 300 克，新鲜猪手 500 克

辅 料

炖肉香料包 1 个

制作要点

◎将咸猪手、新鲜猪手洗净，切块。
◎将两种猪手入炖锅，大火炖开后用小火
炖 2 小时。
◎放入香料包调味。

华堂举杯白日晚，龙钟相见谁能免。
——［唐］李端《赠康洽》

菠萝牛柳

制作单位

杭州新白鹿餐饮管理
有限公司

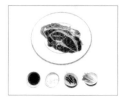

① ② ③ ④ ⑤ ⑥

主料

菠萝肉 700 克，牛里脊肉 400 克

辅料

葱段 5 克，蒜蓉 5 克，青红辣椒 25 克，油
120 克，糖醋汁 80 克，水淀粉 80 克，玫
瑰露酒 10 克，盐 8 克，小苏打粉 2 克

制作要点

◎将菠萝肉切片，青红辣椒切片。
◎将牛里脊肉用盐、小苏打粉、玫瑰露酒
拌匀，腌十几分钟入味后，放入五成热的
油中炸至熟，捞出滤油。
◎锅内打底油，爆香葱段、蒜蓉、青红辣
椒片，放入菠萝片、糖醋汁、牛柳略炒。
◎用水淀粉勾芡，包尾油，出锅装盘即可。

🍅 小贴士

炖牛肉时加一小撮茶叶（约为泡一壶茶的
量，用纱布包好）与牛肉同煮，牛肉更容
易烂且味道更鲜美。

传杯唯畏浅，接膝犹嫌远。

——［唐］李端《王敬伯歌》

养胃野猪肚

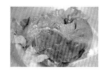

制作单位

杭州吴山酩楼餐饮管理有限公司

主 料 ....●

野猪肚 500 克

辅 料 ....●

莲子 30 克，当归 10 克，盐 6 克，姜 10 克

制作要点

◎ 将野猪肚洗净，切条。

◎ 猪肚入锅，放入莲子、当归。

◎ 用纯净水，下盐、姜调味，蒸 1 小时即可。

🍐 小贴士 ....

猪肚中含有大量的钙、钾、钠、镁、铁等元素和维生素 A、维生素 E、蛋白质、脂肪等营养成分。

南邻载酒西邻会，鸭肝猪肚供肥甘。

——〔宋〕陈著《前人载酒光风霁月醉中》

酒酿馒头红烧肉

制作单位

杭州新开元大酒店有
限公司

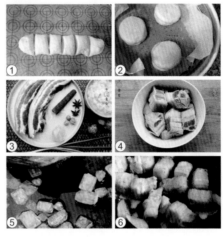

主 料

酒酿馒头 3 个 300 克，土猪肉 500 克

辅 料

葱结 10 克，姜片 10 克，八角 5 克，桂皮 5 克，
盐 5 克，白糖 5 克，茴香 7 克，料酒 50 克，
酱油 10 克

制作要点

◎五花肉洗净，切块，放入冷水锅中，中
火煮沸后关火，控水备用；姜切片，大葱
切寸段备用。

◎锅微热后放入少许食用油和砂糖，中小
火翻炒至变色后，改小火，放入控好的五
花肉翻炒至肉均匀地染上糖色。

◎放入姜片、葱段、花椒、桂皮和适量的
料酒、酱油稍做翻炒。

◎锅中加入开水和适量的盐，改中火炖煮
40 分钟左右后改为大火收汤，待汤汁收浓

后关火出锅。

◎装盘时配上蒸熟的酒酿馒头。

 小 贴 士

在做红烧肉或酱猪蹄类的菜肴时，加入一
些腐乳不仅会使味道变得更浓郁更鲜美，还
能减少肥油，吃起来肥而不腻。

共惜鸣珂去，金波送酒卮。
　　　——［唐］杨凭《乐游园望月》

外婆小牛肉

制作单位

外婆家餐饮集团有限公司

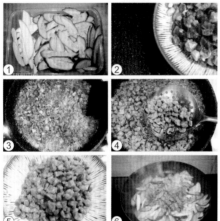

小贴士

煮牛肉和其他韧、硬肉类以及野味禽类时，加点醋可使其软化。

主 料

牛肉粒 250 克，黄瓜 50 克

辅 料

黑胡椒 8 克，白糖 5 克，老抽 10 克，蒜片 8 克

制作要点

◎将牛肉粒洗净备用。

◎将牛肉粒放入 140℃油锅中滑至六成熟，再将蒜片放入炸至金黄色一起倒出，控油待用。

◎锅内留少许油，放入黑胡椒碎炒香。

◎放入牛肉粒、白糖、黄酒及老抽少许，翻炒均匀即可。

樽酒邮亭暮，云帆驿使归。

——［唐］杨凝《送别》

外婆烤肉

制作单位

外婆家餐饮集团有限
公司

主 料

去皮五花肉 500 克

辅 料

大蒜片 30 克，花椒粉 1 克，辣椒粉 3 克，
孜然粉 3 克，味精 5 克，蚝油 10 克，海鲜
酱 15 克，味极鲜酱油 15 克，老抽 10 克，
姜、葱各 10 克

制作要点

◎ 把五花肉切成片状，和花椒粉、辣椒粉、
孜然粉（烤干磨碎）、味精、蚝油、海鲜酱、
味极鲜酱油、老抽、姜、葱搅匀。
◎ 将油倒入锅中，开始烤制。
◎ 适时翻动，烤至两面金黄。
◎ 调配酱料混入其中，均匀摆放，配上自
选花椒粉、孜然粉即可。

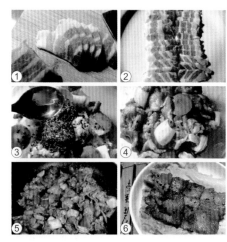

🛡 小贴士

用烤炉烤肉，要在肉块上洒热水或清汤，
洒凉水烤出来的肉会发硬。

酒杯同寄世，客棹任销年。
——［唐］司空曙《送严使君游山》

羊蝎子

制作单位

杭州羊汤饭店

主 料 ....

羊蝎子 750 克

辅 料 ....

香菜 8 克，干辣椒 15 克，枸杞 8 克，姜片 20 克，蒜片 10 克料香包（八角、茴香、肉蔻、白果等）100 克

制作要点 ....

◎取羊身上的羊脊椎骨，切块后焯水待用。

◎将羊蝎子放入锅中，加香料匀熟。

◎将干辣椒、姜片、蒜片煸香，放入锅中。

◎将羊蝎子调味出锅。

◎上面撒香菜、枸杞即可。

🍊 **小贴士** ....

将萝卜块和羊肉一起下锅，半小时后取出萝卜块，放几块橘子皮，可除羊肉膻味。

期君调鼎鼐，他日俟羊斟。

——［唐］韦庄《同旧韵》

满汉羊腿

制作单位

杭州羊汤饭店

主 料 ....

羊前腿 1250 克

辅 料 ....

生粉 150 克，吉士粉 50 克，八角 8 克，桂皮 10 克，香叶 3 克，茴香 3 克，盐 10 克，生姜 30 克，味精 5 克

制作要点 ....

◎取整只羊前腿入锅中，放入香料，加水浸泡炖至酥软，取出待用。

◎生粉、吉士粉搅拌成糊。

◎锅入色拉油烧至七成左右油温，羊腿挂上糊，入油锅炸至金黄即可。

刲羊刺豕来村社，鼓瑟吹笙出市阛。

报祭丰年更晴日，稻粱充羡老农闲。

——［宋］谢伋《恭谒灵康祠下》

小贴士

羊后腿肉比较方正，肉多且大部分是瘦肉，肉中还夹杂着很多的筋，筋肉相连，较适于酱制，烹调出来的菜肴，口感相当有嚼劲。羊前腿肉的特点是有三分之一的肥肉和三分之二的瘦肉，相比于羊后腿肉档次要低一些。

仔排小粽子

制作单位

杭州新天鸿大酒店

① ② ③ ④ ⑤ ⑥

主 料

小粽子 500 克，仔排 300 克

辅 料

白糖 10 克，味精 5 克，盐 10 克，酱油 15 克

小贴士

做粽子时糯米提前浸泡，大约 4 小时以上即可；排骨提前腌制，最好是过夜，半天也可。包粽子的时候，手要完全握紧，不然就会松散不成形。烧粽子时焖一晚口感会更好，但是粽子浸泡在水中不好，所以可以在底部放箅子等，水烧到箅子以下即可。

制作要点

◎ 将仔排红烧备用。

◎ 小粽子蒸熟，用高油温炸至金黄色结壳（不宜过老，不然吃起来容易粘牙）。

◎ 将红烧好的仔排收汁直至汤汁快形成自然芡汁时倒入炸好的小粽子，翻炒至小粽子完全被芡汁包裹，最后淋上亮油，装盘即可。

一杯从别后，风月不相闻。
——［唐］司空曙《送史泽之长沙》

臭干肥肠煲

制作单位

三味农庄

主 料

大肠 400 克

辅 料

青、红尖椒各 20 克，臭干 200 克，姜片 15 克，
大蒜子 10 克，盐 15 克

制作要点

◎大肠洗净，卤熟备用。

◎臭豆腐炸制两面金黄，锅上火放入姜片、
大蒜子爆香，加入大肠、臭干，调味后大
火收汁。

◎放入青红椒，出锅装盘，上桌即可。

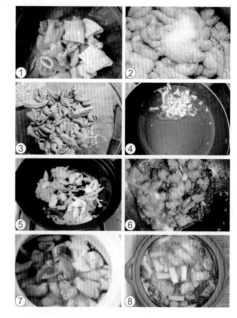

昨日已尝村酒熟，一杯思与孟嘉倾。
——［唐］张南史《春日道中寄孟侍御》

 杭味故事

臭干又名臭豆腐，是中国南方地区的传统名菜之一，具有"黑如墨，香如醇，嫩如酥，软如绒"
的特点，奇在以臭闻名，不同于其他食卤以香为主。臭干闻起来臭，吃起来香，外焦微脆，
内软味鲜。猪大肠鲜香厚重、质感香醇，且有润燥、补虚、止渴止血之功效。

别说你会做杭帮菜：杭州家常菜谱

5888
例

88

萝卜小牛肉

制作单位

富阳东方茂开元名都大酒店

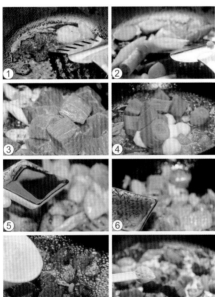

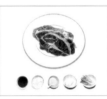

主 料

澳洲雪花小牛肉 400 克

辅 料

白萝卜 250 克，小葱 10 克，生姜 15 克，八角 3 克，白糖 8 克，盐 3 克，黄酒 10 克，酱油 15 克

制作要点

◎先将牛肉解冻，切成 4 厘米见方大块；白萝卜去皮，切椭圆厚片待用。

◎将解冻好的牛肉出水，热锅，将小葱、生姜、八角入锅煸香，将牛肉炒干水分后加入黄酒、酱油，大火烧沸，转小火焖 30 分钟后加入白糖、食盐，调味收汁。

◎萝卜小火慢煨至软糯，将收好汁的牛肉放入即可。

锦袍绣簸月中明，牛肉粗肥捆乳清。

——〔清〕汪琬《官军行》

小贴士

炖牛肉时可以整块炖煮，然后捞起切小块焖，更容易软烂。

土咸肉土馒头

制作单位

杭州文晖新庭记酒店
有限公司

主 料

土猪五花咸肉 400 克，馒头 400 克

辅 料

面粉 1000 克，酒酿 100 克，食用碱 10
克

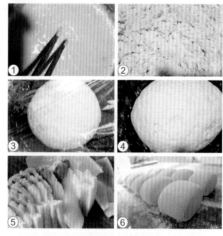

①②③④⑤⑥

制作要点

◎将酒酿放入碗内，加入适量的清水泡开，
滤去渣滓，取酒汁待用。

◎将面粉放盆内，加入酒汁和水，拌和揉成
面团，发成大酵面，兑入食用碱液，搓揉
光润，去掉酸味，加盖拧干的湿洁布，饧
置 15 分钟至面团滋润为止。

◎将饧好的酵面放在案板上，搓成圆条，
揪成大小相同的剂子，用手揉搓成圆形馒
头生坯，间隔均匀地码入笼内，置于沸水
旺火锅上蒸 20 分钟左右即可。

◎将土猪五花咸肉改刀蒸熟。

◎馒头和土咸肉拼在一起装盘上桌。

🍎 小贴士

冬季蒸馒头，和酵面要比夏季提前 1~2
个小时。

黄金未为罍，无以挹酒浆。

——〔唐〕王建《送张籍归江东》

蒜爆羊片

制作单位

杭州羊汤饭店

① ② ③ ④ ⑤ ⑥

主料

羊里脊 200 克

辅料

蒜泥 10 克，色拉油 500 克，盐 3 克

制作要点

◎羊里脊肉切薄片，码味上浆。

◎锅烧热，倒入色拉油至四成左右倒入羊里脊，滑油起锅。

◎锅留底油，蒜泥爆香后倒入羊里脊翻炒片刻即可。

🐟 杭 味 故 事

在古代中国，羊肉的普及程度比猪肉要广得多，它在很长一段时间都是人们的主要肉食品。据传说宋仁宗一次半夜想吃羊肉，但又怕吃了一次就成为了定例，每夜提供将会增加财政负担，于是便不了了之。

栈余羊绝美，压近酒微浑。

——［宋］陆游《道中累日不肉食至

西县市中得羊因小酌》

鱼羊片

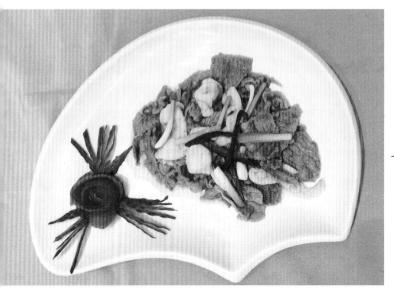

制作单位

杭州羊汤饭店

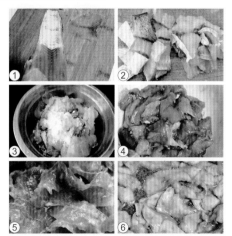

主料

黑鱼片 100 克，羊里脊 150 克

辅料

葱段 5 克，蒜片 5 克，姜片 5 克，精盐 8 克，味精 3 克

制作要点

◎ 准备好黑鱼和羊肉，洗净备用。

◎ 黑鱼片码味，上浆。

◎ 羊里脊切薄片，码味，上浆。

◎ 锅烧热，倒入色拉油至四成热左右放入主料，滑油出锅。

◎ 留底油放入辅料，爆香。

◎ 倒入主料，翻炒即可。

寒羊肉如膏，江鱼如切玉。

——［宋］张耒《冬日放言二十一首》

小贴士

湖水鱼鳞片厚，呈黑灰色。使用湖水鱼烹制出的菜肴食用时会有较浓的泥腥味。

清炖牛肉

制作单位

杭州新白鹿餐饮管理有限公司

① ② ③ ④ ⑤ ⑥ ⑦ ⑧

主 料

牛肉 300 克，番茄 150 克

辅 料

盐 15 克，葱段 20 克，姜片 5 片，米酒 5 克，胡椒粉 5 克，花椒 10 克，八角 5 克

制作要点

◎番茄焯水去皮，切块，炒熟备用。

◎将牛肉洗净，切成小方块，氽烫备用。

◎砂锅中放入花椒、八角、葱段以及姜片，再倒入适量的清水，接着放入牛肉块、番茄，然后加入米酒。

◎盖上盖子，用小火炖约 1 小时。

◎至牛肉熟烂，加入盐和胡椒粉调味即可。

 小贴士

牛肉味甘，性平，归脾、胃经，有补中益气、滋养脾胃、强健筋骨，止渴止涎的功效。

军中有会异寻常，牛肉粗肥酒瓮大。
　——〔明〕高启《答余左司沈别驾元夕会饮城南之作时在围中》

招牌扎肉

制作单位

杭州照晖冠江楼餐饮
有限公司

主 料

五花肉 600 克

辅 料

酒酿馒头 10 个，鸡清汤 500 克，料酒 25 克，
精盐 3 克，桂皮 5 克，八角 1 克，甘草 0.5
克，酱油 50 克

制作要点

◎取猪五花肉洗净，取出肋骨，切成 8 厘
米长、0.8 厘米厚的条状，肋骨亦斩成条。
◎将肉与肋骨搭配好，用箬壳条扎紧，焯
水后洗净。
◎锅置火上，放入肉条和肋骨，添清水淡
煮至八成熟，添鸡清汤，加料酒、精盐、桂皮、
八角、甘草烧沸，撇去浮油，加入酱油，
用小火煨至肉块酥糯。
◎ 将扎肉装盆，加馒头搭配着吃。

🧅 小贴士

肉类遇醋会变嫩，宜在起锅时加点陈年香
醋，这样吃起来没有酸味，还带有醋香。

饱足仍酣醺，眇眤人间世。

—— ［宋］陈造《旅馆三适》

咖喱牛肉饼

小贴士

要想使烹制的牛肉易熟且酥烂可口，可在烹制前一天晚上，在牛肉表面涂上芥末面，煮之前可在用清水洗去即可。

制作单位

杭州环湖大酒店

制作要点

◎先将面粉加入酵母、糖、牛奶和成稍软的面团，和好后饧发 10 分钟。

◎牛肉未加入姜末、酱油拌匀；洋葱切小粒。锅内放入少许油，放入咖喱块煸化，倒出晾凉，放入牛肉末中并放入洋葱粒、盐、胡椒粉、味精、香油拌成馅心。

◎将饧好的面团搓条，下剂，取一个剂子擀成圆形，抹上肉馅，以饼的中心为半径切一刀，从切刀处转圈滚卷成蛋卷形状，将口封严，竖着按扁擀成圆形饼。

◎饼铛内放入少许油，放入擀好的饼，烙至两面金黄色，食用时切成角即可。

主 料

面粉 250 克，牛奶 200 克，牛肉末 200 克

辅 料

咖喱粉 20 克，洋葱 50 克，姜末 15 克，胡椒粉 10 克，盐 10 克，味精 5 克，香油 5 克，酵母 3 克，白糖 10 克

太常今夜宴，谁不醉如泥。

——［唐］张南史《殷卿宅夜宴》

一统江山

制作单位

杭州吴山酪楼餐饮管理有限公司

①  ②

③  ④

⑤  ⑥

主　料

五花肉 500 克，鸡爪 200 克

辅　料

酱油 150 克，黄酒 300 克

制作要点

◎将五花肉、鸡爪洗净备用。

◎五花肉切块。

◎鸡爪卤至半熟。

◎将五花肉块、半熟鸡爪一起放入锅中。

◎混入酱油、黄酒后，焖烧 1 小时候出锅。

🍇 小贴士

若要保存新鲜的五花肉，可放入塑料盒中，淋上一层料酒，密封后放入冷藏室，可贮藏一天不变味；也可将肉平摊在盆中，放置冷冻室变硬，再用塑料膜将肉片逐个包裹起来冷藏，可一个月不变质。

调膳过花下，张筵到水头。

——［唐］李端《送魏广下第归扬州宁亲》

肉爆青菜

制作单位

杭州市王益春中式烹
调技能大师工作室

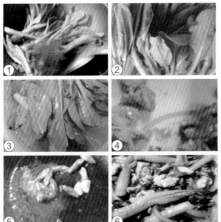

① ② ③ ④ ⑤ ⑥

主料

长梗青菜 400 克

辅料

五花肉 50 克，精盐 10 克，白糖 5 克，料
酒 10 克，老抽 3 克

制作要点

◎先将青菜洗净控干水分。

◎改手指状条形，五花肉切薄片待用。

◎起锅烧热下油，先投入五花肉爆炒至微
黄，再烹入老抽、白糖、料酒略烧上色。

◎投入青菜梗烧至起皱入味，下青菜叶，
待水分干即可。

🍒 **小贴士**

炒青菜时用最大火，既保留了营养，又
美观；炒时不宜多加水，若实在太干，
稍微点一小勺水即可。

青菜青丝白玉盘，西湖回首忆长安。
——［宋］李石《立春》

建德滑肉

制作单位

建德汇金大酒店

主 料

里脊肉 400 克

辅 料

本芹 50 克, 白玉菇 30 克, 盐 3 克, 葱 5 克, 花椒 5 克

制作要点

◎ 将里脊肉洗净, 里脊肉切片上味后裹上地瓜粉余水备用。

◎ 将白玉菇和本芹余水装盘。

◎ 调水煮汤。

◎ 放入里脊肉煮熟后出锅, 码在白玉菇和本芹上。

◎ 放上葱丝与鲜花椒, 浇响油即可。

小贴士

炒肉菜时放盐过早熟得慢, 宜在将熟时加盐; 出锅前加上几滴醋, 可使味道更可口。

香熏罗幕暖成烟, 火照中庭烛满筵。
　　　　——〔唐〕王建《田侍中宴席》

黄豆炖猪爪

制作单位

杭州市王益春中式烹调技能大师工作室

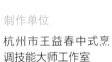

主 料

猪蹄 150 克，黄豆 250 克

辅 料

葱 10 克，姜 5 克，胡椒粉 5 克，料酒 5 克，精盐 10 克

制作要点

◎猪蹄洗净，一定要洗得特别干净，有毛一定要刮尽。

◎猪蹄斩成 3 厘米宽的块状。

◎剁成块后焯水备用，黄豆浸泡洗净。

◎取砂锅加适量水下，黄豆、猪蹄、姜片、葱、料酒。

◎用大火炖 15 分钟，再改用小火炖 90 分钟至汤汁奶白。

◎最后放入精盐，撒入胡椒粉调味即可。

🔅 小贴士

巧拔猪蹄毛：猪蹄上毛比较多，收拾起来十分费事，可以将洗净的猪蹄用沸水煮一下，再放入清水中，用指甲钳拔毛。

留君住厅食，使立侍盘飧。

——［唐］韩愈《赠张籍》

肉菜类／99

家常烀牛肉

桐庐特色传统名菜

制作单位

杭州市王益春中式烹
调技能大师工作室

主 料
净牛腩 600 克

辅 料
葱 10 克,姜 8 克,干辣椒 5 克,酱油 15 克,
白糖 5 克,精盐 10 克

制作要点
◎牛腩切成块,焯水备用。
◎热锅放油,下牛腩煸炒,烹入调料,卤
烧入味,待汁稠浓装入砂锅略炖,撒上葱
花即可。

草草具盘馔,不待酒献酬。

——［唐］韩愈《送刘师服》

要将洗去血水的牛肉块随清水入锅,同冷水一同煮开,撇去血沫后捞出沥干水分。购买牛
腩时应选取肥瘦相间的,切块的时候牛腩块要相对大块些,这样口感更好。

砂锅牛尾煲（神龙摆尾）

制作单位
蓝钻国际城堡酒店

主料
皖南山区产黄牛尾 500 克

辅料
京葱 5 克，香叶 3 克，桂皮 3 克，冰糖 5 克，
生姜 8 克，酱油 30 克，黄酒 15 克

制作要点
◎牛尾切小段，放水中浸泡 1 个小时以上，
将血水泡净，中途换水。
◎将浸泡好的牛尾放入锅内。
◎加入姜片、黄酒、京葱、香叶、桂皮、
糖色和适量的水。
◎盖好锅盖烧制 1 小时左右，大火翻炒至
汤汁浓稠即可。

 小贴士

新鲜的牛尾最好趁新鲜制作成菜，如果需
要短期保存，可把牛尾放入沸水锅内焯出
血水，捞出过凉，控尽水分，加上少许黄
酒拌匀，放入保鲜盒后冷藏。如果需要长
期保存，则需要把牛尾块用保鲜膜包裹起
来冷藏，食用时取出自然化冻即可。

今日陪尊俎，唯当醉似泥。
——［唐］卢纶《奉陪侍中登白楼》

煎卤澳洲牛排

供图单位

杭州市餐饮旅店行业协会

主料

澳洲牛排 150 克

辅料

红酒 100 克，白糖 50 克，食盐 3 克，酱油 3 克

制作要点

◎ 先在油锅里轻度煎一下牛排。

◎ 煮锅中倒入红酒煮沸之后放入白糖。酒和白糖比例为 2 ：1，再放入适量胡椒粉等调料。

◎ 大火快卤牛肉，让牛肉快速吸收卤水风味，即可。

问胡不归良有由，美酒倾水炙肥牛。

——〔唐〕韩愈《刘生诗》

🐟 杭味故事

通过杭州传统的煎卤制作技艺来烹调海外食材——澳洲牛排，这是一道新杭帮菜。在杭州天元大厦 29 楼有关于这道菜的制作方法和图示讲解，便于大众学习了解。

白切灵桥羊肉

制作单位

金港大酒店

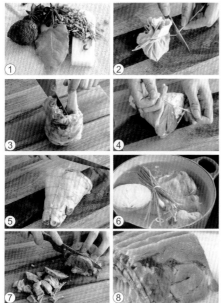

主 料

羊肉 750 克

辅 料

八角、茴香、桂皮、花椒、桑杆各 10 克，
酱油 10 克，蒜末 8 克，姜末 3 克

制作要点

◎ 新鲜羊肉取料洗净，切成长方块。

◎ 将八角、茴香、桂皮、花椒、桑杆等入袋。

◎ 加清水没过羊肉，在砂锅中煮熟。

◎ 冷却后切成薄片改刀，配蘸料上桌。

小贴士

许多地方都有吃羊肉的习惯，尤其是冬季，
因为羊肉性热，具有益气补虚的功效，能
有效改善人体在冬季的气血循环。灵桥镇
灵桥村的白切羊肉从 1948 年即开始制作，
家喻户晓。

胡儿住牧龙门湾，胡妇烹羊劝客餐。
　　——［明］徐渭《上谷边词四首》

乾坤肚

制作单位

新天鸿大酒店

主 料

老鸭 1 只 1500 克，生猪肚 500 克，筒骨 500 克

辅 料

生姜 20 克，小葱 15 克，八角 5 克，桂皮 5 克，蚝油 8 克，味精 3 克，酱油 15 克，啤酒 15 克，白糖 8 克，菜籽油 10 克

制作要点

◎将老鸭、猪肚、筒骨一起焯水去腥。

◎将菜籽油熬出香味。

◎将菜籽油倒入主料和八角、桂皮翻炒。

◎至老鸭、猪肚烧出香味后，加入蚝油、酱油、白糖、啤酒、高汤，倒入压力锅吹气 18 分钟后收汁即可。

春草秋风老此身，一瓢长醉任家贫。
　　　　　——［唐］刘商《醉后》

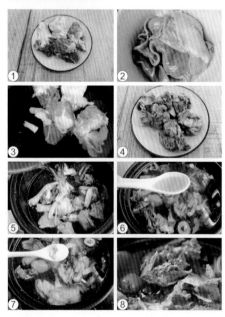

小贴士

猪肚煮熟后切成长块，放在碗内加一些鲜汤再蒸一会儿，便会加厚一倍。

文火老姜仔排

制作单位

富阳东方茂开元名都
大酒店

主　料

肉排 600 克

辅　料

生姜 100 克，八角、桂皮各 4 克，小葱 10
克，黄酒 15 克，酱油 15 克，白糖 10 克，
食盐 3 克，味精 3 克

制作要点

◎将肉排洗净备用。

◎先将肉排斩至 8 厘米左右大小，入锅焯
水待用，生姜切片。

◎热锅烧油后将生姜、八角、桂皮、小葱
煸香。

◎将出好水的排骨入锅煸炒。

◎加黄酒、酱油、白糖、食盐、味精和水，
小火慢煨 45 分钟收汁，即可出锅装盘。

挂影怜红壁，倾心向绿杯。
——〔唐〕郑审《酒席赋得匏瓢》

脆皮鸭卷牛肉饼

桐庐特色传统名菜

吃货鼻祖

供图单位

杭州市餐饮旅店行业
协会

主 料

果木碳烤鸭 1 只，牛里脊 300 克

辅 料

薯片 10 片，黄瓜 20 克，芹菜 30 克，味精
1 克，鸡粉 1 克，油膘末 5 克，精盐 3 克，
食用油 50 克

制作要点

◎将烤鸭烤脆，取内径 4 厘米左右的椭圆
形鸭肉，盖在薯片上。

◎牛里脊切末，打上劲，加入调料和油膘末、
芹菜末，再做成直径 4 厘米的圆形。

◎用平底锅将牛肉饼煎成两面金黄，和烤
鸭一起装盘即可。

 小 贴 士

卤牛肉需要用牛腱肉，红烧的要用牛腩，
炒肉丝要用瘦肉。

更有台中牛肉炙，尚盘数脔紫光球。

——［唐］李日新《题仙娥驿》

大碗土豆牛筋

供图单位

杭州市餐饮旅店行业
协会

主 料

黄牛筋 250 克，小土豆 250 克

辅 料

青红椒 70 克，糖 20 克，绍酒 75 克，酱
油 30 克

制作要点

◎黄牛筋洗净切小块，放调料卤熟。

◎小土豆去皮蒸熟待用。

◎锅下油放入牛筋和土豆，调味后装盘。
青红椒炒熟撒在土豆和牛筋上点缀即可。

 小贴士

筋胶质重，易粘口，却适合做胶冻状的食
物，因为含丰富的骨胶原。筋胶要煮得软
才好，否则经冷藏之后，数条筋胶集结的
部位会变得质感坚硬。

白眼向人多意气，宰牛烹羊如折葵。
——［唐］戴叔伦《行路难》

白鲞烧肉

桐庐特色传统名菜

🍇 **小贴士**

做红烧肉时，不
要加冷水，如加
入冷水，肉就不
会软烂。

供图单位

**杭州市餐饮旅店行业
协会**

主料 ┈┈┈┈┈┈┈┈┈┈┈┈┈┈

五花肉 400 克，白鲞 200 克

辅料 ┈┈┈┈┈┈┈┈┈┈┈┈┈┈

姜 10 克，葱 10 克，绍酒 50 克，味精 5 克，
酱油 100 克，糖 20 克

制作要点 ┈┈┈┈┈┈┈┈┈┈┈┈

◎白鲞、五花肉洗净切块，分别炒香煸透，
待用。

◎先放入肉和调料烧制 30 分钟，水以没过
肉为准，小火再加入白鲞一起烧制 10 分钟，
收汁即可。

🐟 **杭味故事**

白鲞又名石首、鱼鲞，为大黄鱼或小黄鱼
的干制品。《金瓶梅》第 80 回中，写到
有"四尾白鲞"的礼物。鲞者，干鱼、腊
鱼也。鲞也泛指成片腌腊食品，如笋鲞、
牛鲞等。杭州作为京杭大运河上重要的节
点城市，是南来北往贸易物资的中转地和
集散地，各地海货在杭州中转，杭人得商
贸之便，嗜食各种海货。

呼奴具盘餐，订饷鱼菜膳。

——［唐］韩愈《喜侯喜至赠张籍张彻》

嵌肉

  小贴士

豆腐下锅前可先放在开水里浸润十分钟，可清除豆腥味和碱味。

供图单位

杭州市餐饮旅店行业协会

主料 ....

家养猪夹心肉末 100 克，手工油豆腐 12 只 500 克

辅料 ....

小青菜 150 克，精盐 5 克，绍酒 2 克，味精 2 克，清鸡汤 250 克

制作要点 ....

◎肉糜加绍酒、精盐、味精拌匀待用。

◎油豆腐切一小口，把拌好的肉塞入油豆腐内。

◎锅置旺火上，加清鸡汤，下油豆腐至熟，调味装盘即可。

独酌复独酌，满盏流霞色。

——［唐］权德舆《独酌》

  杭味故事

猪肉为猪科动物的肉，是中国人蛋白质和脂肪摄入的最大来源之一。家猪的祖先是野猪，猪的驯化以中国最早。猪肉有丰富的营养和馨香的美味，是烹调的好原料，不论炖、炒、烧、烤、炸、爆，还是酱、熏、扒、烩、焖，都可制成美味佳肴。

肉菜类一

鱼羊鲜

制作单位
杭州万士达酒家

主 料

红烧羊肉 300 克，甲鱼 500 克

辅 料

白糖 10 克，干辣椒 10 克，料酒 30 克，
食用油 20 克，生抽 10 克，老抽 5 克，生
姜 10 克，蒜头 5 克

制作要点

◎甲鱼宰杀剁成大块，蒜头去皮拍碎，生
姜切片，干辣椒切段。

◎锅中倒入食用油，倒入准备好的姜片、
蒜头煸香。

◎倒入切好的甲鱼块翻炒，加入料酒、生抽、
老抽、白糖及干辣椒丁继续翻炒。

◎改中火加入清水，倒入红烧羊肉一同焖
煮，焖煮过程中应多翻炒几次以防止粘锅，
待汤汁浓稠即可出锅。

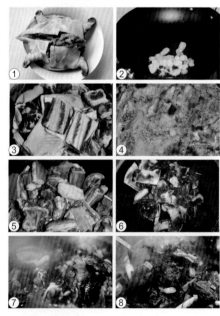

① ② ③ ④ ⑤ ⑥ ⑦ ⑧

 小贴士

炖羊肉或者甲鱼时，只需要加几片陈皮就
可以减轻腥味。像放养的羊，不需要放太
多的香料就能煮出本来的鲜香。

开何有意容王猛，肯使鱼羊食不留。
　　　　——［宋］陈普《咏史下·王猛》

3

禽蛋类

鸡鸭鹅，流传千年的菜肴主角儿

栗子炒仔鸡

1956 年被浙江省认定为 36 种杭州名菜之一

🍍 **小贴士**

栗子素有"干果之王"的美称，可代替粮食，被称为"铁杆庄稼""木本粮食"。栗子对人体有滋补作用，对肾虚有良好的疗效，有"肾之果"的美誉。

制作单位

杭州饮食服务集团有限公司

制作要点

◎将鸡肉皮朝下，交叉排斩几下（刀深为鸡肉厚度的 2/3），切成 7 厘米见方的块，盛入碗内，加精盐，用湿淀粉 25 克调稀搅匀上浆待用。

◎将绍酒、酱油、白糖、米醋、味精放在碗内，用湿淀粉 10 克调成芡汁待用。

◎炒锅置中火上烧热，滑锅后下色拉油，至 130℃时把鸡块、栗子入锅滑散，15 秒钟后倒入漏勺。

◎原锅留油 15 克，放入葱段煸至有香味，倒入鸡块和栗肉，立即将调成的芡汁加水 25 克搅匀倒入，颠动炒锅，使鸡块和栗子包上芡汁，淋上芝麻油，出锅装盘即可。

主 料

去骨嫩鸡肉 250 克，鲜嫩栗子肉 100 克

辅 料

米醋 2 克，湿淀粉 35 克，葱段 2 克，白糖 10 克，绍酒 10 克，芝麻油 15 克，酱油 25 克，色拉油 75 克，精盐 5 克，味精 5 克

村盘既罗列，鸡黍皆珍鲜。
——〔唐〕权德舆《拜昭陵过咸阳墅》

禽蛋类

黄花菜焖鸭

供图单位

杭州市餐饮旅店行业协会

主料

钱江鸭 1 只 1000 克

辅料

干黄花菜 100 克，小葱 15 克，绍酒 20 克，酱油 100 克，糖 35 克，味精 3 克，生姜 15 克

制作要点

◎将鸭宰杀，煺净毛，取出内脏洗净，在沸水中煮 3 分钟去血，用清水洗净待用。

◎黄花菜涨发摘取老梗洗净待用。

◎取大砂锅一只，用竹箅子垫底，放入葱结、姜块、绍酒、白糖、酱油及清水，再把鸭背朝上放入锅中，盖上锅盖，在旺火上烧沸后，改成小火焖两小时，至鸭酥烂，再放入黄花菜用大火烧至汁水浓稠，放入味精、撒上葱丝即可。

 杭味故事

"尚未出炉已飘香，三分已醉味芬芳。入口爽脆沁肺脾，食过多时留余香。"这首诗非常形象地描述了焖鸭的美味。食鸭文化一直是江南食文化中不可或缺的一部分，黄花菜焖鸭正是这种文化的一种体现。

鹅鸭不知春去尽，争随流水趁桃花。

——［宋］晁冲之《春日》

原汁碗头土鸡

制作单位

蓝钻国际城堡酒店

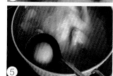

主　料

土鸡肉 500 克

辅　料

干花椒 10 克，干辣椒 15 克，生姜 10 克，大蒜瓣 20 克，精盐 5 克

🍆 小贴士

土鸡的辨别方法：从外观上看，土鸡的头很小、体型紧凑、胸腿肌健壮、鸡爪细、冠大直立、色泽鲜艳。仿土鸡接近土鸡，但鸡爪稍粗、头稍大。快速型鸡则头和躯体较大、鸡爪很粗，羽毛较松，鸡冠较小。

制作要点

◎鸡肉剁成小块。

◎倒油，依次加入干花椒、干辣椒、生姜、大蒜瓣爆出香味。

◎把鸡肉倒进锅里翻炒直到表皮变干，加入适量的精盐和大概两小汤勺的料酒翻炒至干。

◎往锅里加入水，高度与鸡肉持平。

◎加入配料后，隔水加盖慢炖 3 小时左右即可。

鸡鸭成群晚不收，桑麻长过屋山头。

——〔宋〕辛弃疾《鹧鸪天》

百鸟朝凤

 小贴士

炖汤宜冷水下锅，让原材料由水温的慢慢变高而充分释放营养和香味。

制作单位

杭州饮食服务集团有限公司

主　料

净嫩鸡 1 只 1000 克，猪腿肉 200 克

辅　料

芝麻油 5 克，高筋面粉 100 克，姜块 5 克，葱结 5 克，火腿皮（或筒骨）1 块，绍酒 25 克，味精 5 克，熟鸡油 15 克，精盐 7.5 克

制作要点

◎将鸡在沸水中氽一下，去净血水，捞出洗净。

◎取砂锅 1 只，用小竹架垫底，放入葱结、姜块、火腿皮，加清水 2500 克，在旺火上烧沸，放入鸡和绍酒 20 克，再沸后移至小火上炖。

◎肉剁成末，加水 25 克、精盐 5 克、绍酒 5 克、味精 1 克，搅拌至有黏性，再加芝麻油拌制成馅料。

◎面粉揉成面团，擀成水饺皮子 20 张，放

入馅料，包制成鸟形水饺煮（或蒸）熟。

◎待鸡炖至酥熟，取出姜块、葱结、火腿皮和蒸架，撇尽浮沫，加入精盐 6 克、味精 4 克，将鸟形水饺围放在鸡的周围，置火上稍沸，淋上鸡油即可。

不知何处得鸡豕，就中仍见繁桑麻。
——［唐］李白《下途归石门旧居》

八宝童鸡

杭味故事

我国常用"八宝"命名菜品，既表示其配料的丰盛，也比喻其质量非同一般。

制作单位

杭州饮食服务集团有限公司

主料

嫩母鸡 1 只 1500 克

辅料

湿淀粉 15 克，熟火腿 25 克，糯米 50 克，水发冬菇 20 克，熟鸡肫 25 克，通心白莲 20 克，干贝 25 克，嫩笋尖 25 克，开洋 15 克，味精 5 克，绍酒 15 克，生姜 15 克，葱结 30 克，精盐 5 克

楼上阑干横斗柄，露寒人远鸡相应。
　　——〔宋〕周邦彦《蝶恋花》

制作要点

◎将鸡杀白（不剖肚），洗净，斩掉鸡脚，整鸡出骨后将鸡身翻回原状，洗净。

◎冬菇去蒂，洗净，切丁；糯米、莲子洗净；干贝用水洗净盛入碗中，加冷水 100 克，用旺火蒸约 30 分钟至熟；开洋用沸水泡过待用。

◎把火腿、鸡肫、笋分别切丁，与糯米、冬菇、开洋、干贝、莲子一起加精盐 3 克，再加味精 5 克拌匀，灌入鸡肚内，在鸡脖子处打一个结，以防肚内的东西外溢。

◎将鸡投入沸水中烫 3 分钟，使鸡肉绷紧，再用冷水洗一遍，随即放入大碗内，放上葱、姜，加绍酒和 250 克清水，上笼用旺火蒸约 2 小时至酥取出，鸡肚朝上摆在长盘内。

◎将汁水倒入炒锅，加入精盐 2 克、味精 1 克烧沸，用湿淀粉勾薄芡淋在鸡身上即可。

手撕鸡

2000 年杭州市认定的 48 道
新杭州名菜之一

制作单位

杭州知味观食品有限
公司

主 料

鸡 1 只 1500 克

辅 料

金华火踵 50 克，草菇 20 克，香叶 15 克，
豆蔻 10 克，玉桂、大茴、小茴各 5 克，海
鲜酱 5 克，排骨酱 10 克，洋葱 10 克，盐
15 克

制作要点

◎将鸡洗净，用草菇、香叶、玉桂、大茴、
小茴等多种香料调制的卤水腌制 5 小时。

◎用海鲜酱、排骨酱、洋葱等配制的调料
擦遍鸡的内膛，继续腌制 1 小时。

◎将鸡用铁钩挂好，经风吹干，将火踵切
片放于鸡身上，用锡纸包好，放入红泥砂锅，
加入烧烫的盐，放入炭烤炉焗 5 小时，即
可取出上桌。

🍎 小 贴 士

在腌制烧烤肉类时，放入少量八角、桂皮、
小茴香、香叶等，不仅可以去腥，而且吃
起来的肉更鲜香。

窗外寒鸡天欲曙，香印成灰，坐起浑
无绪。

—— 〔唐〕冯延巳《蝶恋花》

笋干老鸭煲

2000 年杭州市认定的
48 道新杭州名菜之一
2012 年中国杭帮菜博物馆评选的
"十佳精品杭帮菜"之一

制作单位

杭州张生记饭店

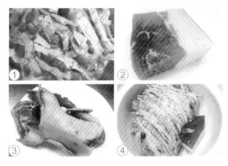

🍇 小贴士

炖老鸭时,可放几只螺蛳与老鸭同煮,不论鸭多老也会炖得酥烂。笋干老鸭煲在过去也被称为笋干火踵老鸭,两者烹制方法基本一致。

🐟 杭味故事

天目笋干,是临安市的传统特产,与茶叶、山核桃同列被誉为的"天目三宝"之一。据《於潜县志》记载,明正德、嘉靖年间,天目笋尖已为江南士民所称道,至今已逾四百余年。

主 料

3 年老鸭 1 只 1000 克

辅 料

火腿 150 克,笋干 150 克,粽叶 1 张,生姜 10 克,黄酒 20 克,精盐 5 克

制作要点

◎老鸭宰杀洗净。

◎荷叶打底,加入火腿、鸭身、鸭胗、鸭肝、鸭心,加水没过鸭子。

◎加入姜片和黄酒。

◎中小火烧煲 4-5 小时。

◎再加入笋干煲 20 分钟即可。

乳鸭池塘水浅深,熟梅天气半晴阴。

——［宋］戴复古《初夏游张园》

武林爐鸭

2000 年杭州市认定的 48 道新杭州名菜之一

🌸 小贴士

老的土鸡或土鸭用猛火煮，肉硬不好吃。可先用凉水和少许食醋泡上 2 小时，再用文火炖，肉就会变得香嫩可口。

制作单位

杭州知味观食品有限公司

主 料

杀白肥嫩鸭 1 只 2000 克

辅 料

小葱 250 克，姜 50 克，大蒜头 250 克，麻油 260 克，酱油 10 克，醋 8 克，料酒 10 克，白糖 8 克

制作要点

◎ 在鸭子背面尾臊部横切一刀，取出内脏，洗净。再在背部划一刀，入沸水焯。
◎ 取小耳锅 1 只，放入清水 500 克，底层放葱、姜（拍碎）及油炸过的大蒜头，鸭子腹朝下放在上面，加入酱油、醋、酒、白糖和 250 克麻油，再加适当水，在中火上略炖，再用微火焖 2 小时（老鸭适当延长）。
◎ 中途启盖，将鸭翻身，炖至鸭肉酥烂，收浓汤汁，即可起锅。
◎ 拣去葱姜，将鸭腹朝上装入盘中，再将大蒜头放在鸭身四围，淋上麻油 10 克即成。

🐟 杭味故事

"爐"是一种烹饪方法，即将鸡、鸭等原料在木炭灰火上煨熟，后演变为将鸡、鸭、鹅等原料调以五味后加水用微火爐煮。现在的杭州武林爐鸭基本上都用后一种方法烹调，用木炭灰火煨熟一锅鸭汤的日子，城里人已经回不去了。

香酥鸭

制作单位

杭州知味观食品有限公司

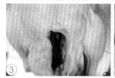 

  小贴士

老嫩鸭的区别是：第一，表面光滑、没小毛，在两斤左右的是老鸭；表面不光滑，有小毛，在三斤左右的是嫩鸭。第二，气管粗的是老鸭，细的是嫩鸭。

风荷百顷占涟漪，烟树溟蒙乳鸭飞。
——〔宋〕高翥《西湖暮归》

主　料

麻鸭 1 只 1500 克

辅　料

食盐 10 克，酱油 40 克，绍酒 30 克，姜末 15 克，花椒 3 克，葱 3 克

制作要点

◎麻鸭拔净细毛，除去内脏，斩去脚爪，洗净。用食盐将鸭身搓遍，腌 2-3 小时。

◎用清水冲洗干净腌好的鸭子，入锅加上酱油、绍酒、姜末、葱、花椒和水，以旺火烧煮 20 分钟。中间将鸭翻身一次，待鸭呈红色时捞出沥干。

◎锅内放入菜油，在旺火上烧至八分热时把鸭放入，炸 3 分钟左右，至鸭皮黄亮时起锅。

◎食用时整只上桌，或切成块仍拼成全鸭模样，装入盘内即可。

金蝉银翎

制作单位

杭州龙井草堂餐饮有限公司

主料

3 年以上麻鸭 1 只 1500 克

辅料

金蝉花 8 克，鸭卤 200 克，八角、桂皮、花椒、小茴香、肉蔻、丁香、沙姜、草果等香料各 5 克，盐 15 克

制作要点

◎将麻鸭杀好，洗净。

◎取八角、桂皮、花椒、小茴香、肉蔻、丁香、沙姜、草果等香料，放入棉布袋中，收口绑紧。

◎将香料袋放入水中，熬至 200 克左右。

◎用熬好的卤汁浇在备好的净鸭上。

◎鸭放入蒸盘，身上放置金蝉花，用桃花纸封口。

◎上锅隔水蒸 4 个小时即可。

🍒 小贴士

烧鸭子时，把鸭子尾端两侧的臊豆去掉，味道更美，还没腥味。

花鸭无泥滓，阶前每缓行。
　　——〔唐〕杜甫《江头五咏》其四

严州干菜鸭

制作单位

浙江严州府餐饮有限公司

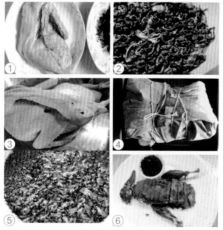

主 料

水鸭 1500 克

辅 料

干菜 60 克,荷叶 1 张,料酒 125 克,姜 25 克,酱油 15 克,白糖 10 克,香料包 40 克,盐 10 克

🍇 **小贴士**

鸭肉最好切大块一点煮,不易做老。

藏莺院静,浮鸭池荒。

——〔宋〕仇远《声声慢》

制作要点

◎将水鸭宰杀洗净,入六成热油锅内炸至外表酥黄。

◎用香料包、干菜、料酒、白糖、味精、老抽、食用盐调卤水。

◎放入鸭子大火烧开后转小火卤制 1 小时,焖 30 分钟后捞出。

◎剩余干菜炒香,一半铺盘中,鸭子切块摆在干菜上,另一半干菜撒在鸭子上。

◎入蒸箱蒸 15 分钟即可。

三两半炖鸡

🐟 杭·味·故·事

相传为才子李渔为
小产的妻子所做，
老母鸡加当归、党
参、黄芪及怀牛膝，
小火慢炖，喝汤食
肉，最利产妇温补
恢复体力。百姓听
闻后争相烹制，故
又名"亲亲娘仔鸡"。

供图单位

杭州市餐饮旅店行业
协会

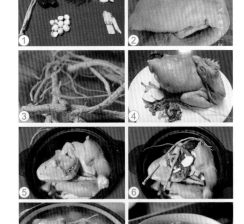

主料

老母鸡 2000 克

辅料

当归 30 克，党参 40 克，黄芪 30 克，怀
牛膝 30 克，精盐 10 克

制作要点

◎ 将老母鸡宰杀洗净，去内脏，斩成小块。

◎ 将鸡肉放入砂锅，加水没过鸡肉，加入
当归、党参、黄芪、怀牛膝等药材，煮沸
后小火慢炖。

◎ 待鸡肉酥软后，加入精盐即可。

吠犬鸣鸡村远近，乳鹅新鸭岸东西。

——［清］查慎行《自湘东驿遵陆至芦溪》

🐝 小贴士

若在炖鸡的汤里放一两把黄豆与老鸡共煮，或放几粒凤仙花籽、三四个山楂，可加快熟的
速度。

凤凰蛋

🐟 杭味故事

一说是南宋初从开封传入临安的，另一说与乾隆有关。乾隆下江南，一日与随从走散，便在路旁一户农家讨东西充饥，农家就把正在孵的几个鸡蛋拿来煮给他吃，没想到乾隆越吃越觉美味，便取名为"凤凰蛋"。

制作单位

浙江严州府餐饮有限公司

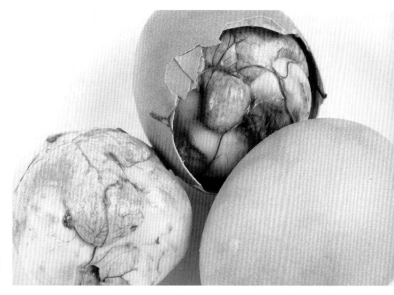

🥚 小贴士

为了更容易地将煮熟的鸡蛋去皮，可以在水中加入小苏打，并在冰箱中冷却，以使蛋白更紧实。

登高时节殊鸡犬，乞巧风流狎女牛。

——［宋］陈著《重五有感》

主 料

14 天凤凰蛋 350 克（约 7 个）

辅 料

自制卤料 200 克

制作要点

◎将凤凰蛋洗净，放入锅中煮熟，取出备用。

◎取八角、桂皮、花椒、小茴香、肉蔻、丁香、沙姜、草果等香料各 5 克，放入棉布袋中，收口绑紧。

◎将锅内加入葱 20 克、辣椒 10 克、姜 15 克、黄酒 20 克、酱油 10 克、水 400 克、冰糖 50 克，将香料袋放入，煮滚，小熬一会，制成 200 克的卤料。

◎锅内留卤料，放入鸡蛋，小火慢卤入味，即可食用。

里叶莲子鸡

🐟 杭味故事

莲子鸡鸡汤清香可口，营养丰富，可健脾开胃、清心润燥，是建德的一道家常名菜。

供图单位
建德市餐饮行业协会

① ② ③ ④

主料

小母鸡 1250 克，里叶白莲 160 克

辅料

火腿 50 克，生姜 20 克，葱丝 10 克，花椒 5 克，盐 5 克，黄酒 20 克，鸡清汤 80 克

🫐 小贴士

里叶白莲是新安江地区传统特产。里叶白莲去皮通心，粒大圆润，蒸煮易熟，久煮不散，汤色清、香气浓。

制作要点

◎小母鸡洗净，用花椒和盐在鸡身里外抹匀，腌制 2 小时后用清水冲洗干净。
◎莲子用清水浸泡（夏秋 30 分钟，冬春 1 小时）。
◎小母鸡切成条块状（2 厘米宽），拼摆入盘中，火腿、生姜切成 7 厘米长、2 厘米宽的片码在鸡上，加入调料和鸡汤。
◎上笼蒸 40 分钟，放入浸泡好的莲子继续蒸 20 分钟至熟，摆上葱丝点缀即可。

坐见如云秋稼，莫问鸡虫得失，鸿鹄下翩翩。

——［宋］张元干《水调歌头》

油爆鸭

供图单位

建德市餐饮行业协会

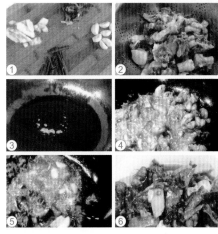

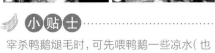

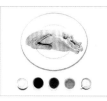

🍌 小贴士

宰杀鸭鹅煺毛时，可先喂鸭鹅一些凉水（也可以加上醋或者酒），并用凉水浇透鸭鹅全身，毛更容易煺。

晚来弄水船头湿，更脱红裙裹鸭儿。
——〔唐〕皇甫松《采莲子》

🐟 杭味故事

油爆鸭是一道风味家常菜，以鸭脯肉为原料爆炒而成。中国南方鸭肉的食用量远超北方，制作鸭肉的烹饪方法也非常多。

主料

白鸭 1000 克

辅料

生姜 30 克，黄椒 20 克，菜油 30 克，色拉油 10 克，蚝油 10 克，酱油 10 克，精盐 10 克，黄酒 20 克，白砂糖 10 克，甜酒酿 20 克

制作要点

◎白鸭洗净切块（约 24 块），焯水洗净。

◎鸭肉用菜油煸炒至鸭皮紧缩、表面收干，加调料及色拉油入高压锅炖 8 分钟后再焖 5 分钟至熟。

◎取出后略收汁，边上围以炒好的黄椒点缀即可。

禽蛋类／

127

三杯鸡

🐟 杭味故事

据传文天祥被俘后，有位建德的老夫人以为他已经被害，就带着鸡、酒去牢里祭拜，发现文天祥还被囚禁着，就用鸡、酒、酱油做了三杯鸡请他品尝。这道菜就这么传了下来。

制作单位

建德市莘时客餐饮有限公司

⑤ ⑥

主料

三黄鸡 1500 克

辅料

米酒 100 克，酱油 50 克，猪油 50 克，冰糖 30 克，盐 6 克，姜 25 克，蒜 25 克

制作要点

◎锅烧热放入猪油，加入姜、蒜爆香。

◎把洗净备用的三黄鸡放入锅中煸炒至皮发黄。

◎倒入米酒、酱油、冰糖和盐，加盖焖烧至锅中汤汁收浓。

◎把烧好的鸡装入加热过的砂锅即可。

🍊 小贴士

三杯鸡因烹制时不放汤水，仅用米酒一杯、猪油一杯、酱油一杯，故得名。这道菜通常选用三黄鸡等食材制作，成菜后肉香味浓，甜中带咸，咸中带鲜，口感柔韧，咀嚼感强。

办取黄鸡白酒，演了山歌村舞，等得庆年丰。

——〔宋〕吴潜《水调歌头》

萝卜干煎蛋

《中国土特产大全》记载，萧山萝卜干食之有消炎、防暑、开胃的作用，是早餐佐食之佳肴。其主要产地分布在萧山坎山、赭山、义蓬、瓜沥、益农等地。

制作单位

杭州家乡园度假酒店有限公司

 小贴士

炒鸡蛋的时候在鸡蛋中加入一点温水，搅拌均匀，炒的时候再往锅里加入几滴料酒，做出来的鸡蛋更加鲜嫩可口。

主 料

萧山萝卜干 50 克

辅 料

土鸡蛋 5 只 250 克，精盐 2 克，葱花 5 克，绍酒 5 克，食用油 50 克，糖 8 克

制作要点

◎萝卜干加入少量糖，上笼蒸透后切细粒待用。

◎取萧山土鸡蛋 5 只打散，放入精盐、绍酒调味，同时加入切好的萝卜干。

◎起锅，滑锅留底油，下蛋液两面煎黄，改刀装盘，撒上葱花即可。

清歌弦古曲，美酒沽新丰。
——〔唐〕李白《效古二首》

稻草鸭

2000 年杭州市认定的
48 道新杭州名菜之一

制作单位
**杭州花中城餐饮食品
集团有限公司**

 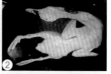
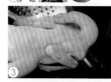 

主 料

北京鸭 1 只 1000 克

辅 料

花椒盐 50 克，汾酒 100 克

制作要点

◎净鸭用花椒盐、汾酒均匀擦遍全身，腌
渍 1 小时左右。

◎用特制的熏桶 1 只，把腌好的鸭子放入
熏桶内，点燃稻草，盖上盖子，用烟熏 15
分钟。

◎取出熏鸭，放入七成热的油锅中炸约 8
秒钟，使其上色，然后将捞出的鸭子包上
锡纸，外面敷以稻草，入电烤箱用 200℃
的温度烤 2 小时左右，取出再包扎上编好
的稻草，在烤箱中烤 3 分钟，即可装盘。

 小贴士

烹制含脂肪较多的肉类、鱼类，比如鸡鸭，
加入少许啤酒，有助脂肪吸收、降低油脂，
并且会使菜肴更香、不油腻。

几回举手抛芳饵，惊起沙滩水鸭儿。
——〔唐〕李群玉《钓鱼》

八宝鸭

制作单位

杭州新喜乐大酒店

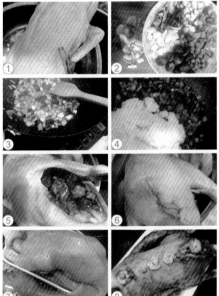

杭味故事

《江南节次照常膳底档》记载："正月二十五日，苏州织造普福进糯米鸭子、万年春炖肉、春笋糟鸭、燕窝鸡丝。""糯米八宝鸭"是当时苏州地区最著名的传统名菜，清代记录丰富美食知识的《调鼎集》和《桐桥倚棹录》两书都记载"八宝鸭"一菜及其制法。

制作要点

◎将鸭宰杀，煺净毛，整鸭出骨，洗净。

◎把虾仁、火腿、鸡丁、莲子、香菇、青豆、笋丁、糯米等配料加盐、味精、绍酒拌匀，放入整鸭内，用麻绳将鸭扎成葫芦形，放入笼内蒸2-3小时，取出。

◎锅置火上，放入油，加热至五成左右时将鸭剪去麻绳，下入油锅炸至金黄色，装盘即成。

鸭卧溪沙暖，鸠鸣社树春。

——［唐］温庭筠《早春浐水送友人》

主料

整鸭 1 只 1500 克

辅料

虾仁、火腿、鸡丁各 30 克，莲子、香菇、青豆、笋丁各 40 克，糯米 100 克，精盐 5 克，味精 5 克，绍酒 20 克

禽蛋类

131

红掌拨清波

制作单位

杭州花中城餐饮食品
集团有限公司

主 料

老鸡 1 只 1500 克，本地鹅掌 5 个 125 克，
火腿 20 克，精肉 30 克

辅 料

龙井鲜茶叶 3 克，绿茶粉 2 克，红茶 1 包
2 克，白菊花 3 克，盐 3 克，酱油 25 克，
白糖 50 克，红酒 150 克，蚝油 25 克，
十三香 8 克，红曲米 25 克，冰糖 15 克，
鸡粉 5 克

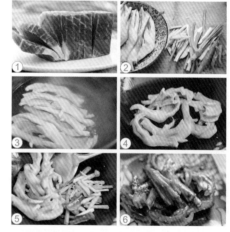

制作要点

◎将火腿、精肉、鹅掌用油炸过。

◎桶内加鸡、调料、十三香、红茶包，在
文火上煲 8 小时备用。

◎把鹅掌反扣好，加原汤上笼蒸熟，复扣
在深盘中。

◎锅放在火上，加鸡汤、茶粉调味勾芡，
放入鲜茶叶、白菊花，淋在鹅掌周边即成。

小贴士

鹅掌，也叫鹅脚、鹅蹼，与鸡爪、鸭掌一样，
只不过更大些，皮多肉多、皮质柔嫩、
胶质丰富，吃起来更有嚼劲。宜选用肉
质肥厚的新鲜鹅掌，用旺火蒸至酥软后
稍凉，以利剔去掌骨并可尽量保持整形。

谁家鹅鸭横波去，日暮牛羊饮道边。
——〔宋〕苏辙《和孔教授武仲济南
四咏·槛泉亭》

新杭帮菜 108 将之一

鲍鱼焖鸡

制作单位

名家厨房

主 料 ....

16头干鲍（9只），本鸡750克

辅 料 ....

小青菜300克，鲍鱼汁100克，味粉10克

制作要点 ....

◎干鲍发24小时，再用小火煲汁煮12小时。

◎本鸡切块，起油锅煸炒至半熟，放入鲍鱼和鲍鱼汁焖15分钟。

◎勾芡后装盘，青菜围边。

东溪忆汝处，闲卧对鸬鹚。

——[唐]岑参《还高冠潭口留别舍弟》

 小贴士 ....

气虚哮喘、血压不稳、精神难以集中者宜多吃鲍鱼；糖尿病患者也可用鲍鱼作辅助治疗，但须配药同炖；痛风患者及尿酸高者不宜吃鲍肉，只宜少量喝汤；但感冒发烧或阴虚喉痛的人不宜食用；素有顽癣痼疾之人忌食。

禽蛋类

133

外婆神仙鸡

新杭帮菜 108 将之一

🍇 **小贴士**

烧制红烧猪蹄用前肘,味道会更好。

制作单位

香樟雅苑大酒店

主 料

高山放养鸡 1 只 1500 克,猪蹄 1 对 1000 克

辅 料

加饭酒 50 克,酱油 50 克,味精 10 克,鸡粉 10 克,盐 5 克,糖 5 克

制作要点

◎将鸡洗净备用。
◎将鸡放入砂锅,加入调料。
◎将猪蹄切段,焯水,放入砂锅。
◎将砂锅放入特制铁锅中,放入调料和水,盖木盖焖烧 3 个小时即可。

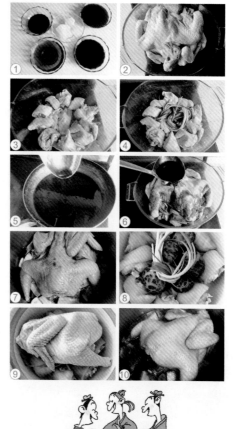

谁知林外鸡三唱,推出红轮海上峰。
——［宋］史浩《鹧鸪天》

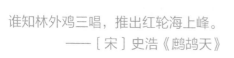

油淋花椒鸭

制作单位

哨兵海鲜

主 料 ·····························

当年雄鸭 1 只 1500 克

辅 料 ·····························

花椒盐 200 克，姜块 50 克，味精 25 克，
鸡精 25 克，葱结 2 块，绍酒 50 克

制作要点

◎雄鸭宰杀洗净，去鸭膻味。

◎用花椒盐擦拭鸭子内外，肉厚处加量，
腌制 30 分钟以上。

◎将腌制好的鸭放入盘中，加绍酒、味精、
鸡精、姜块、葱结，上笼用旺火蒸 50 分钟
以上（视鸭老嫩）至酥。

◎起大油锅，将鸭用漏勺稍稍沥干水分，
用七八成油温淋于鸭皮至表皮酥脆。

◎改刀装盘即可。

 小贴士 ·····························

花椒不仅能消除肉的腥味，还有防腐作用。
所以，炖肉或炖鱼的时候可以加入 5—10
粒花椒，这样不仅能去除腥味，还有利于
保存。在炖鱼时，如果没有花椒粒，可以
用花椒叶代替，不过要在快出锅时放。

雨暗牛眠屋，泥深鸭满阑。

——［宋］陆游《村兴》

冰镇奶香鹅肝

新杭帮菜 108 将之一

制作单位

万家灯火大酒店

主 料

鹅肝 100 克

辅 料

椰奶 10 克，琼脂 5 克，牛奶 10 克，盐 2 克，
味精 1 克，白糖 2 克，花雕酒 5 克

制作要点

◎ 鹅肝洗净用白卤法卤熟。

◎ 卤鹅肝制成泥，加入调料压平。

◎ 将椰奶、牛奶、琼脂熬化摊在肝泥上，
放入冰箱冷藏。

◎ 食用时改刀装盘即可。

银鸭金鹅言待谁，隋家岳渎皇家有。

——〔唐〕陈陶《将进酒》

小贴士

动物肝脏是体内最大的毒物中转站和解毒器官，所以买回的鲜肝不要急于烹调，应把肝放
在自来水龙头下冲洗 10 分钟，然后放在水中浸泡 30 分钟。动物肝脏不宜食用过多，以免
摄入太多的胆固醇。

叫化童鸡

制作单位

杭州楼外楼实业集团
股份有限公司

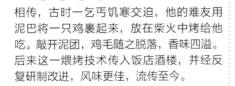

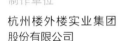 杭味故事

相传，古时一乞丐饥寒交迫，他的难友用
泥巴将一只鸡裹起来，放在柴火中烤给他
吃。敲开泥团，鸡毛随之脱落，香味四溢。
后来这一煨烤技术传入饭店酒楼，并经反
复研制改进，风味更佳，流传至今。

鸡餐亦乃化鸾鹏，飞入真阳清境。

—— [宋] 张伯端《西江月》

主 料

嫩母鸡 1 只 1500 克

辅 料

肉丝 75 克，葱段 100 克，绍酒 75 克，酱
油 35 克，白糖 10 克，山柰、八角粉各 5 克，
辣酱油 10 克，姜丝 20 克，猪闷油、透明
纸各 1 张，荷叶 2 张

制作要点

◎鸡从左腋开口取出内脏，去腿、翅主骨
后洗净。

◎山柰、八角粉、辣酱油、酱油、白糖、绍酒、
葱段、姜丝混合均匀，浸渍鸡身 15 分钟。

◎将炒制的京葱肉丝塞入鸡腹，先后用猪
网油、荷叶、透明纸、荷叶将鸡包裹住，
再用细麻绳捆扎后涂上酒坛泥，入烤箱烘
烤 4 小时即可。

火踵神仙鸭

制作单位

杭州楼外楼实业集团
股份有限公司

主 料

肥鸭 1 只 1500 克

辅 料

火踵 1 只 350 克，葱结 30 克，姜块 15 克，
绍酒 15 克，盐 15 克，味精 3 克

制作要点

◎将鸭宰好，煺毛，去内脏洗净后放入沸
水中煮 3 分钟，去掉血污。

◎火踵用热水洗净表面污腻，再用冷水洗
干净。

◎取砂锅，放入鸭和火踵，放上葱结、姜块，
加清水约 3500 克，加盖置旺火上烧沸，改

微火焖炖至火踵与鸭子半熟。

◎启盖，取出葱、姜、火踵，捞出剔骨。

◎火踵切成片，整齐地盖在鸭腹上，加入
绍酒、精盐、盖上锅盖，再炖 30 分钟，加
味精连砂锅上桌。

射鸭复射鸭，鸭惊菰蒲头。

——〔唐〕孟郊《送淡公》

 杭味故事

火踵神仙鸭是杭州特色传统名菜。相传很早以前，人们用砂罐炖鸭，为了保持原汁原味，在
砂罐盖的四周糊以薄纸，焚香计时，待三炷香点完，火候恰到好处，食之开胃生津、滋阴补虚，
对病后虚弱有较好的疗效。将鸭与火踵同炖，其营养价值与食疗效果更胜一筹，"神仙鸭子"
的美名也就不胫而走了。

土钵坛鸡

制作单位

杭州朝晖冠江楼餐饮有限公司

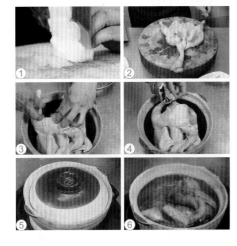

① ② ③ ④ ⑤ ⑥

主 料 ·······························

三黄鸡 1500 克

辅 料 ·······························

菜心 150 克，姜 150 克，蒜 30 克，干辣椒 8 克，盐 5 克，啤酒 500 克，鲜辣露 15 克，生抽 30 克，鲜味汁 15 克，红烧酱油 20 克

制作要点

◎ 将鸡宰杀，洗净，去除内脏。

◎ 将鸡放入土钵中，加入姜、干辣椒、啤酒、鲜辣露、鲜味汁、红烧酱油，蒸制 3 小时，放入菜心围边。

◎ 加入盐、蒜、生抽等调味即可。

 小贴士

土钵鸡原创于 20 世纪 50 年代初。当时的人们常在山间或野洞里用土罐或土钵做鸡鸭，加上十几种辅助配料架上柴禾烧制而成，其色清鲜香飘山野，遂流传至今。

鸡声茅店炊残月，板桥人迹霜如雪。

——［宋］赵蕃《菩萨蛮》

荷香原味鸡

制作单位

杭州山外山菜馆有限公司

主料

本鸡 1000 克

辅料

莲子 100 克，精盐 15 克，味精 8 克，绍酒 20 克，荷叶 1 张

制作要点

◎将本鸡洗净备用。

◎用细盐、味精涂匀鸡身内外。

◎腌渍 20 分钟，加酒和味精，放入盛器内蒸 15 分钟，将鸡斩块装盘拼成鸡形。

◎盛器内铺荷叶，将切好的鸡块放在荷叶上，鸡上放莲子，倒入原汤继续蒸 5 分钟即可。

鹤啄新晴地，鸡栖薄暮天。

——〔唐〕白居易《即事》

蛋黄鸡翅

小贴士

咸蛋黄中富含卵磷脂、不饱和脂肪酸、氨基酸、胆固醇等人体生命重要的营养元素。虽然咸蛋黄营养好，但也不能多吃。

制作单位

杭州新白鹿餐饮管理有限公司

制作要点

◎鸡翅两面切花刀，用盐、黑胡椒和料酒腌渍 15-20 分钟。

◎腌制好的鸡翅用厨房纸擦拭干净，均匀地裹上一层薄薄的生粉。

◎热锅热油，转中小火将鸡翅带皮那面先放入，煎大约 5 分钟至表面金黄色，再将鸡翅翻面煎 3 分钟，同样煎至表面金黄色，盛出备用，锅内留底油。

◎蛋黄用叉子压碎，油锅小火加热，翻炒至蛋黄起泡。

◎将煎好的鸡翅倒入起泡的蛋黄中，翻炒使鸡翅均匀地裹上蛋黄，即可出锅。

主 料

鸡中翅 6 个 650 克，咸蛋黄 3 个 60 克

辅 料

料酒 15 克，盐 10 克，黑胡椒粉 5 克，生粉 100 克

鸡唱星悬柳，鸦啼露滴桐。

——［唐］李贺《恼公》

黄芪炖土鸡

2000 年杭州市认定的 48 道新杭州名菜之一

制作单位

杭州新新饭店

主料

本鸡 1500 克，黄芪 200 克

辅料

火踵片 50 克，葱结 30 克，姜 10 克，绍酒 15 克，精盐 5 克，味精 8 克

制作要点

◎ 将宰杀洗净的整鸡放入沸水锅汆一下，洗去血沫；黄芪洗净改刀。

◎ 取大砂锅一只，放入整鸡，加清水淹没鸡身。

◎ 放入绍酒、葱结、姜块、火踵片，加盖用旺火烧开，撇去浮沫，改用小火慢炖约 2 小时。

◎ 加入精盐，捞去葱、姜，投入黄芪再炖 6 分钟，加味精即可。

小贴士

相传，古时候有一位善良的老人，名叫戴糁。他善于针灸治疗术，为人厚道，待人谦和，乐于助人。后来，他由于救坠崖儿童而身亡。由于老人形瘦，面肌淡黄，被人尊称为"黄耆"。人们为了纪念他，便将老人墓旁生长的一种具有补中益气、止汗、利水消肿、除毒生肌作用的草药称为"黄芪"，并用它救治了很多病人。

只鸡斗酒，且为晚禾生日寿。
　　　　——［宋］沈瀛《减字木兰花》

外婆茶香鸡

制作单位

外婆家餐饮集团有限
公司

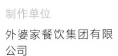

🐟 杭味故事

茶香鸡是一道传统的杭帮菜，杭州知名餐
饮企业外婆家更是将这道菜发扬光大。其
用童仔鸡配以丰富的辅料和茶香，十分适
合市场推广，深受广大市民喜爱。

◎将茶叶、八角、草果仁、花椒、肉蔻、丁香、
砂仁置于一纱袋中扎紧，放入清水锅中，
加入精盐、生姜、味精，旺火烧开后慢火
熬煮 30 分钟作为卤水待用。

◎将烤好的鸡放入卤水锅中，大火加热 2
分钟左右，如汤汁过少可加入少许汤水，
收汁。

◎出菜前加枸杞 16 粒即可。

主 料

草三黄鸡 2500 克

辅 料

淮山片 16 克，枸杞 16 粒，茶叶、八角、
草果仁、花椒、肉蔻、丁香、砂仁各 10 克

制作要点

◎鸡洗净，取防裂煲一只，煲底放淮山片
16 克，放鸡，加水。

◎把煲放入烤箱，烤制成金黄色取出待用。

父兄随处宴鸡豚。
折腰归去，何苦傍侯门。
　　　　——［宋］李石《临江仙》

钱王四喜鼎

 小贴士

煮火腿之前，将火腿皮上涂些白糖，容易煮烂，味道更鲜美。

制作单位

钱王家宴

主 料

净三年老鸭 1000 克，天目笋干 250 克，火腿 100 克，鸭喜（喜蛋）4 只 245 克

辅 料

粽叶三张

制作要点

◎将三年老鸭洗净出水，垫三张新鲜粽叶，再放火腿、天目笋干炖至八分熟。

◎放煮熟的喜蛋四只，炖至老鸭熟透即可。

抚掌动邻里，绕村捉鹅鸭。

——〔宋〕苏轼《岐亭五首》

  **杭味故事**

公元 907 年，钱镠为吴越王。吴越天宝元年（908），钱镠巡游衣锦军，乡邻以王侯鼎食之礼相迎，宰老鸭烹煮，辅以出壳雏鸭置于四角，取老幼同堂、四方同喜之意，乃有钱王四喜鼎之谓。

桐庐特色传统名菜

栗子烧鸡

🍇 小贴士

剥栗子皮的技巧：
把外壳皮剥掉，再
放到微波炉里加热
一下，拿出来后趁
热一搓，皮就掉了。

制作单位

杭州市王益春中式烹
调技能大师工作室

主 料 ·······

整鸡 1/3 只，板栗 250 克

辅 料 ·······

料酒 15 克，盐 10 克，黑胡椒粉 5 克，酱
油 10 克，冰糖 8 克

制作要点 ·······

◎板栗剥好备用，将鸡肉斩成小块。

◎起锅下油，下姜、蒜爆香，倒入鸡肉，
下料酒，略炒至微黄，下酱油、冰糖上色，
加适量水，放入板栗，待汤汁浓稠时下调
料起锅即可。

🐟 杭味故事

板栗烧鸡是一道传统名菜，除了杭帮菜外，
在东北菜、川菜、湘菜等菜系里都有这道
菜，具有鸡肉鲜滑、板栗香甜、汁浓醇厚、
色泽红亮、美观大方的特点。

入村樵径引，尝果栗皱开。
——［宋］苏轼《野望因过常少仙》

彭祖益寿鸡

制作单位

钱王家宴

主料

土家鸡（净）1250 克

辅料

天目青顶 2 克，山核桃肉 10 克，天目笋干 25 克，於术、银杏各 15 克，山茱萸 20 克，瘦猪肉 200 克，火腿 80 克，香菇 30 克，茶叶 2 克，盐 10 克，酱油 10 克

制作要点

◎将整鸡（净）取骨，洗净备用。

◎把银杏、山茱萸、於术、茶叶均用开水烫过，将瘦肉、山核桃仁、笋干、火腿、香菇切成 5 厘米见方的丁，加入调料拌匀，装入鸡腹。

◎将鸡颈倒口处用竹签别住。

◎锅内放入清水将鸡焯一下，捞出放入碗内，再加临安三宝（笋干、茶叶、山核桃），

加清汤、调料入笼蒸熟，取出将泡好的绿叶加入即可。

  杭 味 故 事

相传彭祖晚年居住在山清水秀的临安，常食山珍特产用以益寿，此菜取临安山区土生土长的天目本鸡为主料，辅以山珍，是一道色、香、味、形俱全的名菜。

说与行人忙底事，金鸡声里促银鞍。

——［宋］杨万里《过松源晨炊漆公店》

吴越十锦

制作单位

钱王家宴

🐟 杭味故事

临安官属因钱镠衣锦还乡之时处处皆覆以锦，故称为十锦：一为衣锦营，二为衣锦山，三为衣锦南乡，四为衣锦北乡，五为锦溪，六为锦桥，七为划锦望，八为锦坊，九为保锦坊，十为衣锦将军树。后人为纪念钱镠，创作了"吴越十锦"这道临安名菜。

桂尊瑶席不复陈，苍山绿水暮愁人。

——［唐］司空曙《送神》

主 料

农家竹林鸡 250 克，水发银杏 200 克，水发石耳 100 克，水发豇豆干 200 克，鲜笋 500 克，石鸡 200 克，水发笋干 200 克，昌西豆腐干 200 克，火腿 150 克，本塘河虾 250 克

辅 料

清汤 500 克，盐 8 克，黄酒 20 克，姜 20 克，葱 40 克，八角茴香 3 克，桂皮 5 克，花椒 2 克

制作要点

◎净鸡焯水斩块（带皮鸡腹肉取出另用），与笋干放入瓦煲内作底。将石鸡、银杏、豇豆干、石耳、鲜笋、昌化豆腐干、河虾、火腿、笋干尖、带皮鸡腹肉排入瓦煲。

◎将清汤、盐、黄酒、姜等辅料加入瓦煲，加盖后置文火煨两小时即可。

桐庐笋干老鸭煲

桐庐特色传统名菜

制作单位

桐庐七里人家

主　料

老鸭 2000 克

辅　料

合村石竹笋 20 克，粽叶 10 克，高汤 10 克，姜 5 克，精盐 10 克，味精 4 克，料酒 30 克，陈火腿 15 克

制作要点

◎ 将老鸭斩杀洗净，火腿洗净，放入沸水锅中焯水。

◎ 将粽叶、老鸭、笋干、陈火腿放入砂锅，加入葱、姜、料酒、高汤，用文火炖 4 小时，拣去葱、姜，用精盐、味精调味即可。

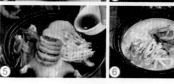

🍍 小贴士

在制作前，笋干一般需要用温水浸泡一夜，煮时更容易软烂；同时由于老鸭普遍腥气比较重，所以焯水的步骤不能少。

别说你会做杭帮菜·杭州家常菜谱

5888
例
一

杏粥犹堪食，榆羹已稍煎。

——［唐］韦应物《清明日忆诸弟》

鸡烀肚

制作单位

杭州市王益春中式烹调技能大师工作室

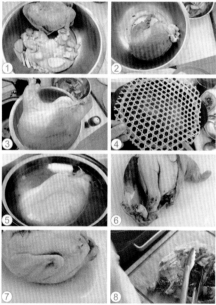

① ② ③ ④ ⑤ ⑥ ⑦ ⑧

主 料

野猪肚 1000 克，土鸡 500 克

辅 料

青笋干 20 克，香菇 10 克，火踵 10 克，精盐 10 克，味精 5 克，加饭酒 10 克，枸杞 10 克，菜心 20 克

制作要点

◎野猪肚洗净备用，将土鸡整鸡改刀敲排过。

◎把鸡灌入肚内，加香菇、青笋干放入砂锅，加火踵、料酒，用小火炖至熟烂而不失其形。

◎调味，加菜心、枸杞即可。

小贴士

乌骨鸡又称乌鸡、药鸡，主要因为它的骨骼乌黑而得名。乌骨鸡含有多种营养成分，它的血清总蛋白普遍高于普通肉鸡，同时内含 18 种氨基酸，其中 10 种超过普通肉鸡的含量，此外它还含有多种的微量元素和常量元素。

山珍海错弃藩篱，烹犊炰羔如折葵。
——［唐］韦应物《长安道》

禽蛋类

149

神仙鸡

桐庐特色传统名菜

制作单位

杭州市王益春中式烹调技能大师工作室

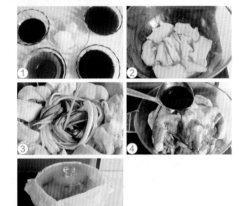

主料

土鸡 1 只 1000 克，猪肘子 200 克

辅料

西洋参 10 克，枸杞 10 克，料酒 1 勺，白糖 5 克，酱油 100 克，胡椒粉 7 克，当归 10 克，党参 10 克，味精 5 克，蚝油 10 克，姜 5 克

制作要点

◎将活鸡斩杀，去毛洗净，鸡脖部位用刀敲排。

◎将鸡翅折断，背部改刀，鸡腿敲排。

◎整鸡放入钵头内，加适量水、调料、猪肘及辅料。

◎用锡纸封密，放精盐入锅中用小火煨 3 小时即成。

小贴士

西洋参不仅仅是珍贵的食材，也有极高的保健价值。它能增强中枢神经功能，保护心血管系统，提高免疫力，也有补肺降火、养胃生津等功效。

玉馔天厨送，金杯御酒倾。

——［唐］岑参《送郭仆射节制剑南》

老醋鸡爪

制作单位

杭州跨湖楼餐饮有限公司

主 料

鸡爪 10 只 500 克

辅 料

八角 3 个，桂皮 5 克，陈醋 300 克，美味鲜 100 克，泰椒 20 克

制作要点

◎将水烧开加入八角、桂皮、冷水，放入陈醋、美味鲜、泰椒调好待用。

◎将鸡爪放入冷水锅中烧开，烧制 5 分钟后取出，放入冷水中冲洗 5 分钟。

◎将冲好的鸡爪倒入调好的汤汁中浸泡 5 小时以上即可食用。

烹煎杂鸡鹜，爪距漫槎牙。

——［宋］苏轼《食雉》

小贴士

制作虎皮鸡爪时，要先把炸好的鸡爪，放进刚刚准备好的冰水里，浸泡两个小时。这样可以让骨头和肉分离开，再把鸡爪捞起来，沥干水分。如果没有冰水，用凉水也可以。

菌菇鸡豆花

制作单位

杭州开元名都大酒店

主 料

萧山土鸡 1 只 1500 克

辅 料

菌菇 50 克，鸡蛋 3 个，鹰粟粉 80 克，盐
10 克

制作要点

◎土鸡取鸡肉用电磨机打成茸，

◎用网筛沥去杂质后加入精盐、味精打起劲。

◎再加入蛋清、鹰粟粉拌匀，放冰箱半小时，
拿出加水（1：1），倒入球形磨具中在热
水中慢慢用小火凝固待用。

◎取鸡汤调味，加入盘中，将豆花球、菌
菇放入鸡汤中做熟即可。

茅店鸡声寒逗月，板桥人迹晓凝霜。

——［宋］李纲《望江南》

杭 味 故 事

宋代诗人董嗣杲《豆花·西风篱落草虫鸣》一诗赞云："西风篱落草虫鸣，唤起书生啜菽心。
雨瓣霏霏成晚荚，霞英蔼蔼烁秋阴。三年得谪非无乐，七步燃其谩有吟。请看种分红白色，南
山南下此苗深。"江南地区百姓食用豆花的习惯由来已久，现在更是演变出了多种豆花的做法。

 吴山烤鸡

 小贴士

吴山烤鸡的肉质细嫩却略有嚼头，食之口齿留香，闻到那浓郁的香味就已经让人垂涎欲滴。皮滑肉爽，香而不腻，风味独特，"色"、"香"、"味"、"干"是吴山烤鸡的四大特点。

供图单位

杭州市餐饮旅店行业协会

 ①  ②
 ③  ④
 ⑤

主 料

鸡 1 只 1000 克

辅 料

香菇 15 克，葱结 5 克，盐 10 克，糖 2 克，五香粉 3 克

制作要点

◎杀鸡后，洗净，备用。

◎在鸡肚子里塞进香菇、葱结，盐、糖、五香粉等，进行腌制。

◎表皮浸过蜂蜜水，放进烤炉，表皮烤制金黄后，即可。

杭味故事

吴山烤禽店是位于杭州吴山路 62 号的一家很有名的烤禽店，1985 年开店。在很多老杭州的眼里，吴山烤鸡的味道，一直是记忆里最馋的味道。由于这家店的烤禽做得实在是太好了，所以店门口总是排着长长的队伍。除烤鸡外，他们家也做素烧鹅、烤鸭、烧鸡、熏鱼等。

烹鸡炊黍罗酒浆，奴饭马刍更充美。

——［宋］姚勉《访李兴伯不遇》

"三石一鸡"

桐庐特色传统名菜

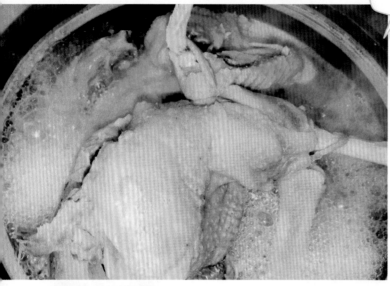

制作单位

桐庐县绿芦驿

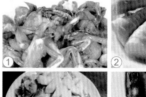

① ②

③ ④

主 料

石蛙、石笋、石斑鱼共 600 克，土鸡
1500 克

辅 料

黄芪 40 克，料酒 40 克，精盐 5 克，红
椒 20 克，青椒 30 克，老姜 15 克，蒜苗
20 克

制作要点

◎神仙鸡的做法：将土鸡杀好，将内脏取出，
洗净备用。

◎将土鸡肚中塞入黄芪、石蛙、石笋、石
斑鱼，放入锅中，加水没过鸡身，加入生
姜和蒜苗，小火慢炖 2-3 小时。

◎加入料酒、精盐、青椒、红椒，焖一会
即可。

杭味故事

神仙鸡是浙江金华、衢州一带历史悠久、
风味独特、烹调别致的传统名菜，很早
便传入杭州地区。相传，三游神仙鸡的
得名源于宋代"三苏"。北宋嘉祐元年
（1056），著名文学家苏洵、苏轼、苏
辙父子三人，从故乡眉州（今四川眉山
市）赴汴京（今河南开封）应考，途经
夷陵（今湖北宜昌市），被三游古洞的
险峻所吸引，遂备上酒菜到此一游。后
人为了借以扬名，便将"三苏"所食之
鸡菜命名为"三游神仙鸡"，后世多有
用"神仙鸡"为本地鸡菜命名的。

青尊照深夕，绿绮映芳春。

——［唐］陈翊《宴柏台》

🍃 **小贴士**

石蛙肉质鲜嫩、味道鲜美，体内含有 17 种氨基酸，其中人体必需的 8 种氨基酸含量高，谷氨酸含量达 19%。《本草纲目》中提出石蛙"治小儿痨瘦、疳疾最良"。《中国药用动物志》载"石蛙有滋阴强壮、清凉解毒、补阴亏、驱痨瘦、化疮毒和兼补病后虚弱诸功效，其蝌蚪能乌发，卵子有明目之功效"。

制作要点

石蛙的做法：

◎石蛙去皮去内脏，斩去脚爪后剁成大块，用盐腌制 10 分钟。

◎锅里入少量油，倒入姜、大蒜子、红椒圈，大火煸炒，加入少量水。

◎快炒干时倒入石蛙、料酒，炒至变色，最后加入适量的老抽翻炒上色。加水没过石蛙，再加适量的胡椒粉炒匀后大火焖煮 8 分钟即可。

石斑鱼的做法：

◎先刮去鱼鳞，破肚后挖掉内脏洗净。

◎将鱼在微热的锅内用油煎至两面略带金黄。

◎加姜片、蒜瓣、辣椒酱、酱油、黄酒，并加入清水煮沸。

◎加葱段、白糖、食盐，至鱼熟入味即可。

石笋的做法：参照咸肉烧笋（腌笃鲜）的做法，此处略。

内宴初秋入二更，殿前灯火一天明。

——〔唐〕王建《宫词一百首》

稻草鸡

制作单位

桐庐县芦茨金富饭店

主 料
农家土鸡 1500 克

辅 料
酱油 150 克，料酒 50 克，干辣椒 50 克，
葱段 40 克

制作要点
◎将土鸡宰杀放血，去除内脏并洗净。
◎用稻草捆住整鸡，放入老汤煮 3 小时。
◎煮好后需晾干整鸡，再将鸡用油炸出香
味即可。

🐟 小贴士
买鸡肉时，要选择肉质颜色发白的。活鸡
被宰后，血会放出来，这样才会使得鸡肉
肉质的颜色发白。如果肉质发红、发黑，
这样的鸡不是病鸡就是死鸡，不能食用。

别说你会做杭帮菜·杭州家常菜谱

5888
例

击坏讴歌，烹鸡酌酒，妇乐夫欢饮一觞。

—— ［元］王玠《沁园春·耕》

4 水产类

鱼虾蟹贝，肚皮好似池塘

黄金蟹	春江白鱼狮子头	外婆家鱼头
响油鳝丝糊	山居鱼头	脆炸鱼鳍
西湖蟹圆	清蒸甲鱼	酒酿圆子鱼头
年糕湖蟹	游龙戏珠	鱼头藕球
西湖醋鱼	火踵炖黄鳝	柴灶啤酒鳊鱼
泥鳅干	青椒黄鳝	柴灶鱼滚豆腐
金丝虾球	鱼头泡饼	口水鱼
螺蛳鳜鱼	上汤螺蛳	石锅鱼
海鲜蒸功夫	新版酸菜鱼	千岛湖烤鱼
碎蒸白鲦鱼	清蒸毛蟹	生态鱼头
糟骨头蒸蟹	清蒸毛鲹鱼	妙香明虾
菜梗头炖辽参	汤爆黄蚬	葡萄鱼
油盐白蟹	红烧船钉鱼	麻辣鱼丁
抱腌江白鲈	干烧子陵鱼	滑炒鱼丁

				鱼面
				酸汤鱼片
				醉溜鱼片
				咸鱼烧笋
				酱爆花蛤
				水果咕咾鱼
				红烧鱼块
				糖醋鱼块
				XO 酱鱼头
蛋黄青蟹	清蒸白鲦	文武蒸鲜活黄鱼	桐江醋鱼	江山一片红
春笋步鱼	烂糊鳝丝	云雾手剥虾仁	一剑霜寒	干菜白玉蟹
生爆鳝片	雪菜黄鱼	蟹粉裙边	钱王射潮	湘湖泉水炖土步鱼
清汤鱼圆	鲫鱼莼菜汤	蒜蓉粉丝虾	葱油野生小桂鱼	三色菊花鱼
鱼头浓汤	秀水砂锅鱼头	八宝鱼头	鱼头豆腐	精盐烤鲹鱼
蛤蜊氽鲫鱼	清蒸白鱼	外婆鱼头	高山流水	馈鱼退兵
油爆虾	墨鱼汁脆炸银鳕鱼	龙井凤尾虾	酸汤鸭嘴鱼	湘湖特色烤鳗
鸡汁鳕鱼	乾隆鱼头	灌汤鱼球	酱焖白浪丝	火腿蒸江鳗
蟹酿橙	浪花天香鱼	茶香凤尾虾	蒜籽黄鳝	腐乳蒸江白虾
香烤鲈鱼	西湖蟹包	脆皮鱼尾	黄金鱼鳞	菜梗头煮河虾
亨利大虾	原汁墨鱼	土烧鱼头	黄金鱼排	水冬菜烧步鱼
锦绣橄榄鱼	香米咖喱蟹	沙丹妮虾球	香辣手撕鱼干	虾油湘湖白鲦
杭三鲜	特色香葱鱼头	一品开背虾	蛋包银鱼	野菜鳜鱼脯
葱焖鲫鱼	元宝虾	三鲜烩鱼圆	锅烧红珠	培红菜烧船钉鱼
古法蒸鲥鱼	腐汁玻璃大虾	红烧清溪石斑鱼	香煎棍子鱼	葱爝江鳊鱼
土步露脸（荤豆瓣）	浓汤甲鱼	铜盆河虾	秀水鱼鳔	萝卜丝鲫鱼汤
清蒸白鲦干	钱江口水鱼	两头一螺	藏心黄刺鱼	包心菜干蒸鱼钩
龙井虾仁	龙井茶烤虾	海参豆腐	梅干菜黄刺鱼	醋溜鱼块
西湖划水	毛豆煎抱腌黄鱼	商公鱼头	东坡鱼	美味干烧带鱼
桃花鳜鱼	汗蒸椒麻蟹	农夫凑一锅	黄鳝粉丝	脆皮豆腐鱼
珍珠鱼圆	龙鳞鱼片	秘制春江鱼头	豆腐蒸花蛤	双油氽黄蟥
倒笃菜煮河虾	花杯培红虾	文武富春江大白鲈	双味鱼头	龙虾芙蓉蛋
建德辣鱼头	拆烩鱼脸酿鲜橙	双椒鱼头	鱼片蒸蛋	脆炸带鱼
醋烧鱼	手捏菜潮虾	翻背泥鳅	三椒干果海参	

蛋黄青蟹

2012 年中国杭帮菜博物馆评选的
"十佳精品杭帮菜"之一

制作单位

杭州新开元大酒店有限公司

① ② ③ ④ ⑤ ⑥

主 料 ....

青蟹 1000 克

辅 料 ....

咸蛋黄 60 克，葱 10 克，姜 5 克，生粉 50 克，绍酒 50 克

制作要点 ....

◎青蟹剖杀洗净，蟹身剁块，咸蛋黄压碎。

◎将蟹块拍上生粉，下入五成左右热的油锅中过油、浸热后捞出。

◎锅内留油少许，放入咸蛋黄，用勺搅拌成泥状。

◎放入青蟹，加入绍酒、葱、姜，翻拌起锅即可。

🌟 **小 贴 士** ....

青蟹底部呈白色甚至透明状的，代表蟹刚刚换完壳，由于换壳时消耗了大部分的能量，所以通常肉不多。而底部较脏的往往肉较肥满。

蟹螯即金液，糟丘是蓬莱。
　　——［唐］李白《月下独酌四首》

春笋步鱼

🐟 杭味故事

春笋步鱼是杭州人春天最爱吃的菜，其笋脆爽口，色泽黄亮，为杭州初春难得的时令菜。

制作单位

杭州饮食服务集团有限公司

主料

鲜活步鱼 400 克，春笋 200 克

辅料

酱油 20 克，精盐 1 克，葱段 10 克，芝麻油 5 克，绍酒 10 克，胡椒粉 3 克，白糖 5 克，色拉油 500 克，湿淀粉 50 克，味精 5 克

制作要点

◎ 将步鱼剖杀洗净，切去鱼鳞和胸鳍，斩齐鱼尾，批成两片，用精盐、湿淀粉上浆，拌匀待用；笋切成比鱼块略小的滚刀块。

◎ 将酱油、白糖、绍酒、味精、湿淀粉和汤水放入碗中调成芡汁待用。

◎ 炒锅置中火上烧热，滑锅后下色拉油，至 80℃ 时倒入笋块炸 15 分钟，用漏勺捞起，待油温升至 130℃ 时倒入鱼块，用筷子划散，将笋块复入锅，约炸 20 秒，起锅倒入漏勺。

◎ 锅内留油 25 克，放入葱段煸出香味，即下鱼块和笋块，接着把调好的芡汁倒入锅，轻轻颠动炒锅，待芡汁包住鱼块时淋上芝麻油即成，可加适量胡椒粉。

盘烧天竺春笋肥，琴倚洞庭秋石瘦。

——［唐］陆龟蒙《丁隐君歌》

生爆鳝片

1956 年被浙江省认定为 36
种杭州名菜之一

🍍 **小贴士**

巧炒鳝鱼片：加
些香菜，可起到
调味、解腥、鲜
香的作用。

制作单位

杭州新开元大酒店有
限公司

制作要点

◎鳝鱼去骨，洗净备用。

◎将鳝鱼批成菱角片，盛入碗内，加精盐
拌捏，用绍酒 5 克浸渍，加入湿淀粉 40 克，
再加水 25 克，撒上面粉轻轻拌匀。

◎将蒜头拍碎斩成末，放入碗中，加酱油、
白糖、米醋、绍酒、湿淀粉和水调成芡汁。

◎锅置旺火上，放入色拉油，烧至 170℃
左右时将鳝片分散迅速入锅内，炸至外皮结
壳时即用漏勺捞起，待油温升至 200℃ 左
右时再将鳝片下锅，炸至金黄松脆时捞出，
盛入盘内。

◎锅内留油 25 克，迅速将碗中的芡汁调匀
倒入锅中，用手勺推匀，淋入芝麻油，浇
在鳝片上即成。

主 料

大鳝鱼 2 条 500 克

辅 料

湿淀粉 50 克，大蒜头 10 克，面粉 50 克，
绍酒 15 克，米醋 15 克，酱油 25 克，芝
麻油 10 克，白糖 25 克，色拉油 750 克，
精盐 2 克

野庖荐嘉鱼，激涧泛羽觞。

——[唐] 韦应物《西郊燕集》

清汤鱼圆

1956 年被浙江省认定为 36 种杭州名菜之一

🐟 杭味故事

老杭州人过年，鱼圆几乎是必备的。20世纪七八十年代，杭州就有了第一家要排队的鱼圆铺子，目前河东路上的聚乐园和中山南路的文记鱼圆店都存在了超过 15 年的时间。

制作单位
杭州天香楼大酒店

主 料 •••••••••••••••••••••••••
鱼泥 300 克

辅 料 •••••••••••••••••••••••••
熟火腿片 10 克，水发香菇 1 朵，绍酒 10 克，葱段 5 克，精盐 10 克，姜汁水 5 克，味精 5 克，熟鸡油 10 克

制作要点 •••••••••••••••••••••••••
◎鱼泥放入钵中，加水 300 克、精盐 7 克，顺同一方向搅拌至有粘性。
◎加水 300 克，搅拌至玉白色起小泡时放置 5 分钟，加姜汁水、味精 5 克及绍酒拌匀，用手挤成似大胡桃的鱼圆约 20 颗，入冷水锅中渐渐加热"养"成熟（方法同"斩鱼圆"）。
◎将精盐 3 克、味精 1 克和熟鸡油放入荷叶碗，加入鱼圆原汤，再用漏勺轻轻地将鱼圆盛入碗内。

◎将熟火腿片放在鱼圆上成三角形，香菇焯熟放在三角形中间，撒上葱段即可。

献寿回龟顾，和羹跃鲤香。
——〔唐〕李端《奉和元丞侍从游南城别业》

鱼头浓汤

1956 年被浙江省认定为 36 种杭州名菜之一

杭味故事

受季节限制，杭州的餐馆都不能保证长年供应"鱼头豆腐"。此菜选用花鲢鱼，在保留鱼头豆腐特色的基础上，选用火腿、菜心作配料，比起鱼头豆腐更不受季节限制，另有一番风味。

制作单位

杭州饮食服务集团有限公司

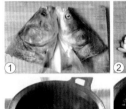

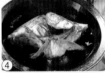
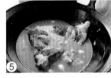

主料

花鲢鱼头 750 克（带肉）

辅料

熟鸡油 5 克，绍酒 40 克，熟火腿瘦肉 20 克，精盐 15 克，菜心 70 克，味精 10 克，葱结 10 克，熟猪油 75 克，姜块 10 克，姜末、醋各 1 碟

小贴士

熬鱼汤时放少量豆腐，直接再放磨好的豆浆，做出来的汤汁浓郁，香气十足。

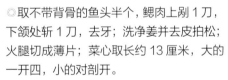

制作要点

◎取不带背骨的鱼头半个，鳃肉上剖 1 刀，下颌处斩 1 刀，去牙；洗净姜并去皮拍松；火腿切成薄片；菜心取长约 13 厘米，大的一开四，小的对剖开。

◎将锅置旺火上烧热，滑锅后下猪油，至 110℃ 左右时将用沸水焯过的鱼头剖面朝上放入锅内略煎，加入绍酒、葱结、姜块，将鱼头翻转，加沸清水 1750 克，盖上锅盖，用旺火烧约 5 分钟（不要中途启盖，否则汤烧不浓）。

◎放入菜心，再烧 1 分钟，然后将鱼头从锅内取出，盛入品锅，菜心放在鱼头的四周。

◎葱、姜捞出，撇去汤面浮沫，加精盐和味精，用细网筛过滤，倒入品锅，盖上火腿片，淋上熟鸡油即成。上桌随带姜末、醋。

弓箭围狐兔，丝竹罗酒炙。

——［唐］韩愈《县斋有怀》

水产类一

163

蛤蜊汆鲫鱼

🍵 小贴士

要炖出一锅好鱼汤，要用冷水。冷水开锅后，撇净浮沫，能去除鱼腥味；同时鱼肉蛋白慢慢凝固，营养物质可以充分地"释放"到鱼汤中。

制作单位

杭州张生记饭店

主 料

净鲫鱼 1 条 500 克，蛤蜊 20 只 500 克

辅 料

味精 5 克，姜末、醋各 1 碟，绿蔬菜 25 克，葱结 25 克，姜块（拍松）1 块 15 克，绍酒 25 克，精盐 10 克，熟鸡油 10 克，熟猪油 50 克，奶汤 1250 克

制作要点

◎在鲫鱼背脊肉丰厚处，从头到尾两面各直剞 1 刀，刀深至骨。

◎炒锅置旺火上烧热，用油滑锅后，下猪油至 100℃ 左右时将在沸水中稍烫的鱼放入锅略煎，迅速翻身，加入绍酒、葱结、姜块、奶汤，盖好锅盖，在旺火上烧 5 分钟左右（中途不要揭开锅盖），取出姜，加入精盐、味精，用漏勺将鱼捞出，装入品锅，汤汁用细筛过滤后倒

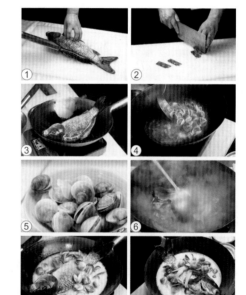

入品锅。

◎在烧鱼的同时将洗净的蛤蜊用开水烫至外壳略开，掰开蛤蜊壳，去掉泥衣，放在鱼的两边，围上熟绿蔬菜，淋上熟鸡油即成。上桌时随带姜末、醋。

白水塘边白鹭飞，龙湫山下鲫鱼肥。
—— ［宋］蒲寿宬《渔父词》

油爆虾

1956 年被浙江省认定为 36 种杭州名菜之一

制作单位

杭州饮食服务集团有限公司

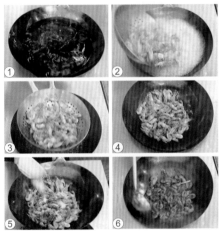

① ② ③ ④ ⑤ ⑥

主料

鲜活大河虾 350 克

辅料

绍酒 15 克，白糖 25 克，葱段 2 克，米醋 15 克，酱油 20 克，色拉油 500 克

小贴士

油爆虾烹制的关键在于火候。使用旺火热油两次速炸，能使虾壳爆裂突起，肉 / 壳若即若离，入口一舔，虾壳即脱，方便食用；更能使调味汁渗入虾肉，入味可口；还能使大虾艳红挺括，虾肉快速成熟，保持虾肉的汁水，故滋味特别鲜美。

制作要点

◎ 将虾剪去钳、须、脚，洗净沥干水。

◎ 炒锅下色拉油，旺火烧至 220℃ 左右时将虾入锅，用手不断推动，约炸 30 秒即用漏勺捞起。

◎ 待油温回升至 200℃ 左右时再将虾倒入锅中复炸 10 秒，使肉与壳脱开，再用漏勺捞出。

◎ 将锅内油倒出，放入葱段略煸，倒入虾，烹入绍酒，加酱油、白糖及少许水，略颠炒锅，烹入米醋，出锅装盘即成。

篱落栽山果，池塘养锦鳞。

——［唐］戴叔伦《句》

鸡汁鳕鱼

2000 年杭州市认定的
48 道新杭州名菜之一

🍇 小贴士

通常用清蒸等手段对鳕鱼进行烹饪，为的是原汁原味地品尝鳕鱼肉的鲜美和厚实的口感。此菜采用软炸，保持鱼肉的鲜嫩，体现了杭州菜肴清爽鲜嫩的风格。

制作单位

杭州知味观食品有限公司

主 料

净鳕鱼 300 克

辅 料

鸡汁酱 50 克，精盐 3 克，白糖 3 克，白醋 5 克，面粉 100 克，绍酒 5 克，姜末 3 克，湿淀粉 100 克，色拉油 500 克，吉士粉 0.1 克

制作要点

◎将鳕鱼切成长 6 厘米、宽 4 厘米、厚 1 厘米的块；吉士粉、湿淀粉、面粉加清水、精盐（1 克）制成糊。

◎锅烧热加入色拉油，待油温至 150℃左右时将鳕鱼逐块蘸面糊后下入油中，炸至成熟备用。

◎另起锅，放入鸡汁酱、精盐、白糖、白醋、姜末、绍酒、清水，调好味用湿淀粉勾芡，

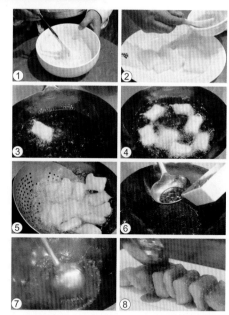

下入炸好的鱼块炒匀，淋亮油出锅即成。

钓罢归来不系船，江村月落正堪眠。

——［唐］司空曙《江村即事》

蟹酿橙

 小 贴 士

用酸酸甜甜的橙汁来烧肉类，不仅能去除腥气，还能增香，口感也富有层次。

制作单位

杭州知味观食品有限公司

制作要点 ················

◎ 将甜橙洗净，顶端用三角刻刀刺出一圈锯齿形，挖出橙肉及汁，除去橙核和沥渣；螃蟹余熟，剔取蟹粉约 400 克待用。

◎ 炒锅烧热滑油，下麻油，150℃时放入姜末，将蟹粉煸炒，倒入橙汁，烹入酒、醋、白糖，淋上淀粉，盛入盘中摊凉，分成 10 份，分别装入橙中，盖上橙盖。

◎ 取深大盘 1 只，将橙排放盘中，加入香雪和醋，放入菊花，上笼用旺火蒸 20 分钟左右，即可出笼上桌。

款对山僧开月酒，旋蒸湖蟹切秋橙。
—— ［宋］徐集孙《习懒》

主 料 ················

黄熟大甜橙 1500 克，大螃蟹 1500 克

辅 料 ················

白菊花 10 余朵，酒 15 克，醋 110 克，麻油 500 克，香雪 250 克，淀粉 40 克，盐 5 克

 **杭 味 故 事**

此菜根据南宋林洪《山家清供》记载开发研制，其味香鲜，其形精美，酒菊香与蟹肉的肥腻相得益彰，风味独特。据成书于元至元二十七年（1290）以前，为追忆南宋都城临安城市风貌的著作《武林旧事》记载，张俊曾以此菜招待高宗。

香烤鲈鱼

制作单位

杭州新白鹿餐饮管理有限公司

主 料

鲜鲈鱼 500 克

辅 料

鲜香茅 1 根 10 克，老姜（切片）10 片，鲜朝天椒 2 个 30 克，红糖 30 克，鱼露 15 克，生抽 30 克，黄酒 15 克，辣椒油 15 克

制作要点

◎将鲜鲈鱼收拾洗净，擦净表面水分，两面分别用刀斜切 3 刀，每个刀缝中都塞入 1 片老姜，其余姜片放入鱼腹中。

◎将鲜香茅和鲜朝天椒一起剁碎（或捣碎），与红糖、鱼露、生抽、黄酒、辣椒油一起调成香料汁。

◎烤盘中铺上一层锡纸，把锡纸折成一个深口的盒子，将处理好的鲈鱼放进去。

◎将调好的香料汁均匀地洒在鲈鱼上，用锡纸把整条鲈鱼和香料汁包裹起来。

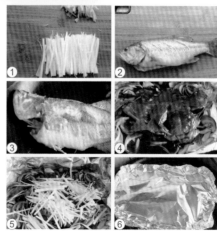

◎烤箱 180℃加热 35 分钟，取出烤盘打开锡纸即可。

🍇 小贴士

铁板原是西式烹调方法，即指食物"走油"后，连同以洋葱为主的香料料头和汁酱，放入烧至极热的铁板中致熟和令食物溢香的烹调方法。此菜洋为中用，使鱼肉鲜嫩，咸鲜中微带酸辣，气氛热烈，诱人食欲。

金罍几醉乌程酒，鹤舫闲吟把蟹螯。

——［唐］羊士谔《忆江南旧游二首》

亨利大虾

2000 年杭州市认定的48 道新杭州名菜之一

制作单位

杭州饮食服务集团有限公司

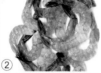

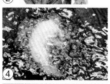

① ② ③ ④ ⑤ ⑥

小贴士

腌制后的大竹节虾挂上脆浆糊后，经过油炸可以提开风味。

虾菜随宜簇，茅柴取意斟。
——〔宋〕曾丰《别陆德隆黄叔万》

主 料

大竹节虾 400 克

辅 料

脆浆糊 20 克，特制色拉 30 克，琥珀桃仁 10 克，生菜 30 克，精盐 4 克，味精 5 克，绍酒 15 克，胡椒粉 3 克

制作要点

◎生菜切丝，放入盘中垫底，中间放雕刻花装饰。

◎竹节虾去壳留尾，加精盐、味精、绍酒、胡椒粉等调料腌渍片刻。

◎将腌渍好的虾挂上脆浆糊，下入五成热的油锅，炸至成熟捞出。

◎用淡色拉、娃哈哈果奶、新鲜柠檬汁、白糖等调制的色拉涂包住炸好的竹节虾，排放在生菜丝上，每只虾上放 1 颗琥珀桃仁即可。

锦绣橄榄鱼

制作单位

杭州知味观食品有限公司

① ② ③ ④ ⑤ ⑥

主 料

鱼茸 800 克，芥兰 25 克，鱼籽 50 克

辅 料

盐 10 克，味精 8 克，料酒 15 克，色拉油 25 克，清汤 100 克

制作要点

◎鲢鱼取肉制茸。

◎鱼茸加盐、水打上劲，捏成橄榄形，入冷水锅加热余熟。

◎芥兰切成橄榄形备用。

◎锅中加色拉油，倒入芥兰。

◎加清汤和调味料，再加入橄榄鱼丸烧开后勾芡。

◎装盘后撒入鱼籽即可。

🍎 小 贴 士

在洁白的橄榄形鱼丸上点缀着粒粒金红的鱼籽，似一朵盛开的鲜花。鲜嫩滑润、鲜香的口味，让人对杭州味道回味无穷。简单重复的形状呈现出的独特造型，给人留下难忘的印象。

看炊红米煮白鱼，夜向鸡鸣店家宿。

——［唐］王建《荆门行》

杭三鲜

2012 年"中国杭帮菜博物馆杯我最喜爱的十佳家常杭帮菜评选暨杭帮盛宴·民间厨神秀大赛"评选出的"十佳家常杭帮菜"之一

小贴士

以水发肉皮、鱼茸、熟鸡肉、熟猪肚为原料，菜品呈现出肉皮柔软、丸子鲜嫩、滋味多样、清香爽滑，在一道菜里品尝到畜禽鱼等三鲜的风味。

制作单位

杭州跨湖楼餐饮有限公司

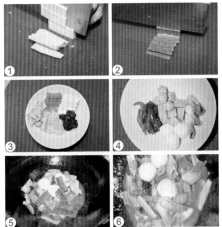

主 料

净水发肉皮 150 克，猪肉末 50 克，鱼茸 75 克，带壳大河虾（剪须）25 克，熟鸡肉 75 克，熟火腿片 15 克，熟猪肚 50 克，熟笋肉 25 克

辅 料

葱段 10 克，精盐 5 克，奶汤 150 克，味精 5 克，绍酒 10 克，湿淀粉 15 克，酱油 25 克，熟猪油 25 克，白糖 2 克，色拉油 25 克

制作要点

◎将肉皮切成 5 厘米长、7 厘米宽的菱角片；鸡肉、猪肚、笋均切成 4 厘米长、1 厘米宽的片。

◎猪肉末加精盐 0.5 克，做成 5 颗肉丸子，上笼用旺火蒸熟；鱼茸做成 5 颗鱼丸子，放在冷水锅中用小火氽熟。

◎炒锅置旺火上，下色拉油 25 克，放入葱段 7 克煸至有香味，把肉皮、鸡肉、猪肚、笋、虾和肉丸一起倒入锅中，加入绍酒、酱油、白糖、奶汤和精盐 1 克，烧沸片刻，放入味精，用湿淀粉勾薄芡，淋上猪油 25 克，撒上葱段 3 克出锅装盘，最后把鱼丸放在盘周围，火腿片盖在上面即成。

鳣鲂宜入贡，橘柚亦成蹊。

——［唐］卢纶《送浑别驾赴舒州》

葱焖鲫鱼

2012年"中国杭帮菜博物馆杯我最喜爱的十佳家常杭帮菜评选暨杭帮盛宴·民间厨神秀大赛"评选出的"十佳家常杭帮菜"之一

制作单位

杭州饮食服务集团有限公司

主 料

净大鲫鱼 1 条 500 克

辅 料

绍酒 25 克，小葱 250 克，味精 5 克，姜末 10 克，精盐 1 克，酱油 75 克，色拉油 50 克，白糖 15 克

制作要点

◎ 将鲫鱼两面用刀顺椎骨直剞 1 刀，抹上 10 克酱油待用；小葱切成 12 厘米长的段。

◎ 烧热锅，下入色拉油至油温 150℃ 左右时放入鲫鱼，两面煎至金黄色。

◎ 将小葱放在鲫鱼两边，下绍酒、酱油、白糖、精盐及清水 150 克，在小火上焖烧约 30 分钟。

◎ 至汤汁粘稠、色泽红亮，加入味精，出锅装盘即可。

我识南屏金鲫鱼，重来拊槛散斋余。

——［宋］苏轼《去杭十五年复游西湖用欧阳察判韵》

🦐 小贴士

鲫鱼是常见的河鲜，便宜易得，但鱼腥味较浓。所以此菜需要较大量的葱。葱不但能够解腥去腻，还能增加出品菜肴的葱香风味。

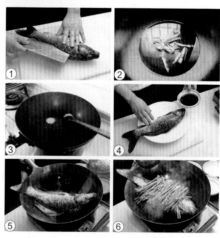

古法蒸鲥鱼

🐟 杭味故事

富春江的沿岸居民称鲥鱼为"二水鱼",也就是说鲥鱼既能在海水中生活,也能在淡水中生长。自古至今,但凡二水鱼种大都鲜美无比,人工难以饲养,因此特别珍贵。

制作单位

杭州张生记饭店

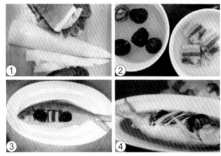

🌀 小贴士

用加有白醋的清水清洗鱼的内腹,可以有效去除鱼腥。

主 料 ·····················•

鲥鱼 1 条 500 克

辅 料 ·····················•

火腿片 50 克,笋片 30 克,香菇片 30 克,酒酿 15 克,鸡油 20 克,8 年陈酿 200 克,姜 10 克,葱花 10 克,盐 8 克,味精 5 克,白糖 10 克

制作要点 ·····················•

◎将鲥鱼剖杀洗净。

◎用葱、姜、盐、白糖、味精、酒酿、陈酿、熟鸡油等调成酱汁。

◎鲥鱼摆盘装好,上面摆放香菇片、笋片、火腿片。

◎配上酱汁蒸 20 分钟即可。

青杏黄梅朱阁上,鲥鱼苦笋玉盘中。

——［宋］王琪《望江南》

土步露脸（荤豆瓣）

🐟 杭味故事

"咸菜豆瓣汤"是当年上海名厨何其坤烹制的美食，是为宋庆龄一次涉外宴请准备的。这其中的"豆"其实是步鱼双颊上的两块腮帮肉，因宛如"豆瓣"，故名。

制作单位

杭州龙井草堂餐饮有限公司

主 料

野生步鱼 750 克

辅 料

山茶油 80 克，姜末 20 克，葱末 25 克，蒜末 20 克，精盐 10 克

制作要点

◎将近百条约 15 斤重的土步鱼洗净取头。

◎将土步鱼头按大小各放入开水中烧开，取出冲水冷却。

◎将土步鱼腮帮的"豆瓣"取出，洗净。

◎水烧开后过水捞出装盘，上置葱姜蒜。

◎用滚沸的山茶油浇淋，或用纯鸡汤烧开淋入即可。

⏱ 小贴士

鱼腥气大，性寒，做时多放姜，可缓和鱼的寒性，亦可解除腥味。

烹鱼绿岸烟浮草，摘橘青溪露湿衣。
——［唐］卢纶《送内弟韦宗仁归信州觐省》

清蒸白鲦干

小贴士

调制鱼香味窍门：
烹饪时加入豆瓣、
白糖、葱、姜、
蒜和醋即可。

供图单位

桐庐县餐饮行业协会

主料 ....

白鲦干 350 克

辅料 ....

生姜 5 克，葱 5 克，白酒 5 克

制作要点 ....

◎将新鲜白鲦洗干净用盐腌制 1 天，再冲
洗干净，挂在通风处晒制 1 周。

◎将晒好的白鲦干切成宽 2 厘米、长 6 厘
米大小的条状待用。

◎将切好的白鲦干均匀摆在盘中。

◎烹入白酒，放上生姜和葱，上笼蒸 10 分
钟即可。

杭味故事

清蒸白鲦较为常见，但清蒸白鲦干较少。
白鲦干是用鲜白鲦鱼腌制后挂在通风处晒
制 1 周以上制成的，与清蒸白鲦相比，更
多了陈化的风味和老韧的柔劲。

走坡黄犊健，掷水白鲦轻。

——［清］李寄《护城野步》

水产类／

175

龙井虾仁

杭味故事

选用活大河虾，配以清明节前后的龙井新茶烹制，虾仁肉白、鲜嫩，茶叶碧绿、清香，色泽雅丽，滋味独特，是一道杭州传统风味突出的名菜。

制作单位

杭州楼外楼实业集团股份有限公司

主料

河虾仁 300 克

辅料

茶叶 3 克，盐 3 克，味精 2 克，蛋清 15 克，绍酒 15 克，湿淀粉 40 克

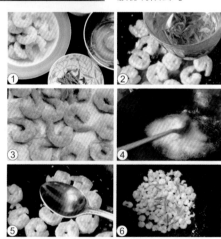

制作要点

◎虾仁洗净沥干水，用盐、蛋清、味精、湿淀粉上浆。

◎将上好浆的虾仁下五成油温炸至八成熟，捞起控油。

◎下二汤，用味精、黄酒少许勾芡，加入龙井嫩芽翻炒数次。

◎起锅将芡汁和龙井嫩芽淋入虾仁即可。

小贴士

虾仁变爽脆的窍门：洗出 250 克虾仁，加入半勺盐和少许碱后调匀；或用清水把虾仁上的盐和碱分洗净，保持鲜味；或直接将虾仁下锅炒熟即可。

家人酒馔兼虾菜，野老衣裳杂芰荷。
——［明］袁凯《赋黄叶渔村》

西湖划水

"郎食鲤鱼尾,妾食猩猩唇。"李贺的《大堤曲》提到了鱼尾之味美。"划水"也称"甩水",主要是鱼尾和鱼身两边和背上的鳍。由于鳍上胶厚,制作后的菜品色泽红亮、汤汁浓稠、尾肉肥糯、鳍胶鲜嫩。

制作单位

杭州龙井草堂餐饮有限公司

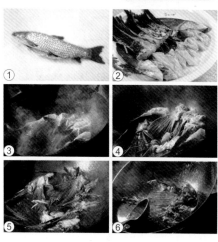

主 料 ·········
青鱼 1 尾 2000 克

辅 料 ·········
猪油 200 克,陈年黄酒 300 克,酱油 50 克,糖 20 克

制作要点 ·········
◎宰杀青鱼后取其鱼鳍和鱼尾。
◎用鳍尾的边料熬制汤汁。
◎用猪油煎鱼鳍和鱼尾,放陈年黄酒、酱油、糖,浇上熬好的汤汁。
◎收汁起锅装盘即可。

 小贴士

青鱼又名鲭鱼、乌鲩,分布较广,主产于长江流域,四季均可捕捞,以秋、冬季捞者品质最好。青鱼生长快、体形大,与草鱼相似,肉质肥嫩、刺大而少、味鲜腴美,富含蛋白质等营养成分,具有很高的营养价值,是淡水鱼中的上品。

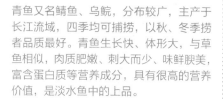

旧地成孤客,全家赖钓竿。
——［唐］卢纶《卧病书怀》

桃花鳜鱼

杭味故事

桃花鳜鱼这道菜的菜名取自唐代诗人张志和的《渔歌子》："西塞山前白鹭飞，桃花流水鳜鱼肥。"

制作单位

杭州饮食服务集团有限公司

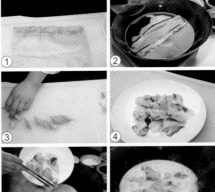

主 料

活鳜鱼约 700 克

辅 料

虾饺馅 20 克，腐皮 2 张 150 克，鲜榨菜 50 克，爽口菜 100 克，野山椒 10 克，菜油 15 克，黄酒 10 克，盐 5 克

制作要点

◎活鳜鱼杀洗净，去龙骨取肉，切片，头尾造型待用，鱼片上浆待用。

◎胡萝卜切成小丁，拌入虾饺馅中。取腐皮去边筋，把虾饺馅均匀地码在腐皮上包成卷。

◎起锅，放入适量菜油，加葱、姜煸炒；再放入鱼骨头、鲜榨菜、爽口菜、野山椒一起煸炒，烹入黄酒，放入高汤，将汤用中火煮约 5 分钟，调味，原料捞起，装入

碗中。上好浆的鱼片在原汤中氽熟，鱼头烧熟做造型。

◎起油锅，将腐皮卷炸至金黄色，斜刀切成片状，围在碗边。以小葱、枸杞点缀即可。

🐟 **小贴士**

活鱼不适合宰杀后马上煮，因为鱼刚死处于僵硬状态，如果马上烹调，蛋白凝固纤维成分不易溶于汤中，鱼肉也不鲜嫩。

西塞山前白鹭飞，桃花流水鳜鱼肥。

——〔唐〕张志和《渔歌子》

珍珠鱼圆

2000年新杭州名菜评选参评佳肴之一

 小贴士

鱼圆是很适合小孩子吃的一道美食，营养丰富的同时，还没有鱼刺。加入一些青豆等辅料，出品会更好看。

制作单位

杭州酒家

制作要点

◎将鱼肉去皮，洗净，切块。

◎用酱油、清酒略腌，裹匀淀粉备用。

◎锅中加油烧热，下鱼块炸至呈淡黄色，捞出装盘待用。

◎锅留底油，放入白糖、味精、酱油、清酒烧开。

◎起锅浇在鱼块上再撒入红椒丝、姜丝、葱丝即可。

 杭味故事

银鳕鱼浇汁，看似无理，实则耐人寻味，是杭州菜引入新食材与新做法的一个例证。

主料

银鳕鱼肉600克

辅料

红椒丝10克，姜丝、葱丝各8克，味精5克，白糖8克，淀粉20克，酱油20克，清酒30克

吃鱼犹未止，食肉更无厌。

——［唐］寒山《诗三百三首》

倒笃菜煮河虾

供图单位

杭州市餐饮旅店行业
协会

主　料

河虾 500 克

辅　料

倒笃菜 80 克，红米辣 20 克，猪油 30 克，
菜油 30 克，一品鲜酱油 20 克

制作要点

◎河虾剪去虾须，入六成热油锅略炸至虾
壳转色，捞起。

◎锅内放猪油、菜油烧热，下倒笃菜、红
米辣煸香。

◎加入河虾再煸炒均匀，下高汤，加一品
鲜酱油，烧煮入味，出锅即可。

  杭 味 故 事

倒笃菜选用建德盛产的"九头芥"菜，经
过清洗、晾晒、堆黄、切割、加盐、揉搓、
装坛、倒笃（用木棍把处理切碎的"九头芥"
菜在坛里笃实后倒置）、发酵等工序加工
而成，避免了营养成分的过多流失，鲜香
脆嫩。

鱼虾孕千石，日见网罟获。
　　　　——［宋］陈舜俞《雪溪》

建德辣鱼头

🐟 杭味故事

新安江库区所产淡水鱼种类丰富,肉质鲜嫩,无污染和泥腥味,被戏称为"喝着农夫山泉长大的鱼"。此菜选用新安江所产大花鲢,肉质细嫩,富含胶质,味道鲜美,营养丰富。

制作单位

浙江严州府餐饮有限公司

🌸 小贴士

烹制鱼头时一定要将其煮熟煮透,以确保食用安全。

烹鱼邀水客,载酒奠山神。

——[唐]李端《晚次巴陵》

主 料

新安江水库鱼头 1500 克

辅 料

豆腐丸子 100 克,盐卤豆腐 50 克,剁椒 10 克,青大蒜 10 克,鱼鲜酱 20 克,鸡精 10 克,老抽 10 克,蚝油 25 克,胡椒粉 10 克,白糖 10 克,黄酒 20 克

制作要点

◎自制鱼鲜酱、姜末、蒜泥、干辣椒用油稍熬后,放入黄酒、鱼骨高汤、老抽调汤待用。

◎将鱼头洗净放入铁锅内,两边分别摆上豆腐丸子和豆腐,鱼头上放上剁椒。

◎锅内放入调好的鱼汤,小火慢炖 20 分钟,放入味精调味,中火收汁 2 分钟。

◎放上青大蒜增香,上桌以卡式炉加热,味道更佳。

醋烧鱼

🐟 杭味故事

如果说西湖醋鱼是将酸味和鱼结合到极致，那么醋烧鱼则是酸味和鱼中庸地结合。极致往往爱恨两重天，而中庸看似和稀泥，实则透露出调味的智慧。

制作单位

杭州王元兴餐饮管理有限公司

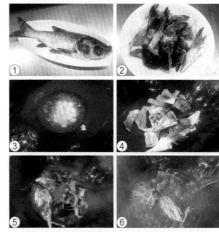

主料

包头鱼 1500 克

辅料

米醋 200 克，生姜 10 克，小葱 5 克，白糖 100 克，盐 5 克，猪油 20 克，菜油 30 克，生粉 5 克，酱油 5 克，绍酒 150 克

制作要点

◎将包头鱼洗杀初加工后切成小块。
◎锅上火，放入猪油、菜油，油热后放入鱼块、生姜，烹入绍酒，加入酱油、米醋、白糖、盐和少许味精，加入少许清水至鱼块断生，再加入少许米醋和生粉，勾芡后装盘，洒上生姜末、葱花即可上桌。

🍃 小贴士

巧刮鱼鳞：将洗干净的鱼装在食品袋里，把袋口扎好，用刀背均匀地拍打鱼体两侧，使鱼鳞松动；然后打开塑料袋，用小勺在袋子里由鱼尾向鱼头方向刮鳞，然后用清水冲掉鱼鳞即可。

独献菜羹怜应节，遍传金胜喜逢人。

——［唐］戴叔伦《和汴州李相公勉人日喜春》

清蒸白鲦

制作单位

杭州王元兴餐饮管理
有限公司

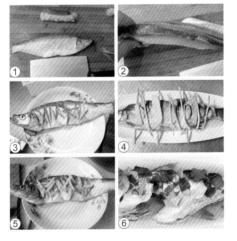

① ②

③ ④

⑤ ⑥

主 料 ···

白鲦 1300 克

辅 料 ···

剁椒 10 克，青大蒜 10 克，鱼鲜酱 20 克，
鸡精 10 克，生姜 10 克，味精 10 克，
猪油 10 克，火腿 10 克，葱 5 克

🌸 小贴士 ···········

白鲦鱼"发白光"的原因至少有三点：天气、
水质和鱼本身。白鲦鱼在水里游着游着，
翻了个身，恰好被太阳照着了，本就银白
色的鱼鳞更银光闪闪了，加上水的清澈，
这就是那一团白光，真可谓"浪里白鲦"。

制作要点 ·····································

◎ 将白鲦去鳞，去鳃，开膛洗净，两面
改一字刀。

◎ 将火腿片放入鱼身，同时放入生姜、
葱、猪油等。

◎ 入蒸箱蒸熟即可上桌。

已被秋风教忆鲙，更闻寒雨劝飞觞。
—— [唐] 张南史《陆胜宅秋暮雨中探韵同作》

烂糊鳝丝

余杭区传统烹饪技艺项目
"非遗菜"之一

杭味故事

相传乾隆下江南路过南浔，品尝了烂糊鳝丝后觉得味道鲜美，因此把此菜列为宫廷菜肴。"烂糊"是指将动物性食材切丝，勾以薄芡，炒至软烂的做法，其味鲜美软糯。

制作单位

杭州王元兴餐饮管理有限公司

主料

鳝丝 500 克

辅料

洋葱 50 克，生姜 10 克，火腿丝 10 克，红椒丝 10 克，葱丝 10 克，酱油 15 克，白糖 5 克，味精 5 克，绍酒 30 克，胡椒粉少许，生粉 5 克，菜油 10 克，麻油 5 克

制作要点

◎ 将黄鳝洗杀，去骨撕成鳝丝后焯水。

◎ 锅上火，放入菜油烧至七成熟，放入鳝丝，爆至鳝丝表皮起泡，再放入洋葱丝煸炒，烹入绍酒、酱油，加入少许清水，再放入白糖、味精、鸡精、胡椒粉，烧至鳝丝软烂，用湿生粉勾芡。

◎ 将勾芡好的鳝丝装盘，码上生姜丝、火

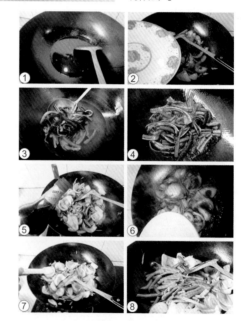

腿丝、红椒丝和葱丝，撒少许胡椒粉后浇响油即可。

市井谁相识，渔樵夜始归。
不须骑马问，恐畏狎鸥飞。

——［唐］包何《江上田家》

雪菜黄鱼

制作单位

杭州王元兴餐饮管理
有限公司

主料
黄鱼 700 克，雪菜 100 克，笋片 50 克

辅料
姜片 10 克，盐 3 克，味精 15 克，黄酒 20 克，
猪油 10 克，葱花 5 克

制作要点
◎将黄鱼洗杀，双面改花刀。

◎炒锅置旺火上烧红，下色拉油滑锅，下
猪油烧热，放黄鱼两面煎透。

◎下姜片、黄酒，冲入开水。

◎水烧开下雪菜、笋片，转小火慢炖至汤
汁成奶白色即可。

日见巴东峡，黄鱼出浪新。

——［唐］杜甫《黄鱼》

水产类

鲫鱼莼菜汤

制作单位

建德市半岛凯豪大酒店

杭味故事

西湖莼菜入选浙江省首批农作物种质资源保护名录，莼菜做汤鲜嫩润滑，汤纯味美，营养丰富。加上鲫鱼，更是鲜上加鲜。

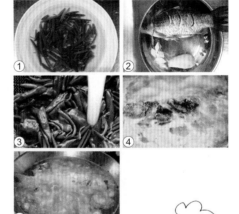

主 料

鲫鱼 600 克，莼菜 20 克

辅 料

泡菜 10 克，盐 2 克，牛奶 25 克，白酒 10 克，生姜 5 克，猪油 35 克

制作要点

◎鲫鱼杀净，改上刀花。

◎热锅滑下猪油，把鲫鱼煎透，加开水煮成浓汤，加生姜、白酒去腥调味。

◎加入新鲜牛奶和莼菜烧开，装盘即可。

休说江东春水寒，到来且觅鉴湖船。
鹤生嫩顶浮新紫，龙脱香髯带旧涎。
玉割鲈鱼迎刃滑，香炊稻饭落匙圆。
归期不待秋风起，漉酒调羹任我年。

——［宋］杨蟠《莼菜》

小贴士

鲫鱼营养价值丰富，每 100 克鲫鱼肉约含蛋白质 17.1 克、脂肪 7 克、磷 193 毫克、钙 79 毫克、铁 3 毫克、硫胺素 0.04 毫克、核黄素 0.09 毫克。但感冒发热期间不宜多吃。而且鲫鱼不宜和大蒜、砂糖、荠菜、猪肝、鸡肉、野鸡肉、鹿肉等一同食用。

2019杭州厨神争霸赛·千岛湖鱼头王争霸赛淳安县专业组冠军

秀水砂锅鱼头

🔵 小贴士

砂锅不同于铁质容器。千岛湖砂锅用本地土烧制，用来炖煮本地江鱼，更能渗味儿。这种做法被保留下来。文火慢炖之间溢出的不但是鲜美的鱼味，也是对传统饮食文化的尊重和继承。

供图单位

杭州电视台

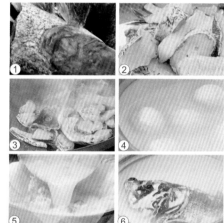

🐟 杭味故事

秀水砂锅鱼头又名白汤鱼头，烹调方法各有不同，千岛湖鱼味馆烹调的秀水砂锅鱼头采用的是活鱼活水，冷水下锅，鱼头完好，汤汁更白，味道纯正，香气扑鼻，鱼汤鲜美，当地有"三碗不过冈"的说法。

主 料

淳牌有机鱼头 2000 克

辅 料

香菜50克,生姜10克,猪油50克,盐10克,白酒5克

制作要点

◎半片鱼头切块熬汤，半小时熬至浓稠。

◎半片鱼头下锅，慢慢养熟。

◎老豆腐捏碎，加入火腿末，搓成丸子于生粉中滚匀；豆腐丸子汆烫熟。

◎米饭提前蒸熟，入油锅炸5分钟至金黄色。

◎将熬浓的鱼头块汤，沥出鱼头块，将浓汤加入养熟的鱼头汤中，于砂锅中继续煨着。

◎炒米、豆腐丸子搭配砂锅鱼头汤即可。

八珍重沓失颜色，手援玉箸不敢持。

——［唐］司空曙《长林令卫象饧丝结歌》

水产类 / 187

清蒸白鱼

 杭味故事

富春江里的白鱼名翘嘴鲌，用清蒸的做法，鱼肉鲜嫩，醇香鲜美。

制作单位

杭州市王益春中式烹调技能大师工作室

主 料

翘嘴白鱼 750 克

辅 料

葱 10 克，姜 8 克，精盐 10 克，鸡油 10 克，料酒 30 克

制作要点

◎白鱼洗净后备用，由尾部入刀分成两片。

◎用料酒浸泡一会，用少许盐抹遍鱼肚。

◎两片鱼身各划两刀，在刀口放上葱和姜片，浇少许鸡油。

◎将鱼装盘放入蒸箱内蒸 8 分钟左右，捡去葱和姜片即可。

小贴士

清蒸腥味很重的鱼时，可先用啤酒腌渍一刻钟，再进行蒸制，可大大降低腥味，且会使鱼更香。

别说你会做杭帮菜：杭州家常菜谱

5888
例

188

愿得远山知姓字，焚香洗钵过余生。

——［唐］李端《夜投丰德寺谒海上人》

墨鱼汁脆炸银鳕鱼

供图单位

杭州市餐饮旅店行业
协会

制作要点

◎银鳕鱼切块，放入味淋、食盐，挤入柠
檬汁，擦少许柠檬皮，拌匀后放入冰箱腌制。

◎在碗中加入面粉、生粉、泡打粉、墨鱼汁，
放入清水调成墨鱼汁脆炸糊备用。

◎在锅中倒入色拉油烧热，将腌制好的银
鳕鱼裹上墨鱼汁脆炸糊后放入锅中炸制。

◎银鳕鱼炸好后起锅放入盘中，撒入鸡头
米、青豌豆即可。

主 料

银鳕鱼 550 克

辅 料

柠檬汁 30 克，墨鱼汁 30 克，面粉 20 克，
生粉 10 克，泡打粉 5 克，鸡头米 5 克，青
豌豆 5 克，味淋 2 杯

小 贴 士

用墨鱼汁烹菜其实由来已久，做好的菜品
看上去虽然黑乎乎的，但是菜肴的味道却
非常好。用墨鱼汁炸银鳕鱼，色彩对比强烈，
不失为一道创新美味。

世事关心少，渔家寄宿多。
——〔唐〕李嘉祐《送苏修往上饶》

乾隆鱼头

供图单位
杭州电视台

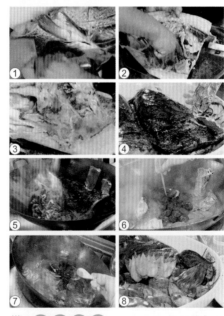

① ② ③ ④ ⑤ ⑥ ⑦ ⑧

主 料

包头鱼 750 克，豆腐 500 克

配 料

豆瓣酱 20 克，味精 5 克，盐 5 克，胡椒粉 3 克，蚝油 7 克，老抽 15 克，青大蒜 10 克，红椒 15 克

制作要点

◎生姜切片；鱼头洗净切成两半（不要切到底）；豆腐切成 1 厘米左右的小方块。

◎热锅倒入适量的油，用生姜片先在锅底抹一下，鱼头放入锅中，开中火，两面煎成金黄色，倒入适量的水没过鱼头，加入调料，用大火烧煮 5 分钟左右。

◎加入豆腐，继续大火煮开后换小火煮 45 分钟左右，煮到汤汁浓稠。

◎出锅，把青大蒜、红椒煸香，盖在鱼头上即可。

🐟 杭味故事

乾隆一次微服私游吴山，突遇大雨，便来到一户姓王的人家避雨，主人取半个鱼头、一块豆腐加一点豆瓣酱做成菜，乾隆吃后大为赞赏，来年再下江南品尝这道鲜美可口的鱼头豆腐，后人称之为"乾隆鱼头"。

◆ 锡宴逢佳节，穷荒亦共欢。

—— ［唐］张登《重阳宴集同用寒字》

浪花天香鱼

🍍 **小贴士**

"浪花"指的是一种切鱼的刀法。浪花的造型寓意钱江的浪花，有"勇立潮头"之意。

制作单位

杭州花中城餐饮食品集团有限公司

主 料

东星斑鱼1条3000克，对虾10只300克

辅 料

红樱桃番茄6个，黄瓜头4个，京葱30克，舟山虾油露15克，鸡精1克，味精1克，玫瑰露酒15克，红尖椒10克，红椒末、蒜末、姜末各10克，盐8克

制作要点

◎将鱼剖洗净，去头、尾；鱼身两面各割10刀，鱼肉与骨分离，使鱼身呈侧立形，待用。将大虾去壳，洗净，用绍酒、精盐、生粉等上浆，备用。

◎将葱青、白分开，切丝，青尖椒切圈，将葱丝穿入尖椒圈内，泡水后成葱结，白色3只，青色2只。将番茄、黄瓜切成桃形。

◎锅内油温四成热时放入鱼头、鱼身，小火微炸2分钟，再放入鱼尾，熟后起锅，按整鱼形装入盘中。虾球入油锅滑熟后放在鱼的两边。

◎锅中加入清汤，放调料调味，沸起勾芡，淋在鱼身和虾球上，鱼背上放葱结花等进行点缀装饰即可。

忽如江浦上，忆作捕鱼郎。
——［唐］岑参《题金城临河驿楼》

西湖蟹包

小贴士

用蛋清摊成的白蛋皮包以金黄的蟹馅，犹如盛开在西湖边的一丛玉兰花，形状美观，口味鲜嫩，微酸带辣。

制作单位
杭州大华饭店

主 料
湖蟹 600 克

辅 料
鸡蛋 50 克，生姜、小葱各 5 克，鱼籽 10 克，劲爽鸡汁 10 克，胡椒粉 3 克，盐 3 克，味精 5 克，料酒 15 克

制作要点
◎将大闸蟹蒸熟后取出蟹肉、蟹黄。
◎用生姜末起底锅，入蟹肉炒制，把蛋黄炒入，起锅待用。
◎鸡蛋清用生粉、牛奶、盐、味精调匀，用小火摊制成蛋皮，修边，将蟹粉包入，小葱扎口。
◎上笼稍蒸，淋玻璃芡，点上鱼籽。
◎用西芹、胡萝卜在盛器上装成扇形，把蟹包整齐排列在上即可。

犬羊万里知离穴，稻蟹三吴正得秋。
——〔宋〕刘宰《奉酬友人登多景楼见怀》

原汁墨鱼

新杭帮菜108将之一

小贴士

因未放盐等调味，故名原汁墨鱼。吃时需配酱醋碟。

制作单位

杭州饮食服务集团有限公司

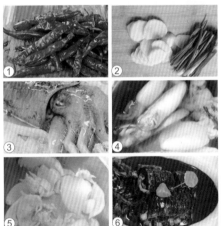

① ② ③ ④ ⑤ ⑥

主料

新鲜墨鱼一只350克

辅料

生姜10克，葱2克，干辣椒3克，味精8克，墨鱼原汁20克，盐3克

杭味故事

外表色泽乌亮，内里肉质白嫩，鱼香墨香浑然一体，咸香微辣，原汁原味，绿色自然。

制作要点

◎取出墨鱼内脏中的杂物和墨囊，保持墨鱼的形状完整，将墨囊在清水中漂洗出墨鱼汁待用。

◎锅刷油煸香葱、姜、干辣椒，加入黄油、水和墨鱼原汁，调味后投入洗净的完整墨鱼煨半小时

◎大火收浓汁水，出锅装盘，浇上熬制好的浓黑亮丽的墨鱼汁即可。

◎食用时需用刀叉。

沙头欲买红螺盏，渡口多呈白角盘。
——[唐]王建《送从侄拟赴江陵少尹》

水产类／

193

香米咖喱蟹

新杭帮菜 108 将之一

杭味故事

香米吸收了蟹的鲜味，呈现出海鲜特有的鲜味以及咖喱独特的风格，集解馋与饱腹为一体，香辣鲜美，以柔克刚。

制作单位

杭州张生记饭店

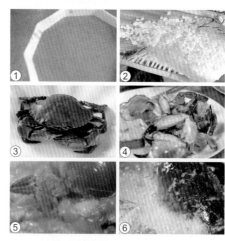

主 料

三门膏蟹或青蟹 300 克

辅 料

香米 200 克，牛肉末 50 克，洋葱末 30 克，粉丝末 20 克，自制咖喱油（香油、咖喱油、咖喱粉）20 克，盐 3 克，味精 5 克，生粉 30 克

制作要点

◎ 将香米洗净备用。

◎ 香米蒸熟，拌入自制咖喱油备用。

◎ 蟹取甲入油至熟。

◎ 留底油，下盐、味精、洋葱末等原料煸炒出香味。

◎ 入香米同炒，再下蟹同炒，调味，勾少许芡即可。

小贴士

优质蟹的背甲壳呈青灰色、有光泽，腹部为白色，金爪丛生黄毛、色泽光亮，脐部圆润、向外凸，肢体连接牢固呈弯曲形状，个大而老健。如果背呈黄色，则肉较瘦弱。另外，健壮的好蟹一般活动有力，会四处乱爬。

蟹性最难图，生意在螯跪。

——［宋］文同《寇君玉郎中大蟹》

特色香葱鱼头

新杭帮菜108将之一

🍍 小贴士

选用优质西湖或干岛湖鱼头，采用本地特产辣酱。

制作单位

杭州新开元大酒店有限公司

主料

西湖包头鱼鱼头 1500 克

辅料

京葱 20 克，青红辣椒 30 克，青大蒜 10 克，干岛湖辣酱 100 克，老抽 20 克，生抽 20 克，糖 5 克，味精 5 克，鸡精 5 克，红油 10 克，黄油 10 克，香油 5 克

制作要点

◎将鱼头洗净沥干。

◎取锅一个，放入花生油少许，待油温

六七成时将鱼头放入锅中，两面煎至金黄色待用。

◎锅内放入少许花生油，将京葱、红辣椒、青大蒜、生姜煸炒，放入干岛湖辣酱，放入煎好的鱼头，加调料和适量的水，用文火烧半小时后装盘。

◎鱼头上放上余下的青红辣椒、青大蒜即可。

🐟 杭味故事

采用的地道杭州主料，但配料在变，口味在变，杭帮菜在不知不觉中吸收着外菜系的营养并发生蜕变。兼容并蓄，海纳百川，这道微辣鲜香、引人入胜的菜肴为新杭帮菜添上了一个注脚。

鱼跃青池满，莺吟绿树低。

——［唐］李白《晓晴》

元宝虾

新杭帮菜108将之一

🐟 **杭味故事**

元宝虾是用虾做主菜的一种菜式。因煎虾时虾背弯曲且呈金黄色，极像金元宝而得名，可谓"一虾一元宝"。

制作单位

杭州娃哈哈大酒店

主料

明虾300克

辅料

麦芽糖10克，冰糖30克，鱼露10克，白醋10克，葱10克，姜5克

制作要点

◎ 明虾洗净，去筋，从肚内开刀，用葱姜氽水，泡15分钟。

◎ 将油温烧至九成热，把虾炸为肉壳分离，形似元宝。

◎ 虾出锅，下麦芽糖、冰糖、鱼露、白醋，略煮勾薄芡后淋在虾上即可。

半升浊酒试莼羹，贱买鱼虾已厌烹。
浅水衣蒲有船过，淡烟笼月更人行。

——［宋］吕存中《过宝应湖》

🍚 **小贴士**

虾类如需保存，需要剪掉胡须，在容器底部铺一层冰，再撒上盐，摆上虾，再铺一层冰，最后用麻袋或草袋封口，这样可以保存一周时间。若不是鲜虾，还可以把虾放在一个保鲜袋中（确保保险袋不漏水），然后往袋中灌进一些水，把袋口扎紧放入冰箱的速冻室里。

腐汁玻璃大虾

新杭帮菜 108 将之一

🐟 **杭味故事**

外包玻璃纸，造型新颖；发酵出的腐乳碰撞新鲜的河虾，口味独特。壳红肉嫩，调味别致。

制作单位

杭州张生记饭店

主 料

草虾或明虾 100 克

辅 料

玻璃纸 1 张，红腐乳汁 20 克，酒 10 克，糖 10 克，味精 3 克，葱 10 克，姜 5 克

制作要点

◎明虾洗净，大虾去须，在虾肚开刀，要做到背壳不破。

◎旺油锅下虾炸制两次（第一次虾肉成熟，第二次虾壳成形）起锅。

◎留底油下葱段、姜片煸出香味。

◎下红腐乳汁、糖、酒、味精调味，放入虾翻炒一下，盛入玻璃纸中，装盘装饰。

🍇 **小贴士**

玻璃纸是一种以棉浆、木浆等天然纤维为原料，用胶黏法制成的薄膜，透明，无毒无味。因为空气、油、细菌和水都不易透过玻璃纸，使其可作为食品包装使用。

家家活计鱼虾市，处处欢声鼓笛楼。
不用丹青状风景，逢人且说小杭州。
——［宋］陈造《定海四首》

浓汤甲鱼

新杭帮菜108 将之一

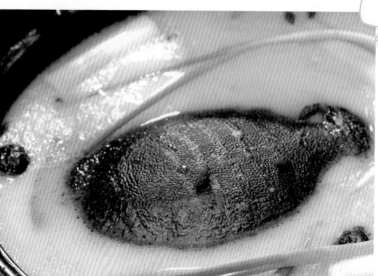

🐟 **杭味故事**

成菜一半甲鱼一半
浓汤，甲鱼的脂肪
在烹制成熟后渗入
汤中，使汤呈金黄
色，香味浓郁，十
分诱人。上桌后，
可佐酒，可配饭，
营养价值极高。

制作单位

杭州娃哈哈大酒店

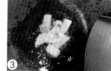
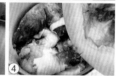

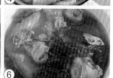

① ② ③ ④ ⑤ ⑥

主 料

甲鱼 1500 克

辅 料

红枣 30 克，葱 20 克，枸杞 10 克，盐 20 克，
味精 8 克，香叶 10 克，高汤 1000 克

制作要点

◎甲鱼放血收拾干净。

◎取锅，加入高汤，放入甲鱼和其他辅料，
加入调料。

◎用中火炖 2 小时左右即可。

归来宴平乐，美酒斗十千。
脍鲤臇胎虾，炮鳖炙熊蹯。

—— ［魏］曹植《名都篇》

🍊 **小贴士**

判断甲鱼优劣三招：

凡外形完整，无伤无病，肌肉肥厚，腹甲
有光泽，背胛肋骨模糊，裙厚而上翘，四
腿粗而有劲，动作敏捷的为优等甲鱼；反
之，为劣等甲鱼。

用手抓住甲鱼的反腿披窝处，四脚乱蹬、
凶猛有力的为优等甲鱼；如活动不灵活、
四脚微动甚至不动的为劣等甲鱼。

把甲鱼仰翻过来平放在地，如能很快翻转
过来，且逃跑迅速、行动灵活的为优等甲
鱼；如翻转缓慢、行动迟钝的为劣等甲鱼。

钱江口水鱼

新杭帮菜 108 将之一

🐟 **杭味故事**

口水鱼是一道地道的淳安家乡风味菜，色泽红亮，麻辣鲜香，肉质细嫩，适合年轻人的口味。

制作单位

杭州饮食服务集团有限公司

主 料 ·································

鳜鱼 1 条约 500 克

辅 料 ·································

文蛤 8 个 50 克，西红柿 1 个 150 克，丝瓜 1 条 200 克，番茄沙司 50 克，盐、味精各 5 克，酸汤 100 克

⚙ **小贴士**

此菜精选野生鱼类，汤汁浓厚，味道鲜美，辅以夏令蔬菜，有汤有菜，开胃解馋。

制作要点 ·································

◎将鳜鱼宰杀洗净，文蛤洗净，西红柿去皮。

◎锅内放油下鳜鱼略煎。

◎加入番茄沙司、酸汤、西红柿和水，文蛤小火炖透。

◎丝瓜切条，划油锅，放在鱼身上即成。

重赐弓刀内宴回，看人城外满楼台。
——〔唐〕王建《朝天词十首寄上魏博田侍中》

水产类／

199

龙井茶烤虾

新杭帮菜 108 将之一

制作单位

杭州大华饭店

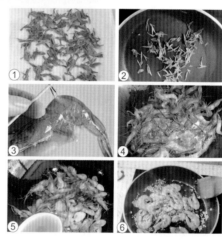

主 料

虾 500 克

辅 料

龙井茶叶 8 克，味精 3 克，椒盐 3 克，料酒 10 克，盐 3 克

制作要点

◎将虾洗净备用。

◎将茶叶用开水泡开，加醋出水去苦味，挤干油炸。

◎将虾开背用茶汁水、盐、味精腌渍，用茶油炸制。

◎炒锅热油，将炸好的虾及炸好的茶叶入锅，加味精、椒盐、料酒翻匀，整齐排叠装盘即可。

🐟 杭 味 故 事

当一杯上等的龙井茶遇上东海里上等的对虾，会"烤"问出什么样的结果？茶香氤氲感染虾，对虾海鲜细润茶。

鸬鹚源畔数人家，匼匝青罗布障遮。

胥口山前沽酒市，钓船相逐买鱼虾。

——〔宋〕李洪《纪行杂诗》

毛豆煎抱腌黄鱼

新杭帮菜108 将之一

制作单位

杭州张生记饭店

主 料 ······

自制抱腌黄鱼 500 克

辅 料 ······

毛豆肉 100 克，干红椒 10 克，猪油 20 克，味精 8 克，花椒 2 克，盐 2 克，香料 5 克，姜 3 克

🍲 小贴士

抱腌后的黄鱼肉质紧、鲜味足，配以新鲜的毛豆米，毛豆碧绿，鱼肉可口，造型美观，蔬菜的鲜和海鲜的鲜竞相争鲜。何谓"抱腌"？黄鱼煮熟后鱼肉容易分散，如不擅烹煮，很容易搅成一滩泥。腌制过的黄鱼就能把肉"抱紧"，不会松散，因此称为"抱腌"。

制作要点 ······

◎ 将舟山小黄鱼洗净备用。

◎ 舟山小黄鱼取出内脏，背部开刀，用花椒、盐、香料等腌渍 5 小时，挂起吹干备用。

◎ 取锅放油，下黄鱼略煎至表面金黄，捞起沥油。

◎ 锅中放猪油下毛豆肉、姜片、干辣椒煸炒，再放黄鱼，浇上汤煮透，调味即可。

亭上酒初熟，厨中鱼每鲜。

——〔唐〕高适《涟上题樊氏水亭》

汗蒸椒麻蟹

新杭帮菜108 将之一

制作单位

万家灯火大酒店

主料

蟹 350 克

辅料

京葱 5 克，干红椒 5 克，盐 3 克，味精 5 克，
鸡粉 8 克，香辣油 5 克，花椒油 5 克，姜 5 克，
香菜 8 克，黄酒 10 克，高汤 30 克

制作要点

◎ 将蟹斩杀洗净，切成块。

◎ 锅放入油少许，加香辣油、姜片、蒜泥
煸香。

◎ 放入蟹略炒，加黄酒、高汤及调味料焖
至入味起锅装盘。

◎ 将京葱放入上汤中略煸倒在蟹肉上，撒
上花椒油、香菜，热油淋烧即可。

杭 味 故 事

让蟹出汗，让舌头出汗。借用"汗蒸"一词，
形象地道出此菜特点：蟹香肉嫩，微辣略麻，
是一道吸收了川味特点的下酒好菜。

饭香猎户分熊白，酒熟渔家擘蟹黄。

——［宋］黄庭坚《戏咏江南土风》

龙鳞鱼片

新杭帮菜 108 将之一

 杭味故事

中菜西做，别有风味。看似触犯了传统批"龙逆鳞"，实则开出一"片"新天地。

制作单位

杭州饮食服务集团有限公司

① ② ③ ④

 小贴士

银鳕鱼富含鱼油，主要成分是不饱和脂肪酸，而不饱和脂肪酸由 DHA 和 EPA 组成，其中 DHA 可以健脑明目、增强记忆力、促进脑部发育、预防忧郁症、缓解压力；EPA 则有降低血脂血压、防治关节炎、改善情绪和安胎的作用。

主料
银鳕鱼 500 克

辅料
杏仁片 30 克，生菜 300 克，色拉酱 20 克，面粉 10 克，生粉 10 克，盐 2 克

制作要点
◎银鳕鱼洗净，切大片，加盐和味精略腌。
◎生菜切圆片，备用。
◎腌好的鱼片加少许面粉、生粉拌匀，沾上杏仁片入油锅炸，淋上色拉酱，包上生菜即可。

晓厨新变火，轻柳暗翻霜。
——［唐］戴叔伦《清明日送邓芮二子还乡》

花杯培红虾

新杭帮菜108 将之一

🐟 杭味故事

此菜以明虾为基本食材，虾鲜酸甜，味道鲜美。面皮造型的花杯里放置绿菜红虾，仿佛绿叶配红花。

制作单位

杭州酒家

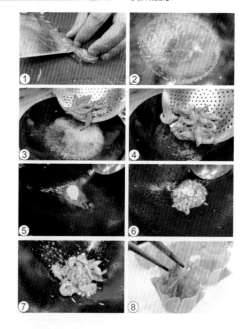

主料
明虾 300 克，菜花 300 克，馄饨皮 10 张

辅料
黄油 100 克，蒜蓉 15 克，糖 10 克，醋 10 克，盐 5 克

制作要点
◎将明虾对剖，挑出虾线。
◎用馄饨皮折成杯状，油炸定型。
◎鲜虾油炸，加入糖、醋。捞出，装入杯内。
◎将菜花花瓣加入蒜蓉油炸，点缀在虾旁。

🍆 小贴士

在煮西兰花的水里加醋，煮出来的西兰花就脆，加盐煮出来的就比较软烂。

鱼虾泼泼初出网，梅杏青青已著枝。
满树嫩晴春雨歇，行人四月过淮时。
——［元］萨都剌《题淮安壁间》

拆烩鱼脸酿鲜橙

🍍 小贴士

蟹酿橙的鲜甜味融合鱼头的鲜美，这是一种鲜上加鲜的融合创造。

供图单位

杭州电视台

🐟 杭味故事

2019 年的"知味杭州"亚洲美食节期间，这道结合南宋名菜蟹酿橙的"拆烩鱼脸酿蟹橙"，荣获千岛湖鱼头争霸赛西湖区专业组冠军。

砧净红鲙落，袖香朱橘团。

——〔唐〕岑参《送李翥游江外》

主 料

千岛湖鱼头 2500 克

辅 料

鸡蛋 100 克，盐 15 克，黄酒 20 克，橙肉 25 克，淀粉 20 克

制作要点

◎鱼肉先浆过，加盐和鸡蛋，搅打到粘手，加淀粉。

◎鱼头肉过油，放汤。

◎炖 40 分钟，先大火再小火，鱼肉鱼骨都碎掉，取汤。

◎用鱼尾，去骨，切丁，鱼肉丁里放油让鱼尾肉粒粒分明。

◎把橙肉挖空，橙皮稍稍热水烫一下滚一下，激发出橙香气。

◎最后把鱼肉放入鲜橙肉滚一下出锅。

◎把混合的鱼肉橙肉装入橙皮里。

手捏菜潮虾

供图单位

杭州市餐饮旅店行业
协会

主 料

潮虾 150 克

辅 料

毛毛菜 300 克，精盐 5 克，绍酒 5 克，味
精 2 克，食用油 40 克

制作要点

◎ 毛毛菜切碎，用少量精盐捏熟待用。
◎ 起锅下食用油，至三成热时下手捏菜，
煸至七成熟时下潮虾煸炒调味即可。

客窗不作侯鲭梦，随分鱼虾荐一杯。
——〔宋〕史弥宁《郑中卿惠蟛蜞》

  **杭味故事**

毛毛菜，又名九五菜，分大小棵。种得疏的，长得大棵，自然老一些，价格便宜。种得密，
长得瘦弱，产量低，故而贵一些。杭州人吃青菜，冬天多是苏州青，其余三季多是毛毛菜。

黄金蟹

 小贴士

青蟹含有丰富的蛋白质及微量元素，对身体有很好的滋补作用。

制作单位

杭州新开元大酒店有限公司

① ② ③ ④ ⑤ ⑥ ⑦ ⑧

主 料 ....

咸蛋黄 100 克，蟹 150 克

辅 料 ....

姜 5 克，葱 5 克，盐 2 克，味精 5 克，糖 5 克，黄酒 10 克，生粉 15 克，胡椒粉 5 克

制作要点 ....

◎把蟹洗净，对切成块，拍上淀粉。

◎起油锅，油烧至六成热时放入蟹块，炸至金黄色捞出。

◎锅中留少许油，倒入咸蛋黄、蟹，加入盐、味精、黄酒、生姜、葱一起翻炒，直至咸蛋黄裹在蟹块上，出锅即可。

 杭味故事 ....

三门青蟹是台州三门县的特产，中国国家地理标志产品。此菜在保持蟹肉鲜嫩的基础上加入咸蛋黄的香糯，是现代创新的一种烹饪方法，"淡妆"的青蟹和"浓抹"的蛋黄特别相宜。

烟生远坞闻鸡唱，潮落平沙见蟹行。

——［明］高启《秋日江馆咏怀》

响油鳝丝糊

制作单位
杭州酒家

主 料

鳝鱼 300 克

辅 料

盐 3 克，红椒丝 5 克，白糖 3 克，生粉 5 克，
料酒 10 克，生抽 3 克，陈醋 3 克

制作要点

◎鳝鱼肉切细丝，加适量盐、鸡粉、料酒、
生粉腌渍约 10 分钟，汆水后入油锅滑至
五六成熟。

◎锅底留油，爆香姜丝，倒入鳝鱼丝，加入
料酒、生抽、盐、白糖、陈醋，炒匀。

◎装盘，点缀上葱花和红椒丝，撒上胡椒粉，
用热油收尾即成。

🍍 小 贴 士

黄鳝是我们日常生活中常见的鱼肉之一，
它又称作鳝鱼。鳝鱼属于刺少肉厚的鱼类，
它不仅味道鲜美，肉质鲜嫩，而且还含有
丰富的营养物质，能够为人体补充蛋白质，
甚至被夸赞为赛人参。

我会调和美鳝，自然入口甘甜。不须酱醋与椒盐，一遍香如一遍。
满满将来不浅，那人吃了重添。虚心实腹固根元，饱后云游仙院。

——［元］马钰《西江月·赴胡公斋》

西湖蟹圆

新杭帮菜108 将之一

🐟 **杭味故事**

杭州的鱼圆非常著名。此菜中的鱼圆内酿蟹粉，外缀蛋黄，升级换代后令人耳目一新。

制作单位

杭州花中城餐饮食品集团有限公司

主 料

西湖白鲢鱼茸250克，西湖蟹黄50克，蟹肉50克

辅 料

西兰花100克，草莓100克，盐5克，味精10克，姜末15克，料酒15克，清水600克

制作要点

◎将鱼茸加水、盐，朝一个方向打好备用。

◎另一只锅上火，下油炒蟹肉、姜末、调料，把炒好的蟹粉分别酿入20个鱼圆内。

◎锅上火加水，将鱼圆用水养熟。

◎锅上火下油炒蟹黄，下清水调味勾芡，淋在蟹肉和鱼圆上即成。

◎围上西兰花与草莓上桌。

上苑连侯第，清明及暮春。

九天初改火，万井属良辰。

颁赐恩逾洽，承时庆自均。

翠烟和柳嫩，红焰出花新。

宠命尊三老，祥光烛万人。

太平当此日，空复荷陶甄。

——［唐］史延《清明日赐百僚新火》

年糕湖蟹

杭味故事

《清稗类钞·饮食类》就说："汾湖蟹之脐紫，肉坚实而小，为江南美品，不减松江鲈鲙也；宜以酒醉之，不宜登盘作新鲜味也。"

制作单位

杭州新开元大酒店有限公司

主 料

湖蟹 300 克，年糕 80 克

辅 料

味极鲜 10 克，糖 8 克，盐 3 克，葱、姜各 5 克，料酒 15 克，蒜 5 克

制作要点

◎将湖蟹洗净切块状摆成型。

◎放上小年糕炸至六成熟。

◎将葱、姜、盐、鸡精、料酒、味极鲜、蒜混合均匀。

◎入锅加入调料收浓芡汁。

小贴士

螃蟹的体表、腮部和胃肠道有很多细菌等致病微生物。因此，吃时必须除尽蟹腮蟹肠蟹心（俗称六角板）和蟹胃（即三角形的骨质小包，内有泥沙）。螃蟹性寒，蟹黄中的胆固醇又很高，一般人每次不宜多食螃蟹，最好以 2 只为限。一周内食蟹不宜超过 3 次。

分题每日摇鸡距，合宴常时把蟹螯。

独感戴侯恩未报，徘徊不觉涕沾袍。

——［宋］杨亿《题张濬所居壁》

西湖醋鱼

1956 年被浙江省认定为 36 种杭州名菜之一

🍃 **小贴士**

西湖醋鱼的原料选取并非只能是袁枚说的青鱼，草鱼、鳊鱼也经常用来制作这道菜，尤其是在民间，草鱼经常被拿来制作民间家常版的西湖醋鱼。

制作单位

杭州楼外楼实业集团股份有限公司

辅料

姜 5 克，绍酒 25 克，酱油 75 克，白砂糖 60 克，醋 50 克，湿淀粉 50 克

制作要点

◎草鱼饿养活杀，刀工处理。

◎锅内放水，以能淹没鱼身为度，沸后入鱼煮将熟。

◎沥去多余的汤汁，留少量原汁，入黄酒、酱油、姜末，将鱼捞出装盘。

◎锅内再放入白糖、醋、湿淀粉勾芡，淋遍鱼身即成。

日暮紫鳞跃，圆波处处生。

——［唐］李白《观鱼潭》

主料

草鱼 800 克

 **杭味故事**

袁枚在《随园食单》上记有醋搂鱼："用活青鱼切大块，油灼之，加酱、醋、酒喷之，汤多为妙。俟熟即速起锅。"清末以及民国时期还流行过一鱼两吃，最时尚的吃法是"醋鱼带柄"，《清稗类钞》曰："西湖酒家食品，有所谓醋鱼带柄者。醋鱼脍成进献时，别有一簋之所盛者，随之以上。盖以鲩鱼切为小片，不加酱油，惟以麻油、酒、盐、姜、葱和之而食，亦曰鱼生。呼之曰柄者，与醋鱼有连带之关系也。"

泥鳅干

杭州旅游雅荐菜品

制作单位

沃鑫酒家

主 料 ....
泥鳅 500 克

辅 料 ....
生姜、大蒜子各 30 克，细红椒 20 克，葱
10 克，椒盐 5 克

制作要点 ....
◎取 1 斤鲜活小泥鳅，在清水中静养几天，
以吐净泥水。
◎先制作并备好椒盐，然后将土菜油烧热
至约 80℃，将鲜活泥鳅直接下油锅沸炸，
直至泥鳅炸酥。
◎倒干锅内的油，剩下泥鳅干，放入椒盐、
细红椒、葱等即可。

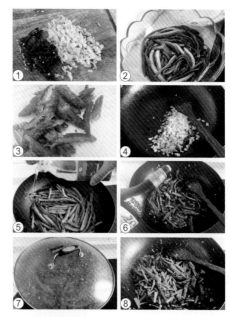

🍲 **小贴士** ....

泥鳅号称水中人参，营养丰富。泥鳅的生
命力特别强，活泥鳅蹦蹦跳跳的，很多人
不会宰杀。可先准备一个塑料袋，将泥鳅
放进去，然后拍打晕后，再行处理。

对酒山长在，看花鬓自衰。

——［唐］卢纶《春日灞亭同苗员外寄皇甫侍御（一作庾侍郎）》

金丝虾球

花中城首创菜肴

🐟 **杭味故事**

对虾之名，并非是因为它们常常雌雄相伴，有一种说法是由于这个品种个头较大，在市场中常以"一对"为单位，也有一种说法是慈禧太后无意将菜中的大虾其命名为"对虾"。

制作单位

杭州花中城餐饮食品集团有限公司

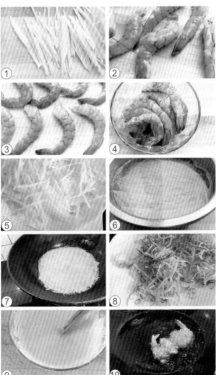

① ② ③ ④ ⑤ ⑥ ⑦ ⑧ ⑨ ⑩

主 料 ....●

对虾 10 只 500 克

辅 料 ....●

脆皮糊 150 克，春卷皮 10 张

制作要点 ....●

◎对虾去头壳，留虾尾和肉身。虾身背部开刀，去虾线腌制待用。

◎春卷皮改刀切丝，下油锅炸至金黄备用。

◎调制脆皮糊将对虾身均匀涂裹，下油锅金黄色。

◎炸制好的对虾均匀抹上酱料，裹上春饼丝装盘。

有等名为虾壳青，比似青来翅不金。
不问牙钳白不白，须看项上带毛丁。
——［宋］贾似道《论虾青色》

螺蛳鳜鱼

制作单位

好食堂

主 料

鳜鱼 1 条 400 克，螺蛳 250 克

辅 料

生姜 25 克，大蒜 25 克，葱 10 克，胡椒粉 5 克，酱油 30 克，白糖 5 克，色拉油 15 克，黄酒 25 克

制作要点

◎将鳜鱼改刀入油锅两面煎黄。

◎葱、姜、蒜入锅煸炒，下鳜鱼，加黄酒、酱油。

◎汤水沸起大约 3 分钟，加入螺蛳，一起煮约 2 分钟起锅，加入葱花即可。

渔翁今度笭箵富，正是桃花水腻时。
网得文鳞如墨锦，贯来杨柳是金丝。
　　　　　　　——［宋］叶岂潜《鳜鱼》

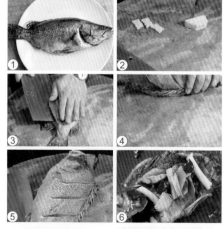

🍲 **小贴士**

在挑选田螺时，一定要挑那些粘在装容器上面的田螺，因为这些活动能力强的田螺肯定是活的，新鲜田螺做的菜，味道才好。按一下田螺盖，如下按下去能弹起来就是活的田螺，如果弹不起来就是死田螺。购买田螺时，要挑选个头大，体型圆，外壳薄的。田螺的掩片需完整收缩，螺壳呈淡青色，无肉、汁溢出，单个净重较大。

另外，雌性田螺肉质比雄性田螺要鲜美。挑选雌性田螺，可以观察其触角，雌的左右两触角大小相同，且向前方伸展；雄的右触角粗而短，末端向右内弯曲。

海鲜蒸功夫

制作单位

浙江德悦酒店管理有限公司

主 料

淡菜 100 克，文蛤 50 克，花蛤 50 克，花螺 50 克，东黑虎虾 150 克

辅 料

生姜 25 克，大蒜 25 克，葱 10 克，胡椒粉 5 克，酱油 30 克，白糖 5 克，黄酒 25 克

制作要点

◎用小蒸笼依次排好。
◎带卡式炉上桌。
◎菜桌上现蒸，带调料。

玉筵秋令节，金钺汉元勋。

——［唐］卢纶《九日奉陪侍中宴白楼》

 小贴士

正常的海鲜，不包括大龙虾、大的八爪鱼，蒸的时长一般不超过 10 分钟。海螺、扇贝、蛤蜊等，时长为 3 分钟左右，个头略大，可以延长 1 分钟。虾、皮皮虾，时长为 5 分钟左右，螃蟹为 10 分钟。

碎蒸白鲦鱼

京杭大运河旅游美食
"运河三十六味"名菜
"碎蒸白水鱼"

制作单位

杭州文晖新庭记酒店
有限公司

主料

白鲦鱼 2000 克

辅料

木耳 100 克，生姜 25 克，大蒜 25 克，葱
10 克，胡椒粉 5 克，酱油 30 克，白糖 5 克，
黄酒 25 克

制作要点

◎选用千岛湖白鲦鱼洗净待用。
◎改刀寸状，用辅料调成的调料腌制 40
分钟。
◎摆盘放蒸箱蒸 7 分钟即可。

小贴士

新鲜的鱼鳃盖紧闭，鱼鳃色泽鲜红，有的
还带血，无黏液和污物，无异味。鱼鳃淡
红或灰红，鱼已不新鲜。如鱼鳃灰白或变
黑，附有浓厚黏液与污垢，并有臭味，说
明鱼已腐败变质。

玉壶倾菊酒，一顾得淹留。
——[唐]卢纶《九日奉陪侍中宴后亭》

糟骨头蒸蟹

制作单位

杭州渔哥餐饮娱乐管理有限公司

主 料

青膏蟹（或梭子蟹）1只150克，糟骨头100克

辅 料

生姜末8克，葱段20克，米醋20克，美味鲜酱油10克

制作要点

◎青膏蟹切好装盘。

◎将糟骨头放入蒸箱，蒸10分钟后放入盘中，均匀摆盘。

◎将蟹放入葱段，上笼蒸8分钟左右。

◎将生姜末放入容器中，加入米醋两勺，美味鲜酱油一勺，拌匀即可，作为调汁。

◎将蒸好的蟹上的葱段取出，倒出过多的汁水。

◎将调好的汤汁均匀浇入，加入葱花。起锅，烧热油，将热油淋在葱花上。

菜梗头炖辽参

制作单位

杭州跨湖楼餐饮有限
公司

主 料

萧山菜梗头 100 克，水发好的辽参 10 支
1000 克

辅 料

鞭笋 250 克，菜胆 10 棵 300 克，盐 15 克

制作要点

◎将菜梗头洗干净备用。

◎鞭笋拍成 5 厘米的段，把鞭笋和菜梗头
一起放入炖盅加上矿泉水上笼蒸 2 小时。

◎将发好的辽参放入蒸好的汤中，调味并
上笼蒸热，将菜胆水后放入炖盅内即可。

预使井汤洗，迟才入鼎铛。
禁犹宽北海，馔可佐南烹。
莫辨虫鱼族，休疑草木名。
但将滋味补，勿药养余生。　——［清］吴伟业《海参》

小贴士

刺参的发制方法。海参入洗净的盆内，注
入开水，泡 2 小时参体回软后捞出，放入
锅中注入清水，用中火烧沸端离火口，浸
泡 12 小时后捞出刮腹去沙取肠，抠净外
边的黑皮后洗净，再放入锅中注入清水，
烧沸后将锅端离火口浸泡，这样反复涨泡
两三次后，直至海参光滑，柔软有韧性时
可入开水中浸泡待用。

油盐白蟹

制作单位

杭州文晖新庭记酒店
有限公司

主 料

白蟹 700 克

辅 料

毛豆 50 克，自制调味料 50 克

制作要点

◎ 白蟹洗净改刀 1/2。

◎ 将白蟹放入油锅煎。毛豆煮熟，待用。

◎ 加入毛豆和调味料，烧熟即可。

🐟 杭味故事

螃蟹的美味自古就被人称赞，清代文人李渔在他的文集《闲情偶寄》中就曾写道："此一事一物也者，在我则为饮食中痴情，在彼则为天地间之怪物矣。予嗜此一生。每岁于蟹之未出时，即储钱以待，因家人笑予以蟹为命，即自呼其钱为'买命钱'。"

深秋荷败柳枯时，霜蟹香枨副所思。
——〔宋〕白玉蟾《对月六首》

抱腌江白鲈

制作单位

杭州名人名家餐饮娱
乐投资有限公司

① ② ③ ④

主　料

鲈鱼 1000 克

辅　料

姜 30 克，葱 30 克，盐 8 克，黄酒 20 克，
啤酒 10 克，味精 5 克，鸡油 10 克

制作要点

◎鲈鱼洗杀干净去鳞，从背部一开二。
◎鲈鱼用盐、葱、姜、黄酒、腌 24 小时。
◎冲水 3 小时后放冷藏冰箱。
◎鲈鱼加啤酒、味精、鸡油进蒸箱蒸 20 分
钟即可。

 杭味故事

唐宋以来，诸多文人巨擘描写过鲈鱼的美
味。李白《秋下荆门》说道"此行不为鲈
鱼鲙，自爱名山入剡中"，范仲淹《江上
渔者》说道"江上往来人，但爱鲈鱼美"。

今朝欲乘兴，随尔食鲈鱼。
　　——［唐］高适《送崔功曹赴越》

 小贴士

鲈鱼又称花鲈、四肋鱼等。鲈鱼肉坚实呈蒜瓣状，刺少，味鲜美，富含蛋白质、脂肪；其
肉白如雪、鱼肉细腻，清蒸鲈鱼是春节聚餐的一道热门菜。

文武蒸鲜活黄鱼

制作单位

杭州酒家

主 料 ·····································

黄鱼 500 克

辅 料 ·····································

盐 4 克,葱段 10 克,姜丝 10 克,料酒 15 克,
酱油 15 克

🐟 杭 味 故 事

田汝成《西湖游览志余》卷二十四说,杭
人最重江鱼,鱼首有白石二枚,又名石首鱼。
每岁孟夏来自海洋,绵亘数里,其声如雷,
若有神物驱押之者。渔人以竹篙探水底,
闻其声乃下网,截流取之,有一网而举千
头者。泼以淡水,则鱼皆圈圈无力,或鱼
多而力不能举,惧覆舟者,则截网使去。
这里的石首鱼指的就是黄鱼。

制作要点 ·····························

◎黄鱼刮鳞去内脏,洗净切成段。放盐拌匀,
腌 10 分钟。

◎盘中放葱白,再把黄鱼放上去摆好盘,
放少许酱油,再放葱段和姜丝在鱼上。

◎把鱼放进锅里蒸笼上,冷水下锅,文火
蒸至水开;然后大火蒸 5 分钟即成。

夜网初收晓市开,黄鱼无数一时来。风流不斗莼丝品,软烂偏宜豆乳堆。

——［明］李东阳《佩之馈石首鱼有诗次韵奉谢》

云雾手剥虾仁

制作单位

杭州名人名家餐饮娱乐投资有限公司

① ② ③ ④ ⑤ ⑥

主 料

河虾仁 300 克

辅 料

盐 3 克,味精 5 克,生粉 30 克,鸡蛋清 50 克,
姜汁水 10 克,清油 8 克

制作要点

◎虾仁解冻洗干净备用。

◎虾仁吸干水分,加入盐、味精、鸡精、生粉、
鸡蛋清、姜汁水拌均匀上浆,进冷藏冰箱
使之上劲。

◎热锅,用三成油温过油出锅即可。

看花一醉别, 会面几年期。
——〔唐〕戴叔伦《灞岸别友》

小贴士

解冻前看起来质量上乘的冰虾,解冻后却
发现,虾仁不仅没有正常的口感、味道,
还存在掉颜色现象。一些经营者在加工虾
仁时,用福尔马林溶液防腐保鲜,再放到
工业火碱中浸泡,使其体积膨胀吸水,增
加重量,然后用甲醛溶水固色和着色,使
虾体色泽鲜艳,这种冰虾不宜选购。

蟹粉裙边

新杭帮菜 108 将之一

制作单位

杭州山外山菜馆有限公司

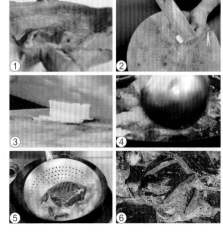

原 料 ....

甲鱼裙边 400-500 克，蟹粉 50 克，菜心 300 克

调 料 ....

盐 5 克，味精 8 克，生粉 50 克，黄酒 20 克，葱 5 克，姜 5 克

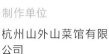

杭味故事 ....

宋代大诗人陆游《记梦》诗云："团脐霜蟹四腮鲈，樽俎芳鲜十载无。塞月征尘身万里，梦魂也复醉西湖。"美食是最能勾起人们思乡之情的媒介。

制作要点 ....

◎裙边焯水后加姜、葱，用高汤煨熟待用。

◎用开水将菜心焯熟加入盐和味精调好味出锅，围在盘子边上待用。

◎将锅子烧热，滑锅放少许油下姜末、蟹粉，煸炒后放入裙边、黄酒、盐、味精、汤略烧，最后加入味精勾芡，装入盘中即可。

甘菹和菌耳，辛膳胹姜芥。烹鹅杂股掌，炮鳖乱裙介。

——［宋］黄庭坚《食笋十韵》

蒜蓉粉丝虾

制作单位

外婆家餐饮集团有限公司

主料

明虾 200 克，龙口粉丝 100 克

辅料

葱花 40 克，红椒末 30 克，生粉 25 克，风肉丝 10 克，蒜蓉酱 8 克，生姜水 20 克

制作要点

◎龙口粉丝冷水浸泡 1 小时至涨起沥干水待用。

◎明虾 20 只加盐、黄酒、生粉上浆排好。

◎龙口粉丝码入盘中打底

◎浆好的明虾整齐码入盘中，加风肉丝，浇上蒜蓉酱、生姜水。

◎放入蒸箱蒸 3 分钟取出，淋葱油汁，撒葱花、红椒末、淋响油即可。

湖上帘须半卷虾，调冰雪藕各名家。

——［宋］陈傅良《袁起严会饮湖上出示古刻酒罢各携桂花以归因成一绝又和》

小贴士

虾能提升血浆中 ATP 的浓度，增进胸导管淋巴液的流量，有补益强壮作用。虾、蟹肉中所含的虾青素是一种类胡萝卜素，有抑制肿瘤，清除自由基，增强免疫力及氧化作用。虾、蟹壳中所含的甲壳素（几丁质）占 14%-25%，具有吸附有毒物质，促进胃肠蠕动，抑制胃酸，抗胃溃疡，调节肠道菌群，降低血清胆固醇等多种功能。

八宝鱼头

①

②

③

④

⑤

⑥

⑦

⑧

主　料 ....

千岛湖鱼头 2000 克

辅　料 ....

基围虾 400 克，海参 500 克，鲍鱼 12 颗
约 350 克，鸡块 75 克　火腿 35 克，杏鲍
菇 150 克，笋片 150 克，水发竹荪 150 克，
鱼圆 12 颗 300 克，小菜心 50 克，葱 50 克，
盐 30 克

制作要点 ....

◎将鱼头洗净。

◎将炒锅置旺火，锅内放入猪油，再将大
鱼头放入油锅内略煎。

◎加料酒、葱、姜，冲入开水，加盖用旺
火沸水滚，使鱼汤跑至呈乳白色，加盐调
味，配上竹荪、海参、火腿、鸡块、基围虾、
鸡腿菇、笋片、鱼圆、绿色素菜等增味。

🍲 **小贴士**

煮鱼头汤的话，不能鱼少汤多；鱼头煎黄
之后，要下温水，最好是用开水，用文火
或者大火熬煮大约 10 分钟左右，这时候
鱼汤才会被煮成奶白色。

共醉流芳独归去，故园高士日相亲。
——［唐］戴叔伦《送吕少府》

外婆鱼头

🐟 杭味故事

清代袁枚《随园食单》："用大连鱼煎熟，加豆腐，喷酱、水、葱、酒滚之。俟汤色半红起锅，其头味尤美。此杭州菜也。用酱多少，须相鱼而行。"

制作单位

外婆家餐饮集团有限公司

主料

包头鱼头半只，800克

辅料

面条300克，老豆腐300克，洋葱50克，盐10克，味精5克，鸡精8克，黄酒15克，姜20克，自制鱼头酱8克，青蒜30克，响油15克

制作要点

◎包头鱼头1个，洗净对开。每份半只，约800-900克。

◎码入盘中，加洋葱、盐、味精、鸡精、黄酒，涂抹在鱼头正反面。

◎加入鱼头酱、生姜水、老豆腐。

◎放入蒸箱蒸12分钟，取出放入焯过水的面条，放入锅内。取出，撒青蒜、红椒圈，淋响油即可上桌。

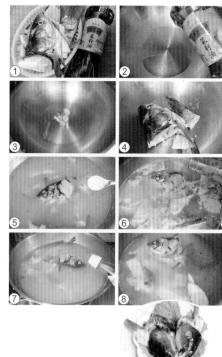

兴来促席唯同舍，
醉后狂歌尽少年。

——〔唐〕王表《清明日登城春望寄大夫使君》

龙井凤尾虾

制作单位

杭州山外山菜馆有限公司

主　料 ·····················•
基围虾 350 克

辅　料 ·····················•
蛋清 30 克，龙井茶叶 3 克，面粉 20 克，盐 3 克

制作要点 ·····················•
◎选用基尾虾，去掉头、壳、沙筋，留尾。
◎将鸡蛋打在碗里，去掉蛋黄，将蛋清、盐和生粉均匀搅拌在一起。
◎用拌匀的生粉给剥好的虾上浆。
◎热锅，放入油，油温至 150℃放入虾，待虾呈红色，成熟时沥去油。
◎将过油的虾和龙井鲜茶叶下锅炒制，即成。

🫐 小贴士

炸虾球如何做到香脆可口？记得一定加少量生抽，这样炸出的颜色好看。因为新油不容易上色，但炸的时间一长虾肉就不嫩，加点生抽炸出的颜色金黄，味道还更好。

选肉必多储胃肾，忌鲜缘不啖鱼虾。
——［宋］陈藻《一古一律贺懒翁宏仲七十》

灌汤鱼球

制作单位

杭州山外山菜馆有限公司

主 料

鲢鱼500克

辅 料

肉皮200克，面包50克，鸡蛋2个，色拉油500克，盐3克，味精2克，葱末5克，姜末10克，蒜片8克

制作要点

◎将鲢鱼去内脏、去骨洗净，取肉，剁成茸。放入盐、葱末、姜末搅拌均匀制成馅料，做成鱼圆待用。

◎面包切粒，将鸡蛋磕入碗中，留清搅散待用。锅内放入肉皮、葱末、姜末、清水烧沸，煮至30分钟，拣去肉皮，留汁放入冰箱冷冻，取出切丁。

◎将面包粒、皮冻丁嵌入鱼圆内，放入烧至六成热的油锅中，炸至金黄色捞出沥油即可。

不妨垂钓坐，时脍小江鱼。

——[唐]张谓《过从弟制疑官舍竹斋》

茶香凤尾虾

供图单位
杭州市餐饮旅店行业
协会

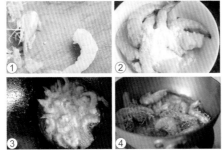

小贴士

在油炸的基尾虾中，加入薄荷叶可以激发虾肉的鲜美度。

主 料

基尾虾 300 克

辅 料

薄荷叶 30 克，茶油 10 克，盐 5 克

制作要点

◎ 选用鲜活的基围虾，洗净。
◎ 将基围虾腌制，放入油锅中炸酥出锅。
◎ 将薄荷叶和炸好的虾用茶油一起装盒即可。

不作十日别，烦君此相留。雨余江上月，好醉竹间楼。

——［唐］戴叔伦《夏夜江楼会别》

脆皮鱼尾

制作单位

杭州山外山菜馆有限公司

主 料

千岛湖鱼尾 650 克

辅 料

料酒 30 克，味精 5 克，盐 8 克，渍水 20 克，面粉 20 克，生粉 20 克

制作要点

◎选用有机鱼的鱼尾，剞花刀，放入容器中。

◎面粉、生粉搅成糊。

◎加料酒、盐、味精腌渍，挂糊。

◎将鱼尾全身滚住后，入大油锅内，炸至金黄色取出入盘内，浇入渍水即可。

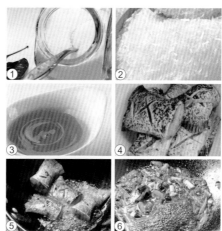

🌶 小 贴 士

炸可使成品达到外脆里嫩的效果，而且有利于原料上色。炸有很多种，干炸是指将原料腌制入味后再蘸干粉或挂糊炸制；吉利炸是指将原料腌制后做成一定的形状，然后蘸面包糠等原料再入油炸；包卷炸是指将人味的原料用紫菜、蛋皮、面包面等辅料包裹起来，然后再挂糊炸制；余炸是指将原料放在温油中慢慢地炸熟；浸炸是指将腌制好的原料放人旺火热油中，然后马上关火，用余热将其炸制成熟。

看尔动行棹，未收离别筵。

———〔唐〕于良史《江上送友人》

土烧鱼头

2019 杭州厨神争霸赛·千岛湖鱼头王争霸赛
拱墅区专业组冠军

供图单位

杭州电视台

主 料 ··

千岛湖鱼头 2000 克

辅 料 ··

辣椒 15 克,料酒 15 克,盐 15 克,味精 8 克,
白糖 4 克,葱花 8 克,姜 5 克

制作要点 ··

◎ 将鱼头切块。

◎ 爆香蒜子、生姜和少许辣椒后,将鱼头
块下锅炒至半熟。

◎ 加入自制黄豆酱和芋艿,加开水烧至鱼
头成熟,入味。

◎ 烧热砂锅,洋葱丝、番茄块打底,倒入
烧热的鱼头,用砂锅煲着,上桌!

🍊 小贴士

鱼头挑选时要以鲜活、鱼体光滑、整洁、
无病斑、无鱼鳞脱落的为佳。将鱼头剖洗
干净后抹少许食盐腌渍 4 小时,春秋季可
放存一周时间,冬天则更长。鱼头适用于
烧、炖、清蒸、油浸等烹调方法,尤以清蒸、
油浸最能体现出鱼头清淡、鲜香的特点。

江南可采莲,莲叶何田田。鱼戏莲叶间。鱼戏莲叶东,
鱼戏莲叶西,鱼戏莲叶南,鱼戏莲叶北。

——〔汉〕佚名《江南》

沙丹妮虾球

制作单位

杭州朝晖冠江楼餐饮
有限公司

主 料 ·······················•
虾仁 400 克

辅 料 ·······················•
天妇罗颗粒 100 克，沙拉酱 100 克，盐 5
克

制作要点
◎将虾仁搅碎调味。搅打上劲，成虾茸。
◎虾茸做成球型粘上天妇罗颗粒入 200℃
的油温中炸至金黄，炸酥，裹上沙拉酱即可。

 小贴士

虾和果汁同食容易导致腹泻。虾皮和黄豆
同食易造成消化不良。

草市鱼虾贱，园家芋栗肥。
　　——［宋］刘克庄《神君歌十首》

一品开背虾

制作单位

杭州新白鹿餐饮管理
有限公司

主 料 ·································

明虾 150 克

辅 料 ·································

青椒丁 15 克，蒜末 150 克，红椒丁 5 克，
生抽 10 克

制作要点 ·······························

◎处理干净的鲜虾背部切开，去除虾线，
做成开背虾的形状。取蒸盘，放入处理好
的鲜虾，摆好造型。

◎用油起锅，爆香 80 克蒜末，倒入青红椒
丁，炒匀，浇在虾上，再倒入 70 克蒜末。

◎备好电蒸锅，烧开水后放入蒸盘，盖上盖，
蒸约 8 分钟。

◎断电后揭盖，取出蒸盘，趁热淋上生抽
即可。

 小贴士 ·······························

虾切好后，应用淡盐水浸泡一会，这样才
能有效去除脏物，有利于饮食卫生和人体
健康；单纯蒸虾时，蒸好后的虾上撒上少
许葱花，可以增加香味。

好事官人无勾当，呼童上岸买青虾。
———［宋］文天祥《即事》

233

三鲜烩鱼圆

杭味故事

鱼圆以千岛湖鳙鱼
为主料，去鲜鱼之
刺皮，刮剁其鱼肉
至泥酱状，加一定
比例食盐用标枪做
成鱼面，其味鲜美，
色泽艳，虽是鱼，
但食之滑嫩，实乃
一绝。

制作单位

杭州新开元大酒店有
限公司

主　料

鱼茸 150 克，虾仁 30 克

辅　料

鱼面筋 20 克，木耳 10 克，胡萝卜 10 克，
白菜 20 克，盐 5 克

制作要点

◎ 将鱼茸挤成圆形。
◎ 木耳用水泡发后处理干净，用手撕成小
　块。
◎ 白菜切块，鱼丸和鱼面筋一切为二，胡
　萝卜切片。
◎ 锅里放油煸炒胡萝卜，白菜块断生至软。
◎ 放入木耳、鱼丸、虾仁等，加盐、鸡粉，
　少许水煮至入味。

小贴士

鱼圆又称鱼丸，是圆球形鱼糜制品。日本
的鱼糜制品以鱼糕为代表，而我国的鱼糜
制品则以鱼圆为代表。鱼圆有水发（水蒸、
水煮）和油炸之分，按其配料方法有夹馅
鱼圆、无馅鱼圆，还有多淀粉和少淀粉鱼
圆区别，一般配菜或煮汤时使用较多。

绕池闲步看鱼游，正值儿童弄钓舟。
　　　　　　——［唐］白居易《观游鱼》

红烧清溪石斑鱼

制作单位

杭州金港大酒店

 杭味故事

清代袁枚《随园食单》记载："斑鱼最嫩，剥皮去秽，分肝、肉二种，以鸡汤煨之，下酒三份、水二份、秋油一份。起锅时，加姜汁一大碗、葱数茎以去腥气。"童岳荐《调鼎集》中记有"脍斑鱼肝"："（斑）鱼肝切丁，石膏豆腐打小块。另将豆腐、火腿、虾肉、松子、生脂油一并削绒，入作料，肝丁、豆腐块一同下锅，鸡汤脍，少加芫菜。"

主　料

石斑鱼 500 克

辅　料

生姜 3 片，大蒜 10 克，红椒 30 克

制作要点

◎将石斑鱼剖肚，洗杀干净。

◎锅烧热倒入油，将石斑入油锅炸至结壳即捞出。

◎锅内倒入少许底油，倒入姜、蒜烩锅焗香，倒入石斑鱼，而后加入秘制烧鱼红汤烹制即可出锅。

当轩置尊酒，送客归江城。

——［唐］卢纶《送顾秘书献书后归岳州》

小贴士

石斑鱼是山里人对小溪里有花纹的鱼的统称，他们会用"山涧无鱼，石斑为大"来讽刺一些不知山外有山、浅薄自大的人。

铜盆河虾

制作单位

杭州新开元大酒店有限公司

主 料

河虾 700 克

辅 料

葱、姜各 10 克，洋葱 50 克，豉油 20 克，盐 5 克

制作要点

◎河虾洗净捞出。

◎油锅内加入河虾、葱、姜、洋葱、豉油、盐翻炒出锅即可。

上市鱼虾村店酒，带花菘芥晚春蔬。
　　　　　——〔宋〕杨万里《宿横冈》

 **杭味故事**

杭州作为大运河沿线重要城市，是一座因运河而生的城市。运河沿线的杭州人，素有捉虾进食的传统。如《笼虾》这首诗，记载了杭州人日常食虾的市井生活图景："羡煞栖溪秋水澄，笼虾编竹几层层。扁舟放去芦三尺，凉夜捞来月半棱。市早却宜沿岸卖，食鲜共喜执筐承。碟须佐酒须姜醋，可让持螯风味曾。"

两头一螺

🐟 **杭味故事**

千岛湖鳙鱼头和清水螺蛳是千岛湖名食材，金峰猪头则是千岛湖特色食材，两头一螺鱼头的肉质，渗透了螺蛳的鲜味，提鲜极致，味浓而且有色香，可谓是千岛湖湖鲜的极品。

供图单位

杭州市餐饮旅店行业协会

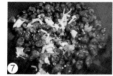

① ② ③ ④ ⑤ ⑥ ⑦ ⑧

主料

鱼头 1500 克，卤猪头肉 150 克，螺蛳 500 克

辅料

自制酱料 250 克，姜 10 克，菜胆 12 棵，红椒 10 克，京葱 5 克，胡椒粉 3 克，盐 6 克，味精 8 克，猪油 50 克

制作要点

◎鱼头洗净劈成两半，沥干水，猪头肉切片，螺蛳洗净。

◎锅烧热注油，入鱼头煎至金黄加入姜、蒜片、料酒去腥后，加入开水大火烧 20 分钟，待汤收浓移入砂锅。

◎另起锅，加少许油，入姜、蒜、酱料爆香，投入螺蛳煸炒约 2 分钟，倒入鱼头砂锅炖10 分钟调好味。

◎再将卤好的猪头肉、菜胆码入锅，撒上胡椒粉，点缀京葱、红椒丝，炖开即可。

皎洁无瑕清玉壶，晓乘华幰向天衢。

——［唐］卢纶《送崔郐拾遗》

海参豆腐

制作单位

蓝钻国际城堡酒店

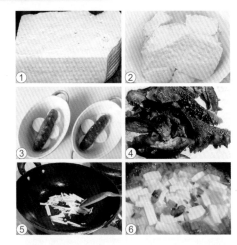

主 料

豆腐 500 克，海参 100 克

辅 料

熟猪油 10 克，姜 5 克，酱油 15 克，黄酒 10 克

制作要点

◎豆腐过水。

◎锅上火放入色拉油，猪油、姜炒出香味，放入豆腐、海参，其次投入酱油、黄酒等其他调味品。

◎小火慢炖片刻，大火收汁即可。

谢守通诗宴，陶公许醉过。

——〔唐〕卢纶《送宁国夏侯丞》

小贴士

海参是高蛋白、低脂肪、低胆固醇的代表食物之一。海参多糖具有修复再生功能，可修复受损和失去活力的胰岛细胞，激活胰岛细胞的分泌和再生功能，增加胰岛分泌量，使胰岛功能逐渐恢复。

在水里加勺盐，煮沸，下干豆腐焯一下，可去除干豆腐的豆腥味，而且这样后干豆腐会更加劲道。

商公鱼头

杭味故事

商辂是淳安人，明正统十年（1445）状元夺魁，他回乡探亲时家人就作乡情菜招待，据说共有上百道菜肴和上百种调料，都取自于淳安山珍湖鲜，称"百菜百味"，商公鱼头就是其中一味。

供图单位

淳安县千岛湖烹饪餐饮行业协会

制作要点

◎ 将黄豆洗净炖熟，火腿、蒜、姜切片，菜胆洗净焯水。

◎ 取净鱼头，沥干水加入盐、糖、料酒、胡椒粉腌制 10 分钟。

◎ 锅入猪油，下鱼头煎至两面金黄，投入姜、蒜、料酒，加入黄豆、沸水用旺火烧熟。

◎ 移入砂锅，调好味，再排放好火腿片、菜胆，将砂锅移到小灶炖 5 分钟，上桌前点缀葱丝即可。

主 料

鱼头 2000 克

辅 料

火腿 25 克，水发黄豆 25 克，葱 5 克，菜胆 8 棵，蒜 10 克，姜 5 克，盐 10 克，猪油 100 克，料酒 15 克

窗含远色通书幌，鱼拥香钩近石矶。

—— ［唐］李贺《南园十三首》

水产类一

239

农夫凑一锅

制作单位

杭州油盐酱醋小餐厅

主 料

鲫鱼 250 克，泥鳅 100 克，田螺 100 克，江虾 100 克，江蟹 125 克

辅 料

植物油 50 克，葱 10 克，姜 10 克，八角 5 克，干辣椒 15 克，香叶 5 克，精盐 3 克，生抽 3 克，老抽 3 克，糖 5 克

制作要点

◎ 将鲫鱼、泥鳅、田螺、江虾、江蟹等食材洗净备用。

◎ 鲫鱼经过油煎，加入清水和其他主要食材以及姜片、干辣椒、葱段等配料。

◎ 中火烧 15-20 分钟左右，即可食用。

今朝溪女留鲜鲫，洒扫茅檐旋置樽。

—— ［宋］陆游《偶得双鲫》

 小贴士

煮是将原料放入水中加热成熟的烹饪方法。煮和炖有相似之处，但煮的时间要比炖短。煮可分为油煮、白煮等多个种类。油煮并不是用油去煮，而是指原料经过煎、炒、炸等初步熟处理以后，再加入汤汁煮；白煮则是将生料直接放入水中加热成熟。

秘制春江鱼头

杭州旅游推荐菜品

制作单位

花果山庄

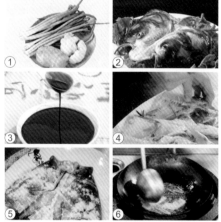

主料

鱼头 750 克

辅料

大蒜子、剁椒、生姜各 30 克，料酒 15 克，酱油 10 克，葱花 15 克

制作要点

◎ 把大蒜子切片和剁椒一起用菜油炒熟放一边。

◎ 把一劈两半的鱼头放入 50℃ 的水里焯一下水，捞起后放入盘子中。

◎ 鱼头上放入料酒、炒过的剁椒及大蒜片、生姜及酱油。

◎ 放入大蒜叶和葱花香菜、青椒，再入小半勺熬过的菜油淋在鱼头上。蒸 20 分钟即可上桌。

杭味故事

据传鱼头菜的起源是因为一户农家捕捞了一条大鱼，但是由于体型过大，于是将鱼头切开辅以佐料清蒸，味道意外的好。随后到了近现代，鱼头的文化不断地在沿海地区扩散，并形成了当今独特的鱼头菜。

葳蕤凌风竹，寂寥离人筋。
——[唐]李益《城西竹园送裴佶王达》

文武富春江大白鲈

制作单位

富阳国际贸易中心大酒店

主料

鲜活富春江大白鲈 750 克

辅料

五花肉 30 克，咸肉 30 克，蚝油 15 克，酱油 20 克，料酒 10 克，蒜末 3 克

制作要点

◎选用鲜活的富春江大白鲈，剖洗干净后，用刀切成块。

◎将五花肉和咸肉切成片。

◎将蚝油、酱油、料酒、蒜末、五花肉片和鲈鱼块放入一碗，搅拌均匀，将五花肉片和鱼块略微腌制，和五花肉、咸肉片一起放入蒸箱。

◎蒸好后，将鱼摆放盘，五花肉片夹在鱼段内，咸肉片摆放在鱼段上，即可。

杭味故事

传闻西晋八王之乱时，出仕洛阳的吴郡张翰以思念家乡的鲈鱼脍为借口，离开了洛阳这一片是非之地。《晋书·张翰传》记载：人生贵在适志，何能羁宦数千里以要名爵乎！遂命驾而归。

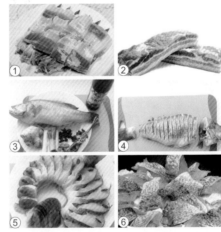

江上往来人，但爱鲈鱼美。

——〔宋〕范仲淹《江上渔者》

双椒鱼头

双椒鱼头又名"红运当头"。相传唐中宗（李显）被流放于房州时，一日夜宿农家，女主人用大鱼头与剁碎的辣椒和大段的葱同蒸，肥而不腻，口感软糯，咸鲜微辣，李显赞不绝口，并取名为"剁椒鱼头"。

供图单位

淳安县千岛湖烹饪餐饮行业协会

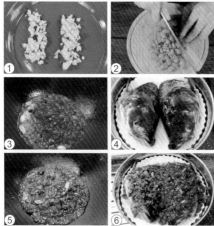

主 料

淳牌有机鱼头 1500 克

辅 料

剁青、红椒各 50 克，姜 8 克，蒜 10 克，葱 10 克，盐 8 克，鸡精 3 克，猪油 25 克，料酒 20 克

制作要点

◎将鱼头洗净斩成两半，青红剁椒和葱切碎，姜块切末，蒜剁细。

◎将鱼头放入盘抹上油，撒上剁椒、姜、盐、料酒，放入蒸箱蒸 20 分钟。

◎取出后放入葱，再将炒锅置火上放油烧至七成热，淋在鱼头上即可。

水为乡，蓬作舍，鱼羹稻饭常餐也。

——〔唐〕李珣《渔歌子·楚山青》

翻背泥鳅

制作单位
杭州市王益春中式烹
调技能大师工作室

主 料 ··

土泥鳅 500 克

辅 料 ··

老姜 8 克，葱 8 克，蒜 5 克，干红椒 6 克，
胡椒粉 5 克，料酒 1 勺，味精 4 克，盐 8 克，
醋 1 勺，酱油半勺

制作要点 ··

◎将泥鳅剖杀清洗干净，用刀敲泥鳅背部直
至成拱形。

◎起锅烧热油，下姜、蒜、干辣椒爆香，泥
鳅煸炒至两面金黄。

◎烹入料酒、适量水和调料，转中小火焖烂
熟透入味。

◎起锅前撒入青红椒和胡椒粉。

 杭 味 故 事

古人有言："天上的斑鸠，地下的泥鳅。"。
其因为味道鲜美，营养丰富，也有"水中
人参"的美誉。

把酒留君听琴，难堪岁暮离心。

—— [唐]卢纶《送万巨》

春江白鱼狮子头

制作单位

浙江南国大酒店

主料

大白鱼 750 克，肥膘 100 克

辅料

葱、姜各 20 克，菜心 30 克，枸杞 10 克，蛋清 30 克，生粉 20 克，盐 3 克

制作要点

◎白鱼洗净取净肉，改刀成粒状，肥膘肉改刀成粒状，两种原料放入碗中，加葱、姜、水、蛋清、生粉、调味料，搅打上劲备用。

◎锅入水烧沸，将搅打好的白鱼肉挤成狮子头形状，裹上水淀粉，下入开水中养至成熟。

◎将烧熟的白鱼狮子头盛入调好味的清汤中，点缀焯过水的小菜心和枸杞即可。

杭·味·故·事

狮子头是我国的一道传统菜肴，相传隋炀帝时就出现了它的前身——葵花斩肉，唐代时其名字就改为了"狮子头"。清代文人徐珂的《清稗类钞》中有记述："狮子头者，以形似而得名，猪肉圆也。猪肉肥瘦各半，细切粗斩，乃和以蛋白，使易凝固，或加虾仁、蟹粉。"

金鼎调和天膳美，瑶池沐浴赐衣新。

——［唐］王建《上李吉甫相公》

山居鱼头

制作单位

蓝钻国际城堡酒店

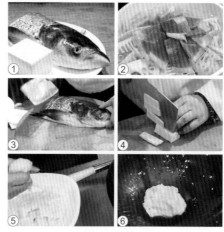

主料

鱼头 1000 克

辅料

豆腐 400 克, 八角丝瓜 100 克, 火腿、笋
片、生姜各 30 克, 盐 8 克

制作要点

◎将鱼茸与豆腐加入适量盐打上劲做成豆
腐丸子备用。

◎热锅下入三和油 (猪油、菜油、鸡油),
放入生姜、笋片、火腿片、少许盐, 下鱼
头煎透, 翻一面煎至金黄。

◎喷入 1 勺黄酒, 随后注入足量的豆浆,
加盖大火持续烧 8 分钟。

◎下入野菜馄饨、豆腐丸子文火再煮 3 分钟。

◎加入少许盐调味即可。

🌶 小贴士

鱼鳃如果是鲜红色的说明鱼是比较新鲜
的, 如果暗黑则说明已经存放了一段时间;
鱼眼睛如果已经不水润、凹陷泛白等都是
不新鲜的鱼头; 新鲜鱼有一股鱼腥味, 但
是时间久的鱼会伴有淡淡的臭味; 如果剩
余鱼肉部分有弹性则说明鱼肉新鲜, 反之
可能是保存较久的鱼头; 如果鱼头的价格
过低, 说明是不新鲜急于销售的; 还需根
据食用人数的多少进行大小的挑选。

日里扬帆闻戍鼓, 舟中酹酒见山祠。

—— [唐] 卢纶《送杨暕东归》

清蒸甲鱼

制作单位

运河渔歌电子商务有
限公司

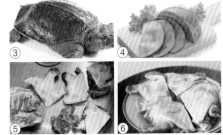

主料

甲鱼 500 克

辅料

火腿 50 克，干香菇 25 克，小葱 10 克，
生姜 10 克，白糖 5 克，料酒 30 克，精盐
10 克，蒜头 5 克，熟猪油 15 克

遗语谢世俗，钓鱼当钓鳌。
——［宋］苏辙《和子瞻凤翔八观·真
兴寺阁》

制作要点

◎甲鱼宰杀洗净待用，干香菇冷水泡发待
用，火腿洗净切方形，小葱洗净打葱结，
生姜切片，蒜头洗净。

◎将甲鱼肚皮朝上放入大碗中，把葱结塞
入甲鱼肚中，放上姜片、蒜头，倒入料酒，
撒上火腿粒、盐、鸡精、白糖。

◎锅内加水煮沸，放入甲鱼盖上锅盖蒸煮，
打开锅盖，甲鱼尾巴上的肉掉落即证明已熟
透，出锅，用筷子将甲鱼翻身，上桌。

小贴士

甲鱼宰杀方法：准备好 1000 克 80℃清水，
将甲鱼放入热水中烫晕，捞出甲鱼用手搓
去角质，再用剪刀从尾巴一直剪到脖子，
然后横剪一刀将腹部剪成十字刀口，去除
内脏；再剪开食道，去除杂物和牙齿，剪
除喉管；最后去除内部四肢上的黄色脂肪
并沿脖子剪开。

游龙戏珠

制作单位

蓝钻国际城堡酒店

主 料

小青龙 1 只 60 克

辅 料

芦笋、白果、红椒片各 20 克

制作要点

◎ 小青龙去头尾取肉，虾肉上粉炸制成虾球备用。

◎ 芦笋、白果制成小炒装盘。

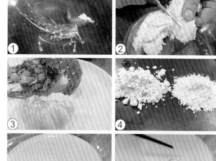

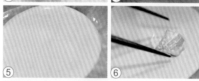

调膳过花下，张筵到水头。

——［唐］李端《送魏广下第归扬州宁亲》

 小贴士

挑选小龙虾时，先看皮色，老的小龙虾颜色红得发黑或红中带铁青色，青壮的小龙虾则有一种自然健康的光泽，应当购买青壮的小龙虾。其次应该摸软硬，用手碰碰虾壳，铁硬的是老的，像指甲一样有弹性的才是刚长大换壳的，要尽量购买软壳的小龙虾。小龙虾的烹饪时间一定要足够，一般不能小于 20 分钟，烹饪时间不够的话，是有卫生安全隐患的。

火踵炖黄鳝

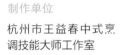

桐庐传统滋补名菜

制作单位

杭州市王益春中式烹调技能大师工作室

主料

土黄鳝 400 克，火踵 10 克

辅料

菜心 20 克，青红椒 5 克，胡椒粉 5 克，味精 5 克，老姜 5 克，料酒 10 克，精盐 7 克，白糖 5 克，笋干 12 克

制作要点

◎黄鳝斩杀洗净，用刀敲扁黄鳝背部，刀块成形。

◎起锅下油，投入老姜煸香，下黄鳝煸干水分。

◎放入火踵、笋干及调料，加高汤，旺火烧开后转中小火炖至奶白色。

◎最后撒上胡椒粉，放上菜心出锅。

小贴士

鳝鱼体内含组氨酸较多，鳝鱼死后，其体内的组氨酸迅速分解为有毒的物质——组胺，因此宜现杀现烹。挑选鳝鱼时，以表皮柔软、颜色灰黄、肉质细致、闻起来没有臭味的为佳。黄鳝体内长存在寄生虫，因此在烹制黄鳝时要将黄鳝炒熟炒透，以免让寄生虫存活下来。

西塞无尘多玉筵，貔貅鸳鹭俨相连。

——［唐］杨巨源《邵州陪王郎中宴》

青椒黄鳝

制作单位

杭州市王益春中式烹调技能大师工作室

主 料

净黄鳝 350 克

辅 料

青椒 5 克，姜 5 克，蒜 5 克，精盐 8 克，味精 4 克，生抽 10 克，胡椒粉 5 克，醋 5 克，小米辣 4 克

制作要点

◎将黄鳝斩杀并清洗干净，用干净抹布按住黄鳝在其背部横刀，再切成寸段。

◎锅中放油烧热，倒入黄鳝不断煸炒至表面呈微黄色，倒入姜、蒜略炒，加入适量的水和调料，盖上盖焖煮约 10 分钟，开盖收汁，撒上胡椒粉即可。

🍂 小贴士

黄鳝是一种低脂肪的食物，不饱和脂肪酸的含量非常丰富，尤其是 EPA 和 DHA，其抗氧化能力很强，有保护胰岛细胞的作用。黄鳝还富含磷脂酰胆碱，磷脂酰胆碱可促进肝细胞的活化和再生，增强肝功能，从而有效降低糖尿病并发脂肪肝等疾病的患病率。春季黄鳝肉质细嫩，想吃鳝肉的朋友最好是在春天时吃。鳝鱼虽然好吃，但一次不要多吃，且糖尿病患者、患有瘙痒性皮肤病的人群，或肠胃不好的人群，要忌食黄鳝。

四时篁有笋，两岸鳝多鱼。

——［宋］陈藻《建剑风土》

鱼头泡饼

🐟 杭味故事

泡饼也有一个别名——气饼，因为它的形状中空鼓起，成泡状，中间有空气而得名。其用豆面与小麦粉混合后制成，出锅沥干油后即可食用，有色泽金黄、酥脆可口等优点。

供图单位

淳安县千岛湖烹饪餐饮行业协会

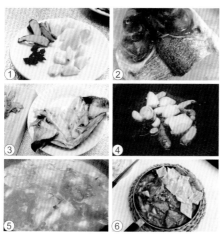

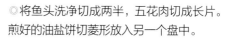

主料

鱼头 1500 克，泡饼 100 克

辅料

五花肉 250 克，干辣椒 10 克，葱、姜、蒜各 5 克，盐 5 克，醋 3 克，糖 3 克，炒酱料 150 克（酱、甜面酱、番茄酱、海鲜酱 1∶1∶1∶1 调匀），鸡精 3 克，花椒 15 颗，生抽 10 克，料酒 15 克，猪油 50 克

制作要点

◎将鱼头洗净切成两半，五花肉切成长片。煎好的油盐饼切菱形放入另一个盘中。

◎香葱切成 2 厘米的葱段，姜切片，放入碗中待用。

◎炒锅中倒入食用油，将油烧至六成热，把鱼头下锅，炸至金黄色，捞出控净油。

◎炒锅内重新加油，把切好的五花肉片放入，再把切好的葱、姜、蒜、辣椒等加入锅内一起炒香，然后加入生抽、酱料等炒出香味。

◎把炸好的鱼头放入，加入适量的老汤和盐，大火烧开改小火焖 20 分钟左右移至砂锅。

◎把切好的油盐饼放在盘的一侧，加入鸡精，撒上切好的香葱段即可。

浇酒向所思，风起如有灵。

——［唐］王建《主人故亭》

上汤螺蛳

制作单位

杭州市王益春中式烹调技能大师工作室

主 料

青螺 500 克

辅 料

高汤 100 克，青红椒 10 克，葱 10 克，姜 10 克，蒜 10 克，精盐 5 克，白糖 5 克，香醋 10 克

制作要点

◎青红椒，老姜，蒜，螺蛳洗净备用。

◎热锅下油，待油温七成热时，放入葱白，姜，蒜爆香，倒入螺蛳翻炒，加糖少许，料酒烹香，加少许盐，入高汤适量，翻炒焖锅入味，出锅装盘。

杭味故事

杭州有句老话叫"螺蛳壳里做道场"，意思是在狭窄简陋处做成复杂的场面和事情。相传当年，秦桧以"莫须有"的罪名把抗金名将岳飞父子和女婿张宪杀害。狱卒隗顺，为保全忠臣尸骸，冒险收尸，并把他们偷偷埋在螺蛳壳堆里。原来，在钱塘江边，有不少穷人靠螺蛳为生。他们在小河边支起锅，将螺蛳倒入沸水中煮熟，然后用弯针挑出螺蛳肉，晒干出卖，日积月累，废弃的螺蛳壳在河边越积越厚，因此便有了"欲觅忠臣骨，螺蛳壳里寻"的说法。

汉礼方传珮，尧年正捧觞。

——［唐］李竦《长至日上公献寿》

新版酸菜鱼

🐟 杭味故事

酸菜是一种历史悠久的食材。在《周礼》之中就有其大名，《诗经·信南山》中记载："中田有庐，疆场有瓜，是剥是菹，献之皇祖。"其中的"菹"即为酸菜。

供图单位

杭州电视台

克，小米椒汁水 5 克，白醋 5 克，生粉 10 克，花椒油 30 克

制作要点

◎姜、蒜切小片，青红椒切小段，鱼批片，鱼骨斩块。

◎鱼片加盐、味精、胡椒粉、生粉腌制上浆待用。

◎黄豆芽焯水至熟装碗待用，花蛤与鱼片也分别焯水至熟待用。

◎鱼骨、姜蒜片、酸菜煸炒加水 700 克左右、加入上述调味料及小米椒大火煮 3-5 分钟左右。

◎将煮好的汤放入装豆芽的碗内、鱼片和花蛤放上面青红椒用花椒油煸炒一下盖上即可。

主 料

鲈鱼或黑鱼一条，黄豆芽 50 克，花蛤 100 克，酸菜 50 克，小米椒 5 颗，青，红小尖椒若干，姜 5 克，蒜 5 克

辅 料

盐 3 克，味精 3 克，胡椒粉 3 克，料酒 20

最爱芦花经雨后，一篷烟火饭鱼船。
——［宋］林逋《咏秋江》

清蒸毛蟹

制作单位

杭州市王益春中式烹调技能大师工作室

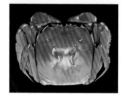

主 料

毛蟹 1000 克

辅 料

姜末 10 克，香醋 100 克

制作要点

◎将毛蟹清洗干净，用细棉线捆绑好。

◎放水大火煮开后上笼蒸 10 分钟即可，吃时蘸姜末，香醋。

晨杯斗戟江莼滑，夕俎供糖渚蟹肥。

——［宋］宋祁《寄叶兵部》

小贴士

蒸是一种常见并且很重要的烹调方法，其原理是将原料放在容器内，以蒸汽为导体，用旺火或中火加热，使调好味的原料成熟或酥烂入味。其特点是保留了菜肴的原形、原汁、原味。常见的蒸法有干蒸、清蒸、粉蒸等几种。清蒸为蒸法之一，多用于烹制口味清淡、质地松软细嫩的菜肴。原料放入容器内，加调料，再酌加汤汁，用大火或中火蒸制。代表菜有萝卜蒸牛肉、清蒸草鱼段等。

清蒸毛鲚鱼

> 桐庐特色传统名菜

制作单位
杭州市王益春中式烹调技能大师工作室

① ② ③ ④ ⑤ ⑥

主 料
毛鲚鱼 750 克

辅 料
火腿片 20 克，精盐 7 克，老姜 10 克，葱10 克，鸡油 15 克

制作要点
◎ 用筷子从鱼鳃两面插入鱼肚中，双手紧捏筷子旋转几圈后，边转边拉，将鱼鳃和内脏全部拉出。
◎ 清洗好的鱼完整如初，加葱段，姜片，火腿片，鸡油放入蒸箱蒸 6 分钟左右。
◎ 将盘中的汁水倒入锅中，入勾薄芡调味，淋在鱼上即可。

🥑 小贴士

毛鲚鱼，即刀鱼。新鲜刀鱼体光滑、整洁、无病斑，鳍条完整，无鱼鳞脱落；眼睛略凸，眼球黑白分明。如果发现表面非常亮的刀鱼，用手指在鱼身上轻轻滑过，若会沾上银色物质，且很难洗掉，则为染色刀鱼；正常的刀鱼鱼鳃和鱼嘴部位颜色不是银色的。新鲜刀鱼有一种天然的鱼腥味，不新鲜的鱼则有臭味或其他刺鼻的气味。

已见杨花扑扑飞，鮆鱼江上正鲜肥。早知甘美胜羊酪，错把莼羹定是非。
—— ［宋］梅尧臣《邵考功遗鮆鱼及鮆酱》

汤爆黄蚬

桐庐特色传统名菜

制作单位

杭州市王益春中式烹调技能大师工作室

① ② ③ ④ ⑤ ⑥

主 料

黄蚬 500 克

辅 料

老姜 8 克，干辣椒 6 克，精盐 8 克，胡椒粉 5 克，醋 1 勺，味精 4 克

制作要点

◎黄蚬加菜籽油在清水中活养一天，捞出洗净。

◎起锅烧热油，下姜，蒜，干辣椒爆香。

◎下黄蚬爆炒片刻，加料酒和适量水。

◎等水开时，放入调料出锅。

始疑有仙骨，炼魂可永宁。

何事逐豪游，饮啄以膻腥。

——〔唐〕李益《罢秩后入华山采茯苓逢道者》

  **小贴士**

黄蚬富含蛋白质、脂肪、多种维生素及钙、铁、磷等多种矿物质。蚬肉中含有微量的钴，对维持人体造血功能和恢复肝功能有较好的效果，尤其适宜目黄、湿毒脚气、疔疮痈肿等病症者食用。但是，患有脾胃虚寒、寒性气管炎、风寒感冒等病症者不宜食用黄蚬；月经来潮时期、产后恢复期的妇女不宜食用；蚬肉不能与芹菜一起食用。

红烧船钉鱼

桐庐特色传统名菜

杭味故事
船钉鱼在桐庐各地叫法不尽一致。一说形似钉，一说喜欢跟在船底下（盯着船叫船盯鱼），一说形似棍子叫棍子鱼，还有叫做"策杖"的名称。

制作单位

杭州市王益春中式烹调技能大师工作室

① ② ③ ④ ⑤ ⑥ ⑦ ⑧

主 料
野生船钉鱼 500 克

辅 料
青红椒 10 克，姜 8 克，蒜 8 克，葱 8 克，精盐 8 克，酱油 10 克，白糖 4 克，料酒 10 克，味精 4 克

制作要点
◎将船钉鱼去鳞，刮内脏洗净后，起锅烧热下油，倒入船钉鱼煎至两面金黄。

◎炒锅烧热加少许油，投入姜、蒜煸香，再放入煎好的鱼，调入料酒、酱油、辣椒，加水。

◎烧开后改中火炖至汤浓收汁，撒上香葱末即可。

小贴士
煎鱼之前，将锅洗净、擦干，然后把锅置于火上加热，放油。待油很热时转一下锅，使锅内四周均匀地布上油，然后把鱼放入锅内，鱼皮煎至金黄色时翻动一下，再煎另一面。注意油一定要热，否则，鱼皮就容易粘在锅上。

卖得鲜鱼二百钱，米粮炊饭放归船。
——［清］郑板桥《渔家》

干烧子陵鱼

桐庐特色传统名菜

制作单位

杭州市王益春中式烹调技能大师工作室

① ② ③ ④ ⑤ ⑥ ⑦ ⑧

主 料

子陵鱼 200 克，肉末 30 克

辅 料

青红椒碎 8 克，姜末 5 克，蒜末 5 克，酱油 10 克，精盐 8 克，味精 4 克，香辣油 10 克，料酒 10 克，醋 10 克

制作要点

◎ 子陵鱼挑洗干净，控干水分，下油锅炸至浮起即可捞出。

◎ 起锅留少许热油，下肉末，姜末，蒜末煸炒出香味，投入子陵鱼，加调料略烧，起锅淋上香辣油，香醋出锅装点即可。

杭味故事

子陵鱼仅产于新安江上的七里泷，相传东汉严子陵曾垂钓于此。刘秀请其进京辅佐国事，严子陵推辞再三，他对来人说："麻烦请转告皇帝，钓鱼之人何需锦袍玉带！"说罢，随手撕了锦袍玉带向富春江抛去，刚接触江水就变成了一尾尾像银针似的小鱼。后人感其诚，称之为子陵鱼。

村童近去嫌腥食，野鹤高飞避俗人。

—— [唐] 王建《从军后寄山中友人》

桐江醋鱼

桐庐传统官宴菜

制作单位

杭州市王益春中式烹
调技能大师工作室

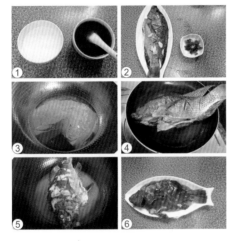

主 料

富春江鳊鱼或白鱼 750 克

辅 料

老姜5克,葱5克,精盐10克,料酒20克,
白糖5克,香醋60克,酱油60克,猪油
20克,水淀粉200克。

制作要点

◎将鱼去鳃洗净后,由尾部入刀将鱼劈成
两片备用。

◎放上葱、姜、料酒和适量的精盐,上笼
蒸至断生,出笼捡去姜、葱,倒去汤汁。

◎起锅加适量水,放入姜末、白糖、酱油、
香醋,用水淀粉勾芡,加适量猪油,烧热
后淋浇在鱼上即可。

一春鱼鸟无消息,千里关山劳梦魂。

——〔宋〕秦观《鹧鸪天》

小贴士

烹制"桐江醋鱼"的鱼,一般都要选择2
公斤以上的新鲜鱼,取其雌片,刚好烹
制一大盘菜肴,而雄片则用来烹制"红
烧鱼块"。"桐江醋鱼"这道菜肴的肉
质极为鲜嫩,它可以嫩到连筷子都无法
夹起的程度,酸中带甜,细品会有隐隐
的蟹香味,别有风味特色。

一剑霜寒

制作单位
钱王家宴

主 料

石斑鱼 13 条 800 克

辅 料

盐 5 克，葱、姜、蒜各 5 克，料酒 10 克

制作要点

◎取 13 条临安石斑鱼，洗净，去骨。

◎用盐、姜、蒜切末，与料酒混合搅拌，均匀涂抹在石斑鱼身，进行腌制。

◎锅内加色拉油，至 4 成热时，将腌制好的石斑鱼依次放入，炸脆，取出，沥干油分。

◎将炸好的石斑鱼摆成金鲤跃龙门的造型即可。

杭味故事

钱镠晋封为吴越王时，有兰溪名僧贯休献诗曰："满堂花醉三千客，一剑霜寒十四州。"此菜用石斑鱼十三条簇拥一金鲤，摆鱼跃龙门造型，象征王者风范，取其意境称为"一剑霜寒"。

石斑鱼鲊香冲鼻，浅水沙田饭绕牙。

——［唐］李频《及第后还家过岘岭》

钱王射潮

制作单位

钱王家宴

主 料

钱塘江野生白鲦鱼 1200 克，鲜鱿鱼 800 克

辅 料

味精 8 克，熟鸡油 15 克，葱丝 5 克，盐 20 克

制作要点

◎白鲦鱼洗杀干净，在鱼肚位置 1 厘米处改直刀厚片，在盐水中腌制 4 小时取出。

◎白鲦鱼肉装盘，撒上味精，淋上鸡油蒸熟。

◎鲜鱿鱼改刀成浪花卷，焯水至熟，摆在蒸熟的鲦鱼腹旁，鱼肉上点缀葱丝即可上桌。

🐟 **杭·味·故·事**

相传五代时期，钱塘江大潮水高浪急，常常给沿岸百姓带来灾害。吴越国王钱镠于八月十八聚集上万弓箭手于江边射作恶潮神，连射 5 次潮头，使其弯曲向西南逃去。此菜以白鲦为箭，鱿鱼为浪，取"钱王射潮"之形，形意结合巧妙。

江上微风细雨，青蓑黄箬裳衣，红酒白鱼暮归。

——［宋］苏轼《调笑令·渔父》

葱油野生小鳜鱼

制作单位

好食上大酒店

主　料
小鳜鱼 500 克

辅　料
京葱 150 克，红椒 50 克，蒸鱼豉油 50 克

制作要点
◎小鳜鱼洗净后剞花刀，京葱、红椒切丝备用。

◎锅入清水烧至 90℃，下小鳜鱼蒸熟。

◎鳜鱼起锅装盘，放上京葱、红椒丝，浇上响油即可。

① ② ③ ④ ⑤ ⑥

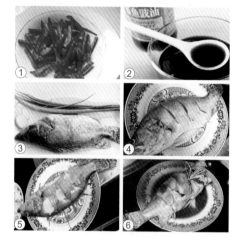

🍤 小 贴 士
鳜鱼又叫鳖花鱼，肉多刺少，肉洁细嫩，是淡水鱼中的上等食用鱼，与黄河鲤鱼、松花江四鳃鲈鱼，兴凯湖大百鱼齐名。

朝来酒兴不可耐，买得钓船双鳜鱼。

——〔宋〕陆游《柯桥客亭》

鱼头豆腐

制作单位

建德市莘时客餐饮有限公司

① ③

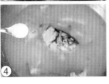
② ④

主料

鳙鱼头 500 克

辅料

老豆腐 200 克

杭味故事

相传乾隆一次在江南微服巡视，天降大雨，遂到附近的一户农家避雨，主人好客，就用鱼头和豆腐做了这道鱼头豆腐款待，乾隆吃后赞不绝口，遂传至今日。

制作要点

◎豆腐先用高压锅压 3 分钟备用。

◎将鱼头洗净备用。

◎锅内入少许油，加入姜、蒜爆香后放入鱼头煎香。

◎加清水大火烧开后放入豆腐炖 8 分钟。

◎加盐、味精调味即可。

小贴士

豆腐含有碳水化合物、脂肪、蛋白质、钙、纤维素等营养成分，有补中益气、清热润燥、生津止渴、清洁肠胃、防治骨质疏松等功效。

彩笔征枚叟，花筵舞莫愁。

——［唐］卢纶《九日奉陪侍中宴后亭》

高山流水

🐟 **杭味故事**

在 2019 年举办的
千岛湖鱼头争霸赛
上，这道以创意取
胜的鱼头菜，展示
了厨师刀工技艺，
以及热菜冷做的创
新意识。

供图单位

杭州电视台

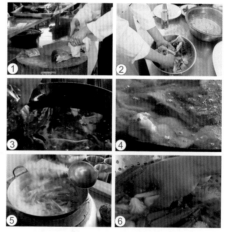

主料

鲢鱼鱼头 2000 克

辅料

面条 300 克、菜花 80 克、春笋 100 克、
秋葵 50 克、香糟卤 20 克、生粉 30 克、
盐 20 克、白糖 20 克

制作要点

◎将鱼头改刀切块，用香糟卤和生粉、盐、
白糖、味精腌制鱼头 15 分钟左右。
◎鱼头用油浸熟。
◎将面条、菜花、春笋、秋葵等原料焯水
后改刀。
◎将处理好的鱼头和蔬菜加上剁椒等进行
摆盘，淋上鱼虾蟹熬制的酱料即可。

🍵 **小贴士**

鱼干等风味食物适合冷菜热做，激发腌制
食材的美味。而鱼头用来做冷菜拼盘须配
以热鱼汤，保持鱼肉之鲜美口感。

落叶满阶尘满座，不知浇酒为何人。
　　　——［唐］卢纶《题伯夷庙》

酸汤鸭嘴鱼

桐庐传统宴宴菜

供图单位

淳安县千岛湖烹饪餐
饮行业协会

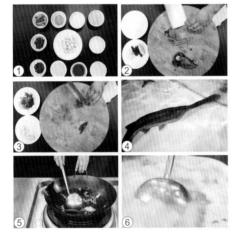

制作要点

◎鸭嘴鱼宰杀洗净，用温水把鸭嘴鱼的表
皮烫一下，去掉表面的黑膜，并将鱼肉改
刀成片后上浆。

◎鱼嘴、鱼骨、鱼尾加水用大火熬制15分
钟左右，待汤呈奶白色待用。

◎锅烧热将酸萝卜、酸菜、野山椒、干辣
椒大火炒香，加入刚刚熬制的鱼汤煮5分
钟。

◎另起锅，锅内注入油，油温四成热时滑
入上浆的鱼片，捞出盖在鱼骨上，撒上胡
椒粉，点缀香菜即可。

主 料

鸭嘴鱼1条约750克

辅 料

酸菜25克，酸萝卜25克，野山椒10克，
干辣椒10克，大葱15克，姜8克，盐5克，
胡椒粉5克，料酒15克，菜籽油100克

斗鸡沙鸟异，禁火岸花然。
日霁开愁望，波喧警醉眠。

——［唐］卢纶《舟中寒食》

 小贴士

鸭嘴鱼由一根龙骨直连鸭嘴，身光无鳞，
肉质细嫩。刺少，入口鲜甜滑嫩，老少咸宜。

水产类一

265

酱焖白浪丝

🐟 杭味故事

千岛湖白浪丝（本地口语）形似刀鱼，体形狭长侧薄，颇似尖刀，银白色，肉质细嫩，鲜味奇特，香味浓厚，是当地人招待客人的拿手菜。

供图单位

淳安县千岛湖烹饪餐饮行业协会

① ② ③ ④

主料

白浪丝 500 克

辅料

生姜 5 克，大蒜 10 克，红椒 15 克，葱 5 克，香菜 5 克，千岛湖辣酱 50 克，盐 3 克，糖 3 克，生抽 15 克，料酒 25 克，食用油 50 克

制作要点

◎白浪丝去肠和腮，洗净，沥干水。
◎锅烧热放油，放入白浪丝鱼煎至两面金黄，加入姜、蒜、料酒去腥，再放入辣酱、盐、糖、生抽和沸水，盖上锅盖焖至熟，收汁，点缀红椒、小葱、香菜即可。

🧄 小贴士

焖是从烧演变而来的烹饪方法，是将原材料放入锅中加调料炒香后，再加适量的汤水，盖紧锅盖烧开后转小火进行较长时间的加热，待原材料酥软入味后，留少量味汁即成菜。

远天归雁拂云飞，近水游鱼迸冰出。
——〔唐〕罗隐《京中正月七日立春》

蒜籽黄鳝

供图单位

淳安县千岛湖烹饪餐饮行业协会

制作要点

◎ 将黄鳝宰杀,用清水冲洗,再下六成热水把黏液去除,切一字花刀段沥干水分。

◎ 将切好的黄鳝用盐腌制,咸肉切粒,柠檬切片。

◎ 锅烧热下油,放入咸肉和蒜籽翻炒至有香气。

◎ 下鳝段大火翻炒,加入花雕酒、蚝油、老抽、糖,加适量水爆炒至熟。

◎ 加入盐、胡椒粉和柠檬汁勾薄芡,上碟,撒上葱花即成。

主料

黄鳝400克,咸五花腩50克

辅料

蒜籽40克,葱10克,干红椒15克,盐6克,胡椒粉3克,糖2克,蚝油5克,柠檬1个,老抽3克,花雕酒10克,茶籽油100克

岁晚亦无鸡可割,庖蛙煎鳝荐松醪。

——[宋]黄庭坚《戏答史应之》

黄金鱼鳞

供图单位
淳安县千岛湖烹饪餐
饮行业协会

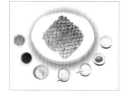

主 料

鲤鱼鳞 150 克

辅 料

姜 10 克，鸡蛋 1 个，盐 3 克，味精 3 克，
玉米淀粉 150 克，吉士粉 25 克，料酒 5 克，
食用油 50 克，花椒粉 10 克

制作要点

◎选用 8 斤以上的鲤鱼，刮下鳞片，漂洗
干净，用姜汁、料酒、盐、味精腌制 10 分钟。
◎鸡蛋打散，加入玉米淀粉、吉士粉拌匀
调成薄糊。
◎锅中倒入油，油温五成热时将鱼鳞挂糊
后入油锅炸至金黄，捞出沥油，撒上花椒
粉装盘。

🌸 小贴士

鱼鳞中含有较多的卵磷脂，用于食疗在我
国已有悠久的历史，早在汉代已有医家取
鲫鱼、鲤鱼鳞片用于治病，是亦食亦药、
食药同源的宝贵食材。

别说你会做杭帮菜·杭州家常菜谱
5888
例一
268

望云惭高鸟，临水愧游鱼。

——［晋］陶渊明《始作镇军参军经曲阿作》

黄金鱼排

桐庐传统家宴菜

供图单位

淳安县千岛湖烹饪餐饮行业协会

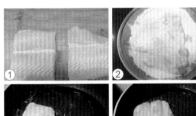

① ② ③ ④

 小贴士

有一部分人可能会对黑鱼过敏。一般的症状通常为食用后腹泻、呕吐、皮肤起疹，伴随腰酸背痛等。一般来说，刚吃的时候不会有什么不适，往往在食用后5-6小时发作。因此，小孩、老人等抵抗力差的人群应当注意。

主 料

黑鱼肉400克

辅 料

面包糠150克，姜8克，鸡蛋2个，盐5克，胡椒粉3克，酱油2克，黄酒20克，食用油100克

制作要点

◎黑鱼剖杀洗净，切成鱼排，用盐、胡椒粉、姜片等调味料腌制30分钟。

◎在腌制好的鱼排表面裹上一层薄薄的淀粉，裹好淀粉的鱼排放入鸡蛋液中拖一下，最后放入面包糠中滚一下，让鱼排表面都裹上面包糠。

◎油锅入油烧至六成热，放入鱼排，炸至金黄后捞出控油，摆放入盘即成。

莫以鱼肉贱，弃捐葱与薤。

——［汉］甄宓《塘上行》

香辣手撕鱼干

供图单位

淳安县千岛湖烹饪餐
饮行业协会

主 料

大眼鳊鱼干 300 克

辅 料

红、青椒各 25 克，姜 5 克，葱 10 克，白
糖 3 克，生抽 15 克，料酒 11 克，食用油
25 克

制作要点

◎鱼干浸泡后撕成指头粗细的小条。

◎锅下油烧至七成油温，将鱼干入锅炸香，
出锅控油。

◎锅留底油，下姜片小火爆至出味，再将
鱼干下锅调好味焖 10 分钟，加入红椒、青
椒、葱丝即可。

🌶 小 贴 士

千岛湖湖区的野生大眼鳊鱼经过焙烘，成
为火焙鱼。火焙鱼经温水浸泡，撕碎成鱼
肉丝，就叫手撕鱼，兼具活鱼的鲜美和鱼
干的清香，别有一番滋味。

晓日照江水，游鱼似玉瓶。

谁言解缩项，贪饵每遭烹。

—— ［宋］苏轼《鳊鱼》

蛋包银鱼

供图单位
淳安县千岛湖烹饪餐
饮行业协会

🦐 **小贴士**

银鱼的营养价值很高，营养学家普遍承认它是"长寿食品"，是"水中软白金"。

主 料 ....
银鱼 100 克，鸡蛋 3 个

辅 料 ....
姜 6 克，葱 10 克，精盐 3 克，味精 2 克，绍酒 10 克，猪油 80 克

制作要点 ....
◎银鱼洗净，入沸水锅氽一下，沥去水。
◎鸡蛋打入碗内，加入盐、味精、绍酒打匀。
◎旺火热锅，滑锅后下猪油烧热，把银鱼、姜汁加入蛋液中调匀，倒入锅中推炒（中途加油）。
◎待蛋液凝固嫩熟后烹入酒，再浇点油掂翻一下，撒上葱即可。

乘枯摘野艳，沉细抽潜腥。

——［唐］韩愈《答张彻》

锅烧红珠

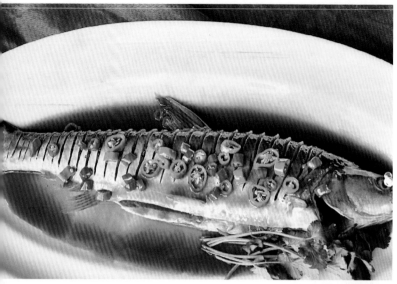

杭味故事

千岛湖野生红珠，性凶猛，日间常成群奔腾跳跃围捕小鱼和虾，背鳍光滑硬刺，胸鳍、尾鳍下半部呈红色，故称红珠。

供图单位

淳安县千岛湖烹饪餐饮行业协会

主料

红珠鱼 500 克

辅料

干红椒 10 克，蒜 15 克，姜 10 克，葱 15 克，盐 5 克，一品鲜酱油 20 克，味精 3 克，胡椒粉 3 克，料酒 10 克，菜油 50 克

小贴士

烧鱼时火力不宜过大，火力过大会使鱼肉变老。汤不宜过多，以刚漫过鱼身为最佳。

制作要点

◎鱼剖杀洗净，沥干水。

◎锅入油，投入红珠鱼两面煎黄后加入姜、蒜、料酒、酱油和适量开水。

◎大火烧开转中火焖 6 分钟至熟，撒上红椒和葱，出锅装盘。

食鱼味在鲜，食蓼味在辛。
掘井须到流，结交须到头。
此语诚不谬，敌君三万秋。

——［唐］贾岛《不欺》

香煎棍子鱼

古严州六县传统名菜

相传朱元璋有一爱妃乃严州人，有一年她回娘家省亲，下令严州所辖六县各推荐一名厨师，六位名厨的手艺深受贵妃喜爱，"古严州六县传统名菜"由此而来。

供图单位

淳安县千岛湖烹饪餐饮行业协会

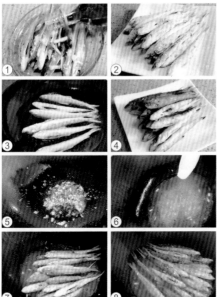

主料

棍子鱼 500 克

辅料

红椒 10 克，蒜、姜各 10 克，盐 3 克，糖 3 克，生抽 25 克，老抽 6 克，料酒 15 克，色拉油 50 克

制作要点

◎将棍子鱼剖杀，去内脏洗净，入油锅炸至两面微黄捞出。

◎炒锅烧热加油，下蒜、姜煸香，再投入煎好的棍子鱼，放入料酒、盐、糖、红椒，加入沸水烧开。

◎改中火焖至汤浓收汁，撒上葱与红椒即可。

采蕨于山，缗鱼于渊。

—— [唐] 韩愈《河之水二首寄子侄老成》

🍋 **小贴士**

冻过的鱼，味道总比不上鲜鱼，若在烧制时倒点儿牛奶，小火慢炖，会使味道接近鲜鱼；也可将冻鱼放在少许盐水中解冻，冻鱼肉中的蛋白质遇盐会慢慢凝固，防止其进一步从细胞中溢出。

秀水鱼鳔

制作单位

浙江千岛湖鱼味馆有限公司

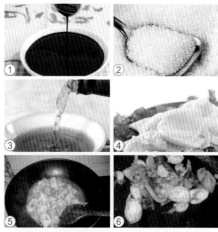

主料

有机鱼鳔 500 克

辅料

蚝油 6 克，酱油 10 克，白糖 2 克，黄酒 5 克，胡椒粉 3 克，香油 2 克

制作要点

◎ 选用有机鱼外泡洗净。

◎ 水烧开将鱼鳔倒入煮透后捞出。

◎ 锅内倒入少许油，加入蚝油、酱油、白糖、黄酒，再放入少许味精和胡椒粉调味。

◎ 将鱼鳔倒入锅内翻炒起锅装盘即可。

小贴士

鱼鳔分内泡和外泡，内泡口感生脆。外泡口感松软、肉质绵糯，而且营养价值很高，含有丰富的蛋白质和脂肪，可用于治疗疮疖等多种疾病，还能用作胶丸外壳和黏合剂。

何幸腐儒无一艺，得为门下食鱼人。

——[唐] 欧阳詹《述德上兴元严仆射》

藏心黄刺鱼

供图单位

淳安县千岛湖烹饪餐
饮行业协会

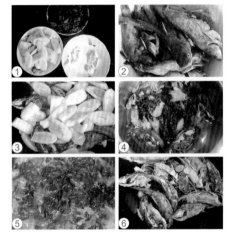

制作要点

◎将黄刺鱼剖肚，去头洗净，沥干水。

◎五花肉和马蹄切细末，加鱼茸、盐、姜汁、料酒码上味，藏入黄刺鱼肚内。

◎坐锅上灶，热锅冷油下藏心黄刺鱼中小火煎，待八分熟时加入盐、白糖、姜、蒜、料酒、老抽和适量高汤。

◎不停地用勺将汤汁淋在鱼身上，等汤汁收干时淋上红油。

◎待黄刺鱼凝固嫩熟后烹入料酒，再浇点油搪翻一下，撒上葱即可。

主 料

黄刺鱼 500 克

辅 料

五花肉 100 克，鱼茸 150 克，马蹄 150 克，姜 10 克，蒜 15 克，红椒 10 克，盐 8 克，白糖 5 克，老抽 10 克，料酒 25 克，食用油 50 克，红油 5 克，高汤 150 克

🧄 小贴士

黄刺鱼即黄颡鱼。由于黄刺鱼为"发物"，故患有支气管哮喘、淋巴结核、癌肿、红斑狼疮以及顽固瘙痒性皮肤病等病症者不宜食用。此外，黄颡鱼不宜与中药荆芥同食。

我恨不如江头人，长网横江遮紫鳞。

——〔唐〕韩愈《感春四首》其四

水产类一

275

梅干菜黄刺鱼

小贴士

黄刺鱼又名黄腊丁,无鳞、有须、刺少、肉嫩,营养丰富,有滋补强身、益脾胃、利尿消肿的作用。

供图单位

淳安县千岛湖烹饪餐饮行业协会

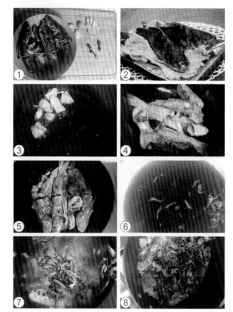

主 料

黄刺鱼 400 克

辅 料

梅干菜 50 克,生姜 10 克,干红椒 25 克,盐 6 克,味精 3 克,鸡精 3 克,食用油 25 克,料酒 15 克,葱 10 克

制作要点

◎ 将黄刺鱼宰杀,清洗干净。将干红椒切段,葱切丝

◎ 锅内加油少许,将生姜和干红椒放入,略煸。

◎ 将黄刺鱼倒入锅内,加入鸡精、味精、料酒,加水旺火煮 8 分钟左右。

◎ 加入梅干菜,再煮一会即可出锅。装盘时上面撒上葱丝进行点缀。

我来御魑魅,自宜味南烹。
调以咸与酸,芼以椒与橙。
腥臊始发越,咀吞面汗骍。
——[唐]韩愈《初南食贻元十八协律》

东坡鱼

杭味故事

此菜根据东坡肉的烹调方法移花接木而来，既保持了东坡肉的形状，又将鱼肉的鲜嫩美味表现出来，色泽红亮，味醇汁浓，酥而不烂，香糯而不腻口，是一道营养丰富的佳肴。

供图单位

淳安县千岛湖烹饪餐饮行业协会

主料

鳙鱼肉 1000 克

辅料

梅干菜 50 克，姜 10 克，排骨酱 50 克，冰糖 15 克，淀粉 10 克，东古酱油 50 克，料酒 250 克，盐，高汤

制作要点

◎将鱼宰杀洗净，取鱼肉切块，切成 6 厘米左右的方块，放六成热的油锅中炸至微黄捞出。

◎另起锅放油，下姜、排骨酱、东古酱煸香，加入料酒、冰糖、盐、高汤，再把鱼块放入锅中用小火煨熟。

◎将烧好的鱼块放入垫有梅干菜的盅内，放入蒸锅大火蒸 10 分钟。

◎取出鱼块，并将皮朝上，整齐地码放在小砂锅中，然后将勾芡汁浇在鱼肉块上即可。

三三两两钓鱼舟，岛屿正清秋。

——［宋］潘阆《酒泉子》

黄鳝粉丝

制作单位

浙江金马饭店有限公司

主 料

蕃薯粉丝 150 克，去骨熟鳝丝 120 克

辅 料

银芽 50 克，小葱 20 克，料酒 10 克，酱油 30 克，糖 5 克，味精 5 克，胡椒粉 10 克，姜 5 克，食用油 60 克

制作要点

◎番薯粉丝开水泡涨后沥干水分加入酱油、味精拌均匀。

◎将油锅烧热，把鳝丝下锅翻炒，放入葱、姜、粉丝，加入调料，大火翻炒。

◎出锅时撒入少许葱花即可。

🍠 **小贴士**

病伤和中毒的黄鳝，全身或局部黏液会脱落或减少。如果你抓到这样的黄鳝，感觉到无光滑感或光滑感不强，亦或提起黄鳝的时候，明显低感觉到黏液脱落，就不要买这种品质不佳的黄鳝。

秋渔荫密树，夜博然明灯。

——〔唐〕韩愈《送侯参谋赴河中幕》

豆腐蒸花蛤

供图单位

杭州市餐饮旅店行业
协会

主 料 ·······························

花蛤 200 克、臭豆腐 80 克

辅 料 ·······························

剁椒 50 克，姜 8 克，葱 5 克，盐 3 克，
味精 3 克，料酒 15 克

 **小贴士** ·······

臭豆腐与花蛤一软一硬，口感风味不同的
混搭，值得你一试。

制作要点 ·······························

◎将花蛤在热水里氽烫一下，使它壳张开
即可。

◎取出花蛤肉，用盐和料酒腌制一下。

◎将臭豆腐块一开二，在盘子里码好，先
上锅蒸 4-5 分钟。

◎将腌制好的花蛤肉铺在臭豆腐上，撒上
剁椒和葱，再蒸 3 分钟出锅。

眼穿长讶双鱼断，耳热何辞数爵频。银烛未销窗送曙，金钗半醉座添春。

——〔唐〕韩愈《酒中留上襄阳李相公》

双味鱼头

 杭味故事

很久以前，千岛湖上的一户渔民，一日在江中钓到一条8斤多的胖头鱼，渔妇将鱼头一切两半，一半涂上自制酱椒，一半用姜蒜，用锅蒸煮。后沿江渔民纷纷效仿，这道菜的寓意是苦尽甘来，年年有余。

供图单位

淳安县千岛湖烹饪餐饮行业协会

主 料

鱼头 1500 克

辅 料

千岛湖剁椒 50 克，姜 15 克，蒜籽 20 克，葱 15 克，香菜 10 克，盐 8 克，味精 3 克，蒸鱼豉油 10 克，料酒 15 克，猪油 50 克

制作要点

◎将鱼头剖开去鳃，从鱼头背对半劈开洗净。

◎将鱼头用盐、姜、蒜、料酒腌 15 分钟。

◎取双格大盘，将鱼头平放入盘双格内，一半鱼头盖上千岛湖剁椒。

◎另一半鱼头撒上姜和蒜泥，再各加入猪油和味精，入蒸箱旺火蒸 10 分钟取出。

◎加入蒸鱼豉油，香菜点缀，浇明油即可。

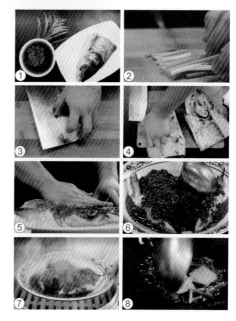

玉樽盈桂酒，河伯献神鱼。

四海一何局，九州安所如。

—— ［三国魏］曹植《仙人篇》

鱼片蒸蛋

供图单位
淳安县千岛湖烹饪餐
饮行业协会

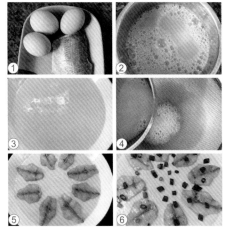

主 料

鳙鱼肉 150 克，鸡蛋 4 个

辅 料

葱 10 克，枸杞 5 克，精盐 8 克，味精 2 克，
生抽 5 克，胡椒粉 1 克，料酒 3 克，食用
油 30 克

制作要点

◎ 将鱼肉切片，加入精盐和油拌匀。
◎ 鸡蛋搅拌成蛋液，放精盐、味精和适量的水
　搅匀，倒入盘中。
◎ 蒸锅烧沸，放入蛋慢火蒸约 7 分钟再加
　入鱼片，葱和枸杞粒铺放在面上，续蒸 3
　分钟取出。
◎ 淋酱油和油，撒上胡椒粉便成。

🍇 小 贴 士

巧蒸蛋羹。要想使蒸出的蛋羹表面光滑似
豆腐脑，必须在蛋液中加入凉开水，而不
能加生冷水。同时，蒸的时间也不宜太长，
一般 7-8 分钟即可。

鲎实如惠文，骨眼相负行。
　　　——〔唐〕韩愈《初南食贻元十八协律》

三椒干果海参

供图单位

杭州酒家

主料

海参 200 克，肉末 50 克

辅料

青椒（红椒）300 克，干果 30 克，香菇 20 克，盐 8 克，肉酱 30 克

制作要点

◎海参、香菇、肉块切成丁状。

◎青椒去顶，做成内空的乘器。

◎加油，将肉酱、姜末等辅料与海参、肉丁、香菇混炒。

◎最后加入葱、糖即可。

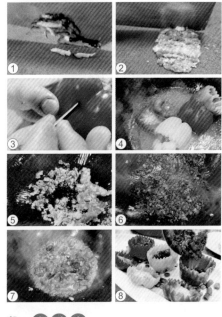

🥕 小贴士

这道菜一定要选不同颜色的红椒或青椒来放置肉末、咸鱼肉等食材。

蚌蠃鱼鳖虫，瞿瞿以狙狙。

——［唐］韩愈《别赵子》

外婆家鱼头

供图单位

淳安县千岛湖烹饪餐饮行业协会

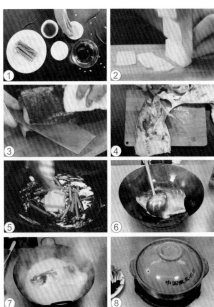

酒 20 克，酱油 20 克，色拉油 30 克

制作要点

◎先将鳙鱼头刮鳞、除鳃，一剖为二洗净。

◎锅内放入色拉油，烧至六成热时放入鱼头煎至两面黄。

◎然后放入盐、豆瓣酱、黄酒、酱油、高汤、白糖、蚝油，大火烧开，再改用小火焖 15 分钟。

◎加入味精、鸡精大火收汁后出锅装盘，撒上红椒和葱即可。

◎锅内倒入少许油，加入蚝油、酱油、白糖、黄酒调味。

◎再放入少许味精和胡椒粉，将鱼鳔倒入锅内翻炒起锅装盘即可。

主料

鳙鱼头一个约 2000 克

辅料

红椒 10 克，姜、蒜籽各 20 克，葱 10 克，盐 5 克，白糖 30 克，蚝油 8 克，味精 2 克，鸡精 5 克，豆瓣酱 15 克，高汤 500 克，黄

叉鱼春岸阔，此兴在中宵。

——〔唐〕韩愈《叉鱼招张功曹》

脆炸鱼鳍

 小贴士

鱼鳍是边角料，但含钙成分多，有吃鱼鳍补钙之说。用鱼鳍制作的"脆炸鱼鳍"脆香美味，别有风味。

供图单位

淳安县千岛湖烹饪餐饮行业协会

① ② ③ ④ ⑤ ⑥ ⑦ ⑧

主 料

鳙鱼背鳍 750 克

辅 料

姜 6 克，鸡蛋 50 克，盐 8 克，白胡椒粉 3 克，生抽 10 克，料酒 10 克，食用油 500 克（实耗 100 克），干淀粉

制作要点

◎ 鳙鱼鳍清洗干净，加入盐，生抽，生姜，料酒腌制 30 分钟，沥干水。

◎ 将腌制好的鱼鳍拍上干淀粉，裹上蛋液备用。

◎ 锅入油烧至六成热，放入裹上蛋液的鱼鳍慢炸，至金黄色捞出沥油。

◎ 开大火油温七成时将鱼倒入复炸一分钟，捞出沥油装盘，撒上白胡椒粉即可上桌。

鸟下见人寂，鱼来闻饵馨。

——［唐］韩愈《独钓四首》其三

酒酿圆子鱼头

供图单位
淳安县千岛湖烹饪餐
饮行业协会

主料
鳙鱼头一个 1500 克，小酒酿圆子 100 克

辅料
河虾 25 克，玉米 150 克，山药 25 克，姜
10 克，枸杞 3 克，盐 3 克，白胡椒 5 克，
味精 5 克，白酒 10 克，猪油 25 克，料酒
10 克

🍃 小贴士
将鳙鱼去鳞、剖腹、洗净，放在牛奶中浸
泡 20 分钟，既可除腥，又能增加鲜味。

制作要点
◎鱼头去鱼鳃、鱼鳞和杂物劈成两半洗净。
◎山药去皮切成片，玉米煮熟切段，河虾
洗净，一同焯水。
◎锅烧热，倒适量的油，放入鱼头煎至微黄，
投入姜和料酒去腥，加入开水盖上盖用大
火煮 15 分钟，待汤汁呈奶白调好味，加入
酒酿圆子煮熟后，将鱼头装入器皿，摆上
河虾、玉米、山药、枸杞即成。

鱼虾可俯掇，神物安敢寇。
　　　　——［唐］韩愈《南山诗》

鱼头藕球

供图单位
淳安县千岛湖烹饪餐饮行业协会

主料

鳙鱼头 1500 克

辅料

莲藕 250 克，青、红椒各 10 克，姜 8 克，香菜 5 克，盐 15 克，胡椒粉 3 克，老抽 10 克，料酒 10 克，猪油 25 克

制作要点

◎鱼头清洗干净，莲藕捣碎做球，姜切片，青红椒切成圈。

◎锅下少许油，待油热放进姜片、鱼头，小火煎至鱼头金黄，烹入适量料酒，注入适量的清汤，用大火煮 20 分钟。

◎加入藕球、青椒、红椒，然后用小火煮透，大概 10 分钟左右加盐、老抽收汁，胡椒粉调味，点缀香菜即可。

🌼 小贴士

莲藕中含有丰富的膳食纤维，这些纤维可通过与人体内胆酸盐和食物中的胆固醇、三酰甘油结合，促使其从肠道排出，进而减少脂类的吸收。可见，莲藕是降脂佳品。

去来伊洛上，相待安罘罳。
——［唐］韩愈《寄崔二十六立之》

别说你会做杭帮菜·杭州家常菜菜谱

5888
例

柴灶啤酒鳙鱼

🍋 小贴士

煮鱼时要沸水下锅，这是因为鲜鱼质地细嫩，沸水下锅能使鱼体表面骤受高温，体表蛋白质变质凝固，从而保持鱼体形状完整。同时，还能使鲜鱼所含的营养成分和鲜美滋味不致于大量外溢。

供图单位

淳安县千岛湖烹饪餐饮行业协会

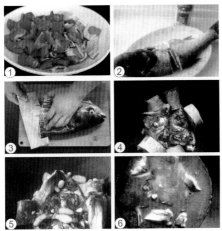

主 料

千岛湖有机鳙鱼1条约2500克

辅 料

蒜籽20克，姜25克，蒜叶25克，剁椒150克，盐8克，糖3克，花椒粉3克，啤酒1瓶，茶油50克

🐟 杭味故事

此菜是千岛湖一道特色风味菜，啤酒和鳙鱼搭配具有独特的香鲜，肉嫩风味，正如有人所说："不吃不知道，一吃忘不掉。"

制作要点

◎将鱼宰杀洗净，鱼头一劈为二，鱼肉剁块。

◎烧热铁锅，按序放入茶油、姜、蒜籽、鱼骨、鱼头、盐、糖、剁椒，再倒入啤酒，盖上锅盖大火烧10分钟。

◎打开锅盖，加入花椒粉和蒜叶即可食用。

或倚偏岸渔，竟就平洲饭。

——［唐］韩愈《南溪始泛三首》其一

柴灶鱼滚豆腐

 杭味故事

千岛湖船菜源于汉朝，是千岛湖菜系三大帮系之一，鳙鱼滚豆腐便是千岛湖船上人家的大菜，已有上千年历史。船民利用千岛湖产的鲜活水产，经由特殊烹饪手段制作而成。

供图单位

淳安县千岛湖烹饪餐饮行业协会

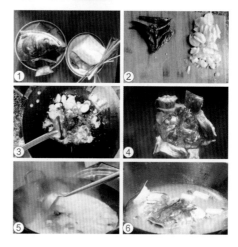

主 料 ·················

千岛湖有机鳙鱼 1 条约 2500 克

辅 料 ·················

白豆腐 500 克，蒜籽 100 克，姜 15 克，葱 15 克，剁椒 50 克，盐 20 克，糖 3 克，花椒粉 3 克，茶油 50 克

家人来告予，今日无晨炊。

醯醢一已整，新炭固难期。

——[唐]权德舆《丙寅岁苦贫戏题》

制作要点 ·················

◎将鳙鱼宰杀洗净，鱼头一劈两半，鱼肉剁块。

◎用柴火把锅烧热，按顺序放入茶油、姜、蒜籽、鱼肉、鱼尾、鱼头、盐、糖、剁椒，然后再倒入开水，盖上锅盖，用大火烧 10 分钟。

◎打开锅盖，加入花椒粉、蒜叶即可食用。

◎豆腐待鱼吃了二分之一时再加入。

口水鱼

🐟 杭味故事

口水鱼是一道地道的淳安家乡风味菜，色泽红亮，麻辣鲜香，肉质细嫩，适合年轻人的口味。

供图单位

淳安县千岛湖烹饪餐饮行业协会

主 料

千岛湖有机鳙鱼 1 条约 1500 克

辅 料

干红椒 100 克，蒜 10 克，姜 8 克，香菜10 克，鸡蛋 1 个，盐 10 克，生抽 15 克，胡椒粉 3 克，白酒 5 克，食用油 50 克，花生油 25 克

制作要点

◎鱼剖杀洗净，鱼头对半开，鱼尾、鱼骨剁块，沥干水。

◎鱼肉剞大刀片用盐、姜汁、料酒、蛋清、淀粉码味上浆。

◎锅置旺火倒入油，烧至七成热，投入鱼头、鱼尾、鱼骨煎至微黄，加入沸水大火烧熟，调好味后起锅装平锅。

◎锅中放油烧至三成热，下鱼片滑锅，捞出盖在鱼上。

◎锅留底油烧热，淋入，撒上干红椒和香菜即成。

风恬鱼自跃，云夕雁相呼。

——［唐］宋之问《洞庭湖》

石锅鱼

供图单位

淳安县千岛湖烹饪餐饮行业协会

① ② ③ ④

主 料

千岛湖有机鳙鱼约 3000 克

辅 料

姜 25 克，蒜叶 30 克，干辣椒 25 克，香菜 25 克，盐 20 克，味精 5 克，胡椒粉 5 克，料酒 10 克，山茶油 100 克，长椒 20 克，高汤 500 克

制作要点

◎选用鲜活的千岛湖有机鳙鱼，去鳞，剖洗干净。

◎将鳙鱼头用刀一切为二，将鱼肉剁成块，清洗干净，沥干水分。将干辣椒切成段，姜切大块。

◎石锅烧热，倒入山茶油，放入姜、蒜、干辣椒、鱼头和料酒，加入高汤，盖上盖子，用大火煮 10 分钟。

◎打开锅盖，加入酸液，撒上胡椒粉，再煮 3 分钟。

◎点缀香菜，边烧边吃。

杭味故事

此菜底料选用四川的花椒以及淳安的辣椒和菜油，用茶园石制作的石锅烹饪中最大限度地保留了食物的营养。"浓浓锅中香，挥汗口留香"，石锅鱼享有"扬子江中水，石头锅中鱼"的美誉。

贪食以忘躯，鲜不调盐醯。

——［唐］韩愈《南内朝贺归呈同官》

千岛湖烤鱼

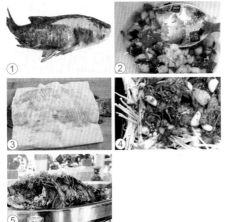

① ② ③ ④ ⑤

椒粉 10 克，孜然粉 25 克，老抽 100 克，
白酒 5 克，猪油 150 克

制作要点 ....

◎将鱼刮去鱼鳞，肚子剖开，挖出内脏洗净，
沥干水。

◎将鱼剞刀，用盐、农家酱、姜、蒜、葱
结白酒腌制 2 小时，使其入味。

◎干红椒，香菜切段。

◎烤盘铺上油纸或者锡纸，在腌制好的鱼
身上油。放进烤箱，放中间层，上下火
200℃烤 40 分钟，取出撒上孜然粉和胡椒
粉，点缀红椒、香菜即可。

主 料 ....
千岛湖有机鳙鱼约 4000 克

辅 料 ....
红椒 75 克，姜 50 克，蒜 50 克，葱 50 克，
香菜 50 克，盐 25 克，农家酱 250 克，胡

菊樽过九日，凤历肇千秋。乐奏熏风起，杯酌瑞影收。

—— 〔唐〕王涯《九月九日勤政楼下观百僚献寿》

水产类／

291

生态鱼头

 杭味故事

2019 年，"知味杭州"亚洲美食节期间，杭州厨神争霸赛之千岛湖鱼头王争霸赛在 13 个区县（市）隆重举行。来自江干区的"生态鱼头"获专业组决赛冠军。

供图单位
杭州电视台

主 料

千岛湖有机鳙鱼 3000 克

辅 料

豆腐丸子 10 个（约 100 克），青菜 20 克，香菜、辣椒、萝卜干等各 5 克，精盐 20 克，鲍汁 20 克，生抽 20 克，淀粉 50 克，料酒 8 克，食用油 100 克，猪圈 20 克，干贝 20 克，石笋 50 克，火腿 30 克

制作要点

◎ 大厨切鱼块，洗鱼块 / 助手揉豆腐丸子（称克数，揉个渣〔豆腐、干贝、火腿、石笋〕，表面贴豆腐丁，包纱布，下锅）。

◎ 两桶农夫山泉下锅，一桶色拉油下另一锅炸鱼块，盛出，下到水锅里（煮半小时），然后把油倒回桶里，鱼头用大量盐腌制七八分钟，再用流水冲五六分钟，鱼汤里加少许猪油。

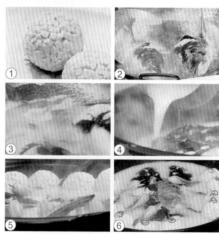

◎ 下鱼头，加矿泉水、生姜、料酒，小火十几分钟滤出鱼块汤。

◎ 鱼头装盘，倒汤，菜心煮一下放冰里，放菜和猪圈、丸子。

鲙下玉盘红缕细，酒开金瓮绿醅浓。

——［唐］朱湾《宴杨驸马山亭》

妙香明虾

供图单位

淳安县千岛湖烹饪餐
饮行业协会

主 料

明虾 500 克，干辣椒 20 克，芹菜 30 克，
腰果 20 克，笋条 50 克

辅 料

葱 5 克，姜 5 克，蒜末 5 克，白芝麻酱 10
克，醋 10 克，生抽 5 克，盐 5 克，糖 20 克，
香油 5 克

🍋 小贴士

从烹饪角度来说，煎、炒、焖、炸、灼、
烤，几乎每一种烹饪手法都适合虾的制作。
烹制虾仁菜肴时，调味品不宜投入太多，
否则就突出了调味品的味道，而削弱了虾
仁的原汁鲜味。

制作要点

◎去掉虾头和虾肠。

◎热锅倒油，先把虾炸上 1 分钟，把虾壳
炸酥脆。

◎将芹菜、笋条焯水。

◎将所有调料加水一起调成一碗酱汁。

◎在锅里留点底油，把剩下的姜末、蒜末
和干辣椒末下锅煸香，倒入笋条和芹菜。

◎烧热酱汁，倒入炸香的明虾，快速地翻
炒均匀；撒上腰果，出锅喽！

风土稍殊音，鱼虾日异饭。
——［唐］韩愈《送湖南李正字归》

葡萄鱼

🐟 杭味故事

葡萄鱼是传统名菜。千岛湖下姜村的葡萄回味绵长，具有浓郁的果香。此菜以千岛湖有机鳙鱼为原料，配葡萄原汁，仿整串葡萄形状制成。横放在盘中，"葡萄"粒粒饱满，表皮松酥，肉质细嫩，甜酸可口，香味浓郁。

供图单位

淳安县千岛湖烹饪餐饮行业协会

主料

鳙鱼段 800 克

辅料

姜汁 6 克，鸡蛋 1 个，芹菜叶 10 克，精盐 10 克，番茄酱 15 克，白醋 5 克，白糖 6 克，葡萄汁 15 克，花椒粉 3 克，淀粉 25 克，料酒 5 克，食用油 500 克（实耗 50 克）

制作要点

◎鳙鱼宰杀去鳞，去内脏，切掉头尾去主刺，片掉腩部，留净鱼肉。

◎将鱼肉尽量保持上大下小的形态，从上向下先剞坡刀，再剞直刀，间隔大约在 1 厘米，花刀深至鱼皮，但是不要将鱼皮割破。

◎处理好的鱼肉放料酒、盐和少许花椒粉腌 10 分钟。

◎将腌好的鱼肉蘸上打散的蛋液，裹上面粉，每个切面都要裹均匀。

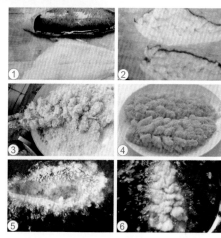

◎锅中入油，烧至七成热，放入鱼肉，炸至金黄色，鱼肉张开呈葡萄粒状捞出，沥净余油，将葡萄鱼和芹菜叶摆盘。

◎留少许底油，爆香葱姜，放入番茄酱、白醋、白糖、葡萄汁和盐，加少许水烧至冒泡，倒入水淀粉，烧开后淋在鱼肉上即可。

闲钓江鱼不钓名，瓦瓯斟酒暮山青。
醉头倒向芦花里，却笑无端犯客星。
——［唐］崔道融《钓鱼》

麻辣鱼丁

 **杭味故事**

所谓"爆鱼"，是
先将鱼肉油炸至表
面干干的，然后再
放入事先煮好的调
料味汁中腌制的一
种烹饪鱼的方法。
鱼肉厚厚的，外表
酥脆，里面绵软，
饱吸咸香的汤汁。

供图单位

淳安县千岛湖烹饪餐
饮行业协会

主 料

鳙鱼 500 克

辅 料

姜 10 克，葱 8 克，干红椒 15 克，盐 5 克，
胡椒粉 2 克，食油 1000 克，老抽 3 克，
料酒 10 克

制作要点

◎鱼肉清洗干净控干水分切丁，放入姜、葱、
生抽、黄酒、盐腌制半小时。

◎锅烧热放入油，待油温七成时投入鱼丁
炸至金黄捞出。

◎在锅里留点底油，放入姜和干红椒煸香，
倒入炸好的鱼丁，撒入胡椒粉翻动均匀即
可装盘。

还如旧相识，倾壶畅幽悁。以此复留滞，归骖几时鞭。

——［唐］韩愈《送灵师》

水产类

295

滑炒鱼丁

🐞 小贴士

下料后要及时滑散原料，防止脱浆、结团。油温过低，最容易脱浆。不要急于搅动，等到原料边缘冒油泡时再滑散。油温过高，则原料极易粘结成团，可把锅端起来，或添加一些冷油。

供图单位

淳安县千岛湖烹饪餐饮行业协会

主料

鳊鱼肉 400 克

辅料

姜 8 克，蒜 10 克，青、红椒各 15 克，鸡蛋 1 个，盐 8 克，鸡精 3 克，白醋 3 克，白胡椒粉 2 克，淀粉 25 克，料酒 3 克，食用油 50 克

制作要点

◎鱼肉去鱼皮洗净切成丁，加入少许盐、鸡精、白胡椒粉、蛋清、白酒，搅拌好后上浆，静置 10 分钟。

◎青、红椒洗净切成和鱼块一样的大小丁，姜蒜切片。

◎干净的碗内加入盐、白糖、白醋和少许清水调匀成料汁。

◎锅内加油烧至五成热，放入上好浆的鱼

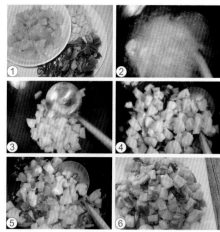

丁滑散，至鱼丁变色，即可盛出。

◎锅留底油，爆香姜蒜末，加入青、红椒翻炒后放入滑好的鱼丁，浇上料汁，快速炒匀，出锅装盘。

仿佛欲当三五夕，万蝉清杂乱泉纹。
钓鱼船上一尊酒，月出渡头零落云。
　　——〔唐〕许浑《湖上》

鱼面

杭味故事

鱼面以千岛湖鳙鱼为主料，去鲜鱼之刺皮，刮剁其鱼肉至泥酱状，加一定比例食盐用标枪做成鱼面，其味鲜美，色泽艳，虽是鱼，但食之滑嫩，实乃一绝。

供图单位

淳安县千岛湖烹饪餐饮行业协会

小贴士

生鱼的清淡风味一经加热会变得更浓郁。中火会加速肌肉酵素的作用，生成更多氨基酸，强化鱼肉的甘鲜滋味，而已开始挥发的香味化合物也会变得更易挥发。

上酒忽闻吹此曲，坐中惆怅更何人。
——[唐]令狐楚《坐中闻思帝乡有感》

主 料

鳙鱼肉 1000 克

辅 料

枸杞 10 克，鸡蛋 1 个 50 克，姜 8 克，糖 2 克，精盐 10 克

制作要点

◎鱼肉洗净，片成鱼片。鱼片放入搅拌机中，搅成鱼馅后，放入碗中，加少许盐、胡椒粉调味。

◎锅里烧水，用裱花袋把鱼肉馅放入里面剪一个小口，挤成鱼丝入锅中。

◎锅放少许油加热，放入葱丝、姜丝炒香，倒入适量水，然后倒入鸡蛋丝、枸杞，再放入鱼肉丝。

◎加适量的盐，用适量的水淀粉勾芡，淋香油出锅盛盘即可。

酸汤鱼片

供图单位

淳安县千岛湖烹饪餐饮行业协会

主 料

鲥鱼背脊肉500克，自家泡菜150克

辅 料

姜5克，泡椒10克，鸡蛋1个，精盐10克，花椒3克，白胡椒2克，醋10克，味精5克，白糖5克，生抽10克，淀粉25克，料酒5克，食用油50克

制作要点

◎鱼肉洗净，片好鱼片，加少许盐、白胡椒粉、姜末、葱段、生粉腌制入味，泡菜切丝。

◎锅入油，油温三成下鱼片滑七分熟捞出。

◎锅留底油炒锅置火入油烧热，锅放花椒炝香后捞出，下姜、泡椒、泡菜煸炒出香味。

◎加高汤烧开，翻滚5分钟调好味，加入鱼片，加醋，淋入明油即可。

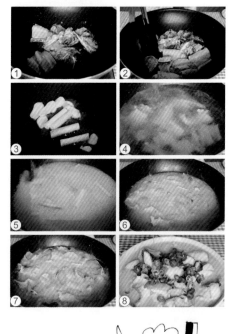

戢戢后池鱼，随波去难留。
扬鬐虽自在，江上多网钩。
——〔宋〕梅尧臣《五月十三日大水》

醉溜鱼片

 杭味故事

鲭鱼属于高蛋白、低
脂肪、低胆固醇的鱼
类，每100克鲭鱼
中含蛋白质15.3克、
脂肪0.9克。另外，
鲭鱼还含有维生素
B₂、维生素C、钙、
磷、铁等营养物质，
因此对心血管系统
有保护作用。

供图单位
淳安县千岛湖烹饪餐
饮行业协会

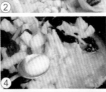
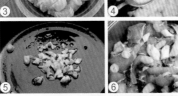
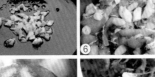

主 料

鲭鱼段 400 克

辅 料

鲜红椒 20 克，姜 6 克，蒜头 10 克，香菜
10 克，鸡蛋 1 个，盐 8 克，白糖 3 克，花
椒 3 克，胡椒粉 2 克，湿淀粉 20 克，料酒

5 克，猪油 50 克

制作要点

◎鱼肉斜刀切片（顺着鱼肉的纹路切），姜、
蒜切片，香菜切段，红椒切斜块。

◎鱼肉加淀粉、半只蛋清、胡椒粉、料酒
和盐，拌匀码味上浆抓匀，直到手感发黏
为止，醒 10 分钟。

◎锅内油烧至三成热，下鱼片滑熘，刚刚
变色发白立即捞出。

◎锅留底油烧热，下葱、姜、蒜、花椒炒香，
下红椒加少许盐、料酒、水淀粉。

◎大火将汤汁烧沸，下鱼片颠锅，炒匀下
香菜段，翻炒几下即可。

青春白日不与我，当垆举酒劝君持。
—— ［唐］刘复《长歌行》

咸鱼烧笋

杭味故事

咸鱼春笋就是春天的时令佳肴，享受大地母亲所赐予我们的丰富物产，与天地自然和谐相处。

供图单位

淳安县千岛湖烹饪餐饮行业协会

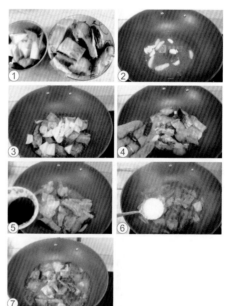

主 料

竹笋 500 克，鳙鱼干 400 克

辅 料

姜 10 克，葱 5 克，干辣椒 10 克，糖 3 克，酱油 10 克，料酒 50 克，菜油 50 克

制作要点

◎竹笋去壳切成斜刀块，放入锅中，加清水煮 10 分钟捞出，去除草酸。

◎鳙鱼干洗净切块滤干，葱切段，姜切片。

◎炒锅加热后加入菜油，油热后放入葱姜、干辣椒，中火煸香，鱼块中火煎至鱼块表面呈微黄。

◎烹入料酒去腥，倒入竹笋，加入酱油、白糖和适量清水。

◎盖上锅盖中火煮 10 分钟左右，收干汤汁即可。

市楼逢酒住，野寺送僧归。

——〔唐〕于鹄《寻李暹》

酱爆花蛤

 小贴士

文蛤宜选择壳光滑、有光泽的，外形相对扁一点的。买花蛤时，用手触碰外壳，能马上紧闭的，就是新鲜的；不会闭壳，或壳一直打开的，多是死蛤。

供图单位

杭州市餐饮旅店行业协会

◎将蚝油、海鲜酱和料酒以 2：1：2 混合后，再加适量水一同调成一小碗酱汁。

◎爆香姜丝、葱白，倒入酱汁，烧热后，将花蛤倒入，爆炒 15-20 秒即可。

主料

花蛤 200 克

辅料

海鲜酱 15 克，蚝油 10 克，料酒 30 克，盐 5 克

制作要点

◎将吐净泥沙的花蛤倒进热水里余烫一下，使它壳张开即可。

杭味故事

相传有一次，济公经过西湖边，看到不少居民已将螺蛳剪掉了尾巴，准备煮了吃。济公就向居民乞讨了这些螺蛳，并将它们放生到西湖里，这些没尾巴的螺蛳居然都活了。从此，西湖中生长了不少无尾螺蛳。至今，虎跑、西溪一带的山涧中仍生长着无尾螺蛳，据说都是当年济公亲手放生的故物。

村店烟火动，渔家灯烛幽。

——［唐］王观《早行》

水果咕咾鱼

供图单位
淳安县千岛湖烹饪餐
饮行业协会

主 料

鳙鱼段 300 克

辅 料

菠萝 250 克，火龙果 250 克，鸡蛋 1 个，番茄酱 50 克，米醋 3 克，白糖 10 克，淀粉 15 克，姜 5 克，料酒 5 克，色拉油 1000 克（实耗 100 克），盐 10 克

制作要点

◎把鱼段肉洗净，再切成片，用盐、葱、姜、料酒、蛋清上浆，静置 30 分钟。

◎水果切小块，糖和米醋调汁碗拌匀。

◎锅烧热放色拉油，油温五成热时入锅炸制，七分熟时捞出沥油。

◎待油温二次升至八成热时，将第一遍全部炸好的鱼块再复炸 10 秒钟捞出沥油。

◎另起炒锅，加入油、水果、糖、米醋炒制成汁，加入炸好的鱼块翻匀出锅即可。

🫐 小 贴 士

此菜以水果和鱼制作而成，甜酸可口，最受爱美人士喜爱。

岁岁年年恣游宴，出门满路光辉遍。
　　——〔唐〕权德舆《放歌行》

红烧鱼块

供图单位

淳安县千岛湖烹饪餐饮行业协会

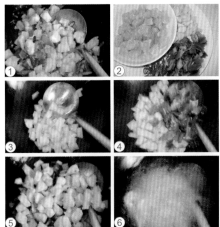

主 料

鳙鱼段 500 克

辅 料

姜 6 克，蒜 10 克，鲜花椒 10 克，青、红椒各 15 克，盐 10 克，冰糖 15 克，醋 5 克，白芝麻 3 克，料酒 10 克，生抽 15 克，老抽 10 克，猪油 25 克

制作要点

◎将宰杀好的鳙鱼洗净沥干，剁成大小均匀的块。

◎鲜花椒、红椒、青椒洗净，生姜洗净切片，大蒜去皮。

◎锅烧热后放入适量的油，放入鱼块背面向下，小火将其煎黄一面后再翻面，煎至两面金黄后放入料酒。

◎放入姜片、大蒜、花椒煸出香味，放入鱼块、盐、冰糖、老抽、生抽和适量的开水。

◎大火烧开后用汤勺舀去浮沫，然后盖上锅盖转小火煮约 15 分钟。

◎打开锅盖，转中火将汤汁收浓，趁此时加入红椒、青椒，撒上白芝麻，点缀香菜即可。

孟宗应献鲊，家近守渔官。
——〔唐〕李端《送吉中孚拜官归业》

糖醋鱼块

供图单位

淳安县千岛湖烹饪餐
饮行业协会

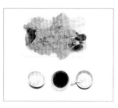

主 料

鲢鱼段 500 克

辅 料

姜6克，蒜10克，番茄酱25克，盐2克，
糖15克，醋12克，淀粉15克，料酒5克，
猪油25克

制作要点

◎鱼段去鳞洗净，沥干水，切成长块，加
少许盐、料酒、姜、蒜抓匀，然后腌制20
分钟。

◎腌好的鱼块拍上干面粉，抓匀。

◎取碗加番茄酱、醋、糖、干淀粉和水搅
拌均匀成糖醋碗汁。

◎锅烧热下油，投入鱼块炸至脆熟捞出。

◎锅留底油，将糖醋碗汁下锅调匀，放入
鱼块翻炒裹匀芡汁出锅装盘。

 小贴士

糖醋为中国烹调大厨经常使用的一种调味
品，具有醇香甜酸的特点。

不羡黄金罍，不羡白玉杯。

——〔唐〕陆羽《歌》

小贴士

XO 酱由黄炳华先生发明，材料没有一定标准，但必有瑶柱、虾米、金华火腿及辣椒等，味道鲜中带辣，引人胃口大开。

XO 酱鱼头

供图单位

淳安县千岛湖烹饪餐饮行业协会

酒 15 克，食用油 100 克

制作要点

◎ 将鱼头洗净斩条，加姜、料酒、盐腌制 15 分钟。

◎ 取炒锅油温八成热时鱼头拖蛋清、拍生粉下锅煎，煎时要控制火候，中间要适当调至中火，翻面煎时再开大火，然后调中火，煎时要转锅，让锅的各个部位受热均匀，煎至两面金黄。

◎ 锅留底油，油温四成时下 XO 酱及调味料炒香，投入煎好的鱼头收汁起锅，再装入砂锅烧 2 分钟，点缀香菜即可。

主 料

千岛湖有机鱼头 2000 克

辅 料

XO 酱 100 克，姜 8 克，蒜 10 克，香菜 10 克，鸡蛋 1 个，盐 15 克，糖 3 克，味精 3 克，生抽 10 克，胡椒粉 3 克，生粉 25 克，料

宝瑟连宵怨，金罍尽醉倾。

——［唐］武元衡《送徐员外还京》

江山一片红

淳安厨师在毛家菜的基础上推陈出新，以千岛湖有机鱼制作的鱼头色泽红亮，味浓肉嫩，深受喜爱。

供图单位

淳安县千岛湖烹饪餐饮行业协会

主 料

鳙鱼头 1500 克

辅 料

红椒 300 克，剁椒 150 克，姜 15 克，蒜瓣 15 克，葱 15 克，盐 15 克，料酒 15 克，茶油 30 克，香油 20 克

制作要点

◎将鱼头剖开洗净，放入姜和料酒腌制 30 分钟，码在盘中。

◎将姜和蒜蓉均匀地撒在鱼头上，再把红椒切大片，酱椒剁碎分别撒在鱼头上，加入茶油、香油、味精、料酒和葱，上蒸柜以旺汽蒸 15 分钟取出。

◎另起锅，加入油烧热，投入大片新鲜红椒和少许盐，炒熟点缀在鱼头周围，即可上桌。

素弦激凄清，旨酒盈樽壶。

寿觞既频献，乐极随歌呼。

——〔唐〕权德舆《侍从游后湖宴坐》

干菜白玉蟹

入选 G20 峰会杭帮菜大赛 20 道峰会菜肴

 杭味故事

梅干菜，是一道浙江地区常见的特色传统名菜。有芥菜干、油菜干、白菜干、冬菜干、雪里蕻干之别，多系居家自制，使菜叶晾干、堆黄，然后加盐腌制，最后晒干装坛。

制作单位

杭州雷迪森铂丽大饭店

主料

帝皇蟹 1400 克

辅料

梅干菜 100 克，糖 20 克，蒜茸 50 克，鸡粉 2 克，精盐 10 克，食用油 50 克

小贴士

梅干菜加笋一同烧煮、晒干，称干菜笋，可谓鲜上加鲜，做汤特佳。梅干菜单独蒸软下饭，也别有风味，俗语"乌干菜，白米饭"。用梅干菜做配料，能发鲜入味，如"干菜烧乌鳢鱼"、"干菜烧土豆"等，均别有风味。

制作要点

◎梅干菜炒香后加糖蒸透待用。

◎蟹整个出肉，不破坏蟹肉的形状。

◎蟹肉加入蒜茸、鸡精、精盐拌匀。

◎一层蟹肉一层干菜堆成宝塔形，上笼蒸透即可。

一到花间一忘归，玉杯瑶瑟减光辉。歌筵更覆青油幕，忽似朝云瑞雪飞。

——〔唐〕羊士谔《看花》

湘湖泉水炖土步鱼

小贴士

土步鱼，又名沙鳢，属鱼纲塘鳢科，杭州湖泊、河道盛产此物。此鱼冬日伏于水底，常附土而行，一到春天便至水草丛中觅食。

制作单位

浙江金马饭店有限公司

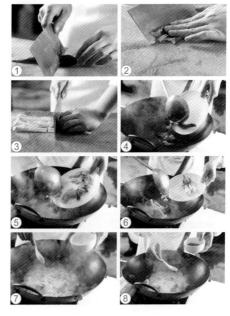

主 料

湘湖土步鱼 10 条 3000 克，湘湖矿泉水 1300 克，咸白菜心 10 颗

辅 料

菌菇 150 克，菜心 10 颗，姜 10 克，绍酒 10 克，精盐 20 克，味精 3 克，鸡粉 3 克

制作要点

◎土步鱼洗杀干净，咸白菜心、菌菇、菜心洗干净后改刀。

◎锅中放入矿泉水和姜片，烧开后捞出姜片，放入土步鱼，慢火炖 15 分钟。

◎加入咸白菜、菌菇，放入调料后略煮，装盘即可。

寿酒还尝药，晨餐不荐鱼。

——［唐］钱起《送外甥怀素上人归乡侍奉》

  杭味故事

清代诗人陈璨《西湖竹枝词》写道："清明土步鱼初美，重九团脐蟹正肥。莫怪白公抛不得，便论食品亦忘归。"此时鱼肥质嫩，肉白如银，较之豆腐，有其嫩而远胜其鲜，为江南水乡独特的健康食品鱼。

三色菊花鱼

第七届浙江厨师节百人百鱼宴吉世尼菜品之一

🐟 **杭味故事**

草鱼一般喜栖居于江河、湖泊等水域的中、下层和近岸多水草区域。杭州地区老百姓经常将草鱼肉入菜，甚至西湖醋鱼这类名菜也习惯选用经济实惠的草鱼作为原料。

制作单位

杭州萧山宝盛宾馆有限公司

制作要点

◎ 草鱼宰杀洗净，取两爿净肉，一半制成鱼茸待用，一半切成菊花状待用。

◎ 菠菜洗净氽水制成菠菜汁，胡萝卜洗净制成胡萝卜汁，各取三分之一的鱼茸放入制成绿色和黄色的鱼茸，剩三分之一本色鱼茸。

◎ 将每色鱼茸分别做成鱼圆、鱼青丸及鱼糕，做熟后取三只小盘，分别堆上三色鱼圆、三色鱼青丸、三色鱼糕。

◎ 菊花鱼块用绍酒、精盐、味精浸渍，拍上生粉炸成菊花状放入篮中。

◎ 其上点缀番茄沙司，将装好的三盘三色鱼放在下方即可。

主料

草鱼 1500 克，菠菜 100 克，胡萝卜 100 克

辅料

绍酒 10 克，精盐 10 克，生姜 15 克，食用油 1000 克（实耗 50 克），生粉 50 克，味精 5 克，番茄沙司 10 克

唯馀池上月，犹似对金尊。

——〔唐〕许尧佐《石季伦金谷园》

精盐烤鲚鱼

 杭味故事

唐孟诜："蜜（通鲚）鱼肉发疥，不可多食。"《食物本草》："有湿病疮疥勿食。"《随息居饮食谱》："多食发疮、助火。"《万历野获编》："从明朝洪武年起，太祖命每年岁贡梅鲚万斤。"故又称"贡鱼"。

制作单位

杭州新亭子餐饮管理股份有限公司

主 料

鲚鱼 350 克

辅 料

精盐 20 克，小葱 8 克，姜 3 克，食用油 60 克

制作要点

◎ 鲚鱼去内脏不去鳞，先用精盐腌制。
◎ 起油锅放入少量油，锅底放少许精盐。
◎ 下鲚鱼用小火煎至表皮两面金黄捞出装盘。
◎ 撒上姜丝、葱花即可。

恩随千钟洽，庆属五稼丰。
——［唐］权德舆《奉和圣制重阳日即事六韵》

 小贴士

鲚鱼又称为刀鲚、凤鲚、长颌鲚、梅鲚，其别名有凤尾鱼、河刀鱼、望鱼、毛花鱼、子鱼等，体延长，侧扁，向后渐细长。每年春季，梅鲚鱼开始产卵，夏季见子鱼，初秋可长到 6 厘米左右，形状似凤尾鱼。八月到十月这三个月是围捕梅鲚旺季。

荣获 2018 年萧山湘湖
十大名菜称号

🐟 杭味故事

吴越争霸,越国兵败,退守湘湖越王城山,被吴军围困。吴国派人向城山送咸鱼两尾,范蠡一看明白其意,即命士兵在洗马池中捉嘉鱼两尾回赠,吴帅知山上有水,便解军而去。此菜即是根据这个典故开发的。

制作单位

杭州新全乐餐饮有限公司

① ② ③ ④ ⑤ ⑥

🐚 小贴士

在清洗鱼腹时要把里面的一层黑膜去掉,因为那黑膜不但有腥味,还会使汤变黑。烧制鱼汤的锅一定要烧热再放油,油热后再放鱼,这样鱼才不会贴锅。煎鱼时一定要把鱼煎至两面变黄再加温水,只有这样才会煮出奶一样白的浓汤。为保鱼肉本身特有的鲜味,调料只用少量的葱、花椒及盐即可。

主 料

包头鱼头 700 克

辅 料

泡萝卜80克,湘湖泉水1250克,精盐8克,味精3克,鸡粉5克

制作要点

◎ 将湘湖包头鱼头用湘湖泉水烧制,加入泡萝卜,用精盐、味精、鸡粉调味烧入味后装盘。

◎ 鱼肉上浆,划熟后装盘即可。

桑叶隐村户,芦花映钓船。
——[唐]岑参《寻巩县南李处士别业》

湘湖特色烤鳗

制作单位
杭州开元名都大酒店

小贴士

鳗鱼又名鳗鲡、青鳝、白鳝，形似鳝鱼，属洄游鱼类，冬季时鳗鱼肉脂肪含量相对较少，更易于品尝到鳗鱼的鲜美滋味。

主料

鳗鱼 1 条 500 克

辅料

生菜 150 克，面包片 90 克，蒜泥 20 克，干葱末 10 克，姜末 10 克，小葱头 20 克，蛋清 2 个 60 克，红油 5 克，沙拉酱 15 克，盐 10 克

制作要点

◎将鳗鱼宰杀后用精盐揉捏、洗净黏液，从背部入刀去头去骨，剖开成鳗片。

◎将调料一起放入调成汁，把鳗鱼片浸在料汁中腌制三小时。

◎把腌好的鳗鱼取出用竹笠穿起来防止鳗鱼弯曲变形，用吊钩钩起晾干。

◎把晾干的鳗干放入铺上锡纸的钢盘中，放入烤箱烤 8 分钟后刷一遍蜂蜜，再烤至

两面金黄后取出。

◎把面包干切成 2 厘米左右的方块打底，上面码上生菜，再码上斩好的鳗干，生菜上放入少许沙拉酱即可。

广池春水平，群鱼恣游泳。
——〔唐〕白居易《春日闲居三首》

火腿蒸江鳗

制作单位

杭州钱江渔村餐饮集团有限公司

主 料 ·······································•

江鳗 500 克

辅 料 ·······································•

火腿片 40 克，精盐 5 克，味精 5 克，绍酒 10 克，葱花 5 克

小贴士

鳗鲡肉肥味美，煎炸、红烧、炒、蒸、炖、熬汤，无所不可，如黄焖河鳗、夹烧鳗鱼等。晒干后的鳗肉称为鳗鲞，食用时可用水发之，切丝入汤，味道也很好。鳗鲞以产于浙江沿海的产品质量最佳。若不用水发，加绍酒、葱结、姜片，上笼隔水蒸 15 分钟后去皮骨，味道更美。

制作要点 ·······································•

◎ 江鳗洗杀干净，背部改直刀后切成鳗段。

◎ 火腿切成 3 厘米长的片状。

◎ 把切好的江鳗放入盘中，放上火腿片，放入精盐、味精、绍酒，上蒸笼蒸 12 分钟，出锅撒上葱花即可。

兰厄谁与荐，玉旆自无惊。

——［唐］羊士谔《郡楼晴望二首》

腐乳蒸江白虾

小贴士

豆腐乳是用豆腐经接种毛霉菌，经发酵后腌制而成的豆制品。豆腐乳又分南乳和北乳。北乳多为加红曲米汁的腐乳，颜色鲜红；而南乳多为不加红曲的腐乳，颜色呈浅白。

制作单位

杭州雷迪森铂丽大饭店

主 料

江白虾 250 克

辅 料

腐乳 30 克，味精 3 克，猪油 10 克，绍酒 5 克，葱花 5 克，盐 5 克

制作要点

◎将江白虾放入沸水 10 秒钟捞起，冷水冲净，均匀地摆放在盘中备用。

◎将腐乳捣碎，加入调料和水调制均匀。

◎将调制好的腐乳汁倒在白虾盘中，上笼蒸熟，洒上葱花即可。

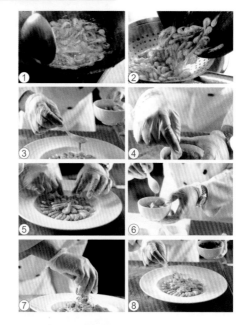

杭味故事

把腐乳加入白虾之中，极具创新性。这可以说是一道他新杭帮菜。

虾蟆虽水居，水特变形貌。

强号为蛙蛤，于实无所校。

——［唐］韩愈《答柳柳州食虾蟆》

菜梗头煮河虾

制作单位

杭州太虚湖假日酒店
有限公司

主 料 ······························

河虾 200 克

辅 料 ······························

菜梗头 80 克，边笋 100 克，精盐 8 克

制作要点

◎ 菜梗头洗净放入碗中，加入适量的矿泉
水蒸一小时待用。

◎ 把蒸好的菜梗头带汤一起放入锅中，加
入笋片、河虾，放入调料煮熟即可。

🐟 杭味故事

清代才子韩应潮《笼虾》诗曰："羡煞
栖溪秋水澄，笼虾编竹几层层。扁舟放
去芦三尺，凉夜捞来月半棱。市早却宜
沿岸卖，食鲜共喜执筐承。磋须佐酒须
姜醋，可让持螯风味曾。"

🫐 小贴士

煮是将原材料放在多量的汤汁或清水中，先用大火煮沸，再用中火或小火慢慢煮熟。煮不同
于炖，煮比炖的时间要短，一般适用于体小、质软类的原材料。注意煮时不要过多地放入葱、
姜、料酒、酱油等调味料，以免影响汤汁本身的原汁原味，也不要让汤汁大煮大沸，以免肉
中的蛋白质分子运动激烈使汤浑浊。

水冬菜烧步鱼

制作单位

杭州太虚湖假日酒店
有限公司

主 料

湘湖土步鱼 500 克

辅 料

水冬菜 60 克，净冬笋 60 克，葱 5 克，
姜片 5 克，绍酒 10 克，熟猪油 30 克，盐
10 克

制作要点

◎将土步鱼从肚子剖开取内脏，去鳞去腮
洗净，用刀在背部剞刀待用。
◎冬笋切片。
◎炒锅置火上烧热下猪油放入步鱼略煎，
再放入姜片、葱段、笋片，烹入绍酒略炒
后放入开水。
◎最后下水冬菜滚 2 分钟调味出锅即可。

鱼惊跃或出，鹭下飞何扬。
——［宋］王令《蕲口道中三首其一》

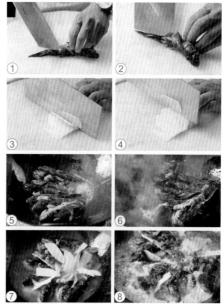

🐟 杭味故事

历史上，湘湖、西小江、南门江和昭东
乡运河入江处等地盛产土步鱼，其中湘
湖出的土步鱼最多，也最有名气，所以
统称"湘湖土步鱼"。民国《萧山县志稿》
载："杜父鱼，亦名土步鱼，出湘湖者
为最，桃花水涨时尤美。"三月春风吹
红桃花时，是品尝土步鱼的最佳时节。

虾油湘湖白鲦

制作单位

杭州雷迪森铂丽大饭店

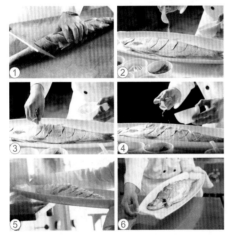

主 料 ....

大白鲦 1200 克

辅 料 ....

调制虾油 50 克，青红椒丝各 10 克，精盐 15 克，味精 2 克，绍酒 5 克，小葱 50 克

制作要点 ....

◎将白鲦宰杀取鳞、鳃、内脏，洗净后在背上剞上几刀，用精盐、绍酒、姜丝略腌待用。

◎鱼放入盘中，加入虾油、姜片、葱结上笼蒸 8 至 10 分钟至熟，取出姜片，葱结，用沸油淋亮油，撒上青红椒丝即可。

有山无粟养鸡豚，有水无人捕鱼鳖。

—— [宋]华岳《野菜吟》

野菜鳜鱼脯

🐟 杭味故事

"桃花流水鳜鱼肥"，此为唐代诗人张志和所书写的著名词句，据传当时颜真卿在浙江做官。张志和驾舟往谒，时值暮春，桃花水涨，鳜鱼水美，他们即兴唱和，张志和首唱，其中就赞许了鳜鱼的肥美。

制作单位

杭州萧山宝盛宾馆有限公司

主料

湘湖鳜鱼 750 克

辅料

荠菜 100 克，食用油 1000 克（实耗 50 克），精盐 15 克，味精 3 克，湿淀粉 20 克，姜 10 克，绍酒 10 克，鸡蛋 50 克

制作要点

◎ 将鳜鱼取下鱼头，尾部以后鳍为界斜刀斩下，用绍酒、精盐、姜先腌一下。

◎ 将鱼身去成两爿，去肚裆、鱼皮及刺，片成薄片，加精盐、味精、姜汁水、蛋清、湿淀粉上浆。荠菜出水冲凉切成末。

◎ 将炒锅置旺火上入油，烧至八成热时把腌渍过的鱼头、尾落入锅炸至金黄色，捞起沥干油，将头尾分别放在盘的两端。

◎ 另起锅置中火上入油，待油温至四成热时下浆好的鱼片，用筷子划散，倒入漏勺

沥去油。原锅留底油回置火上，倒入荠菜末、姜丝、绍酒等，放入鲜汤，勾薄芡倒入划好的鱼片，轻推拌匀浇亮油，出锅将鱼片倒在头尾中间即可。

檐外桃花片片飞，垂涎汉水鳜鱼肥。

——〔宋〕赵万年《徐招干请吃鳜鱼桐皮》

培红菜烧船钉鱼

制作单位

杭州跨湖楼餐饮有限
公司

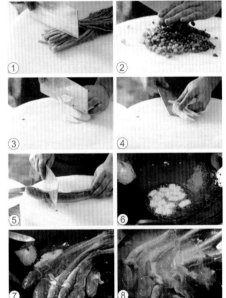

制作要点 ································

◎船钉鱼洗净切三厘米长的连刀段待用。

◎培红菜切末，时笋切片。

◎将炒锅置旺火上，下油至四成熟时把船
丁鱼下锅略煎。

◎投入葱、姜、笋片和培红菜，烹入绍酒、
清汤大火烧开。

◎改中火煮熟后调入精盐、味精出锅。

🥄 **小贴士** ················

船钉鱼，学名蛇绚，也称白杨鱼，因其体
瘦长形似船钉，故俗称船钉鱼。刺少肉多，
味质鲜美。

主 料 ································

船钉鱼 500 克

辅 料 ································

培红菜 100 克，时笋 50 克，精盐 10 克，
绍酒 10 克，葱、姜各 5 克，味精 3 克

乃知杯中物，可使忧患忘。

——［唐］权德舆《浩歌》

葱熸江鳊鱼

 小贴士

鳊鱼亦称鲂鱼，鲤科，是我国水产科学家在20世纪50年代从野生鳊鱼群体中经过人工选育、杂交培育出的优良养殖鱼种之一。因其生长迅速、适应能力强、食性广、成本低、产量高、市场需求量大，备受广大养鱼户的青睐。

制作单位

杭州钱江渔村餐饮集团有限公司

主 料

江鳊鱼 1000 克

辅 料

葱 500 克，猪油 100 克，酱油 50 克，精盐 15 克，味精 3 克，生姜 30 克，糖 5 克，绍酒 10 克

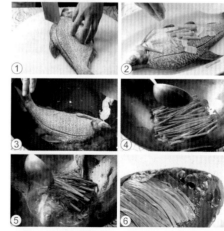

制作要点

◎将鳊鱼宰杀取鳞、鳃及内脏，在背部剖上几刀，用绍酒、精盐、姜片先腌渍 10 分钟，使其肉质结实。

◎炒锅置火上烧热，下猪油，入鳊鱼煎成两面略黄，烹入绍酒，加入葱、姜片、酱油、糖，烧开后转小火焖烧至熟。

◎取出装盘，把锅内的小葱码在鱼上即可。

 杭味故事

《食疗本草》载鲂鱼："调胃气，利五脏。和芥子酱食之，助肺气，去胃家风。消谷不化者，作食，助脾气，令人能食。患疮痢者，不得食。作羹食，宜人。其功与鲫鱼同。"

鲜笋紫泥开玉版，嘉鱼碧柳贯金鳞。

——〔宋〕方回《二月十五晚吴江二亲携酒》

萝卜丝鲫鱼汤

制作单位

浙江金马饭店有限公司

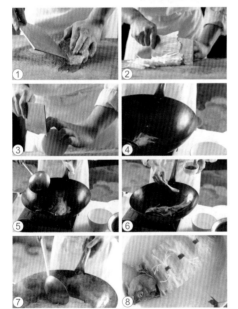

挑选鲫鱼以鱼眼睛略凸，眼球颜色黑白分明并且有光泽的鲫鱼为佳。清蒸或煮汤营养效果最佳，若经煎炸，营养价值则会大打折扣。处理鲫鱼时，最好去掉咽喉齿，这样无论做汤还是红烧，泥味都不会那么重。

主 料 ·····

鲫鱼1条450克

辅 料 ·····

萝卜200克，精盐8克，绍酒10克，葱姜各5克，味精3克，猪油60克

制作要点 ·····

◎将鲫鱼去鳞、鳃、内脏洗净后沿背骨从头向尾侧面片一片。取萝卜切成丝。

◎将炒锅置旺火下油待三成热时用葱、姜炝锅。把鱼放入油锅内略煎后迅速翻身加入绍酒、开水，同时加入萝卜丝盖上锅盖用旺火烧5分钟左右。

◎调入精盐、味精装入品锅即可。

鲜鲫每从溪女买，香莼时就钓船炊。

——［宋］陆游《幽居书事》

水产类／

321

包心菜干蒸鱼钩

小贴士

鱼钩鱼，学名长吻，又称长吻鮰。由于资源稀缺，近年来在市场很少露面。长吻主要以小鱼、小虾、水生软体动物等为食物，肉质鲜美细嫩。在萧山区被称为"鱼钩"的长吻鱼特征如下：突出的长吻，灰黑色身躯呈纺锤形，酷似鲨鱼。

制作单位

杭州钱江渔村餐饮集团有限公司

主 料

钱塘江鱼钩鱼 700 克

辅 料

包心菜干 100 克，味精 2 克，糖 15 克，绍酒 5 克，食用油 50 克，葱花 30 克，盐 10 克

制作要点

◎把鱼钩鱼剖杀干净，在鱼背上改刀待用。

◎把包心菜干放入锅中炒透，盖在鱼身上，

加上味精、糖，淋上绍酒上炉蒸熟，撒上葱花即可。

儿孙莫讶得鱼少，盖谓翁翁是直钩。

——［宋］释慧空《次游教授韵呈草堂老师》

 杭 味 故 事

长吻是一种名贵鱼类，是钱塘江的一种"土著鱼"，俗名"鱼钩鱼"。在钱塘江放养鱼种，主要是为了改善钱塘江的生态环境。往年在钱塘江投放的基本是鳙鱼、鲢鱼、草鱼、鳊鱼等常规鱼种。随着生物多样性问题被社会广泛关注，为了让钱塘江流域的土著"居民"繁盛起来，一些钱塘江原有的珍贵鱼种资源如长吻鮰、三角鲂这两年也被放养到钱塘江。

萧山十碗头之一

醋溜鱼块

制作单位
杭州开元名都大酒店

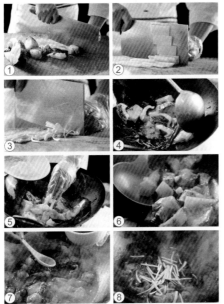

制作要点

◎将包头鱼肉斩成长5厘米、宽2厘米的长方块，萝卜切成长方片。

◎将炒锅置旺火上，下食用油烧至六成热时用生姜炝锅。

◎放入鱼块，将炒锅颠翻几下，加入绍酒、酱油、糖、萝卜块、汤水，加盖烧沸后再烧5分钟。

◎用醋、湿淀粉勾芡，撒上韭黄即可。

主 料

包头鱼肉 750 克

辅 料

萝卜 150 克，韭黄 50 克，酱油 50 克，糖 30 克，绍酒 25 克，香醋 150 克，湿淀粉 50 克，姜片 20 克，油 25 克，盐 10 克

世间禊事风流处，镜里云山若画屏。
今日会稽王内史，好将宾客醉兰亭。
——〔唐〕鲍防《上巳寄孟中丞》

水产类一

美味干烧带鱼

小贴士

带鱼富含脂肪、蛋白质、维生素A、不饱和脂肪酸、磷、钙、铁、碘等多种营养成分。带鱼性温，味甘，具有暖胃、泽肤、补气、养血、健美以及强心补肾、舒筋活血、消除疲劳、提精养神之功效。

供图单位

淳安县千岛湖烹饪餐饮行业协会

主料

带鱼 500 克

辅料

美极鲜 10 克，鱼露 10 克，盐 5 克，胡椒粉 3 克，辣酱 5 克，干淀粉 5 克

制作要点

◎带鱼两面切小十字花刀，加盐、鱼露、美极鲜、胡椒粉、鸡粉、姜、香菜腌 3 分钟。

◎生姜、蒜子、洋葱、香菜分别切末，待用。

◎将腌好的带鱼吸干水分、拌少许蛋黄拍上干淀粉、入六成左右的油锅炸至外壳金黄。

◎另起油锅下小料煸炒，加辣酱、美极鲜、鸡粉、花椒油、少许水

◎倒入炸好的带鱼稍稍收下汁，最后撒上香菜末即可。

柳色初深燕子回，猩红千点海棠开。
紫鱼莼菜随宜具，也是花前一醉来。

——〔宋〕陆游《花下小酌》

脆皮豆腐鱼

供图单位
淳安县千岛湖烹饪餐
饮行业协会

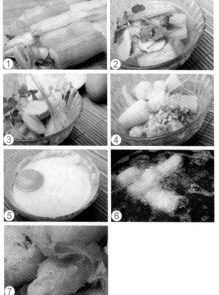

制作要点

◎将豆腐鱼去头、去尾、切3厘米左右的段，
香菜切末。

◎用啤酒泡洗（加入姜片葱段、泡好后去
除），调料1和香菜末腌制。

◎调料2加水调成泡打糊，加入蛋黄一只。

◎将腌好的鱼挂上泡打糊入五至六成左右
的油锅炸至金黄色即可。

🌶 小贴士

豆腐鱼也叫龙头鱼，水分多，骨刺松软，
味美，是美味的海鱼，身体和肉质呈半透
明的玉脂状，捕捞后很难保存和运输，故
多用于加工成干品，其盐干品称龙头鱼烤。

主料

豆腐鱼300克，鸡蛋50克

辅料

葱10克，姜10克，香菜8克，啤酒16克，
盐5克，味精4克，胡椒粉3克，生粉15
克，面粉30克，泡打粉10克

秋光风露天，令节庆初筵。
——［唐］权德舆《和九日从杨氏姊游》

双油氽黄蚬

小贴士

吃黄蚬还得有点耐心，不宜直接拿回家就煮，要放在水盆里，让它们夜里悄悄地张开嘴，伸出肉"舌头"，一夜吐完壳内的泥沙。

制作单位

杭州新亭子餐饮管理股份有限公司

主 料

黄蚬 500 克

辅 料

酱油 25 克，绍酒 10 克，味精 2 克，猪油 5 克，姜片 5 克，小葱 5 克

制作要点

◎ 黄蚬清洗处理后待用。

◎ 起油锅（少许油）加入生姜片后炝锅。

◎ 加入高汤烧开后加入黄蚬，调入酱油、绍酒、味精烧至汤水开后浸 3 分钟。

◎ 淋上猪油、撒上葱花即可。

杭味故事

在过去，想吃黄蚬了就到钱塘江里捞，沙地里掏。据市民回忆小时候捞黄蚬儿的情景：小时候扛着耙儿，挑着篮儿，一耙儿掘进江里，再钩回来时，哗啦啦响，都是个黄蚬儿。那是三十几年前的事了。这几年，钱塘江里的黄蚬多了起来。黄蚬儿是杭州最平民化的一道菜，萧山闻堰等地尤其喜欢吃黄蚬。原先钱塘江两岸的人家都是白煮、清蒸、蘸蘸作料，当荤菜吃。除开传统的白煮等方法，现在还流行炭烤、油爆、杂烩，杭州人的手艺没话说，把这道菜做得又鲜又美。

春冰销散日华满，行舟往来浮桥断。
城边鱼市人早行，水烟漠漠多棹声。
　　　　　　——［唐］张籍《泗水行》

龙虾芙蓉蛋

🐟 杭味故事

这是一道传统蒸蛋混入鲜嫩龙虾肉的创新杭帮菜，该菜肴制作的方法和图文信息被保存在杭州天元大厦29楼。也许只有杭州酒家（天元旗舰店）才会稳定供应这道菜，欢迎大家去探店。

制作单位

杭州酒家

主 料 ....

龙虾肉50克，鸡蛋300克

辅 料 ....

茶叶3克，盐2克

制作要点 ....

◎龙虾去壳留肉，将肉煮熟。

◎将龙虾头尾做成精美的盘头，再将蒸好的芙蓉蛋装盘，放入适量龙虾肉。

◎插上点茶叶或鱼籽（无鱼籽也可用其他装饰性食材点缀）进行装饰即可。

习见反不怪，海人等龙虾。

——［宋］苏洵《答二任五言二十韵》

🥬 小贴士

有研究表明：蒸蛋和煮鸡蛋的消化率和吸收率是鸡蛋所有做法中最高的，其他的做法，如炸、煎、生吃等，都会造成很大的营养流失。所以，鸡蛋最营养的吃法就是蒸或者煮。

脆炸带鱼

制作单位

杭州吴山酩楼餐饮管理有限公司

主 料

带鱼 400 克

辅 料

鸡蛋清 200 克，生粉 150 克，盐 5 克

制作要点

◎带鱼洗杀切段，用盐腌制 10 分钟。

◎蛋清、生粉搅拌放入带鱼。

◎将油热至七成浸炸，出菜。

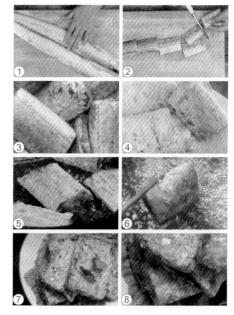

城下秋江寒见底，宾筵莫讶食无鱼。

——［唐］羊士谔《郡中即事》

 小贴士

翻开鱼腹，里面的黑色特质都要刮洗干净，黑色的物质腥味最大。带鱼需要提前腌制，用葱、姜、蒜、料酒、胡椒粉腌制半小时至一小时。调少许面糊来包裹带鱼炸制，可以达到外酥里嫩的效果。如果直接拍一层面粉或淀粉来炸，鱼肉容易发干，复炸一下会更酥。带鱼肉质细腻，没有泥腥味，且富含人体必需的多种矿物元素以及维生素。

5

蔬食类

瓜果蔬豆，献给世界的友好食物

火腿蚕豆

2014年中国杭帮菜博物馆
杭州市餐饮旅店行业协会联合评选
36道"新杭州名点名小吃"之一

 小贴士

在烹调时稍加些小
苏打或碱面，能使
蔬菜的颜色更加鲜
艳透明，且不影响
菜的营养价值。

制作单位

杭州饮食服务集团有
限公司

主 料

熟火腿上方 75 克，鲜嫩蚕豆 300 克

辅 料

白糖 10 克，味精 2.5 克，奶汤 100 克，
熟鸡油 10 克，精盐 2 克，色拉油 30 克，
湿淀粉 10 克

制作要点

◎将蚕豆除去豆眉，用冷水洗净，在沸水
中略焯；熟火腿切成丁。

◎锅置中火上烧热，下色拉油至 150℃时，
将蚕豆倒入，约煸 10 秒钟。

◎把火腿丁下锅，随即放入奶汤，加白糖
和精盐，烧 1 分钟汤汁收浓时加入味精。

◎用湿淀粉调稀勾芡，颠动炒锅，淋上鸡油，
盛入盘内即成。

 杭味故事

火腿蚕豆是杭州夏初时令佳肴。它的选料
十分讲究，要选用"清明见豆荚，立夏可
以吃"的本地蚕豆。豆粒的眉部呈绿色，
肉质幼嫩，别有滋味。火腿则应选择中腰
峰，与初上市的鲜嫩蚕豆同炒，红绿相间，
色泽鲜艳，回味甘甜。

摇漾越江春，相将采白蘋。
——［唐］王涯《春江曲》

油焖春笋

1956 年被浙江省认定为
36 种杭州名菜之一

🍇 **小贴士**

要使笋煮后不缩
小，可加几片薄荷
叶或盐。

制作单位

杭州饮食服务集团有
限公司

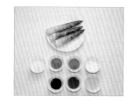

主 料 ················
春笋肉 500 克

辅 料 ················
酱油 75 克，白糖 25 克，味精 1.5 克，花
椒 10 粒，色拉油 75 克，芝麻油 15 克

制作要点 ················
◎将笋肉洗净，对剖开，用刀拍松，切成 5
厘米左右长的段。
◎将炒锅置中火上烧热，下色拉油至
130℃左右时，放入花椒，炸香后捞出。
◎将春笋入锅煸炒至色呈微黄时即加入酱
油、白糖和水 100 克，用小火煨 5 分钟。
◎待汤汁收浓时，放入味精，淋上芝麻油
即成。

🍲 **杭味故事**

这道菜宜选用杭州郊区短壮、皮薄、肉厚、
质嫩的春笋作原料。成菜色泽红亮，鲜嫩
爽口，略有甜味。既可佐酒又可下饭，是
为杭州传统名菜。

别说你会做杭帮菜·杭州家常菜谱

5888
例

无数春笋满林生，柴门密掩断行人。

——［唐］杜甫《春笋》

舍得

制作单位

杭州龙井草堂餐饮有
限公司

① ②
③ ④
⑤ ⑥
⑦ ⑧

🐚 小贴士

炒青菜时，不宜加冷水，加开水炒出来的
青菜又鲜又嫩；炒的时间不宜过长。

🐟 杭味故事

店家从数十斤新鲜青菜中，只取最里
边最嫩的部分，给顾客炒一盘菜，称
之为"舍得"。剩下的青菜叶子也不
浪费，用来做员工餐，称之为"舍不得"。
这道创新菜体现了杭州人民充分利用
食材、尊重食材的好习惯。

主 料

鸡毛菜（夏秋季）或青菜（冬季）150 克

辅 料

葱 30 克，姜 20 克，高汤 500 克，菜油
50 克，五花肉 100 克

制作要点

◎将毛毛菜或青菜去掉外叶，留菜心备用。

◎用姜、葱、五花肉和熬制的高汤备用。

◎将菜心焯水沥干。

◎加菜油或猪油快速爆炒，适时加入备用
高汤，调味出锅。

群阴欲午钟声动，自煮溪蔬养幻身。

—— ［唐］欧阳詹《永安寺照上人房》

蔬食类

锅巴鹅肝茄盒

制作单位

杭州酒家

主 料 ······························

鹅肝 200 克，长条茄 400 克

辅 料 ······························

番茄酱 150 克，植物油 300 克

制作要点 ······························

◎ 长条茄刨开，斜切成直径约 3 厘米圆形。

◎ 两片茄片中间加锅巴、鹅肝。

◎ 下锅油炸成金黄色。

◎ 盛出装盘，表面浇番茄酱即可。

 小贴士 ······························

古埃及人早就发现，野鹅在迁徙之前会吃
大量的食物，把能量储存在肝脏里，以适
应长途飞行的需要，而这段时间捕获的野
鹅肝的味道最为鲜美。

舍后荒畦犹绿秀，邻家鞭笋过墙来。

——［宋］范成大《春日田园杂兴》

火蒙鞭笋

1956 年被浙江省认定为
36 种杭州名菜之一

  小贴士

用开水煮新笋容
易熟，而且还松
脆可口。

制作单位

杭州饮食服务集团有
限公司

 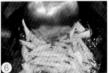

主料

嫩鞭笋 300 克，奶汤 250 克

辅料

熟火腿末 15 克，精盐 2.5 克，味精 2.5 克，
湿淀粉 15 克，熟鸡油 25 克，色拉油 25 克

制作要点

◎将鞭笋洗净，对剖开，用刀拍一下切成
条块。

◎炒锅置中火上，下色拉油，放入鞭笋，
颠锅略煸。

◎随即加入奶汤，盖上锅盖，移至小火上
煮 5 分钟。

◎加精盐、味精，用湿淀粉调稀勾薄芡，
起锅装盘。

◎装盘时，撒上火腿末，淋上熟鸡油即成。

  杭味故事

冬笋质脆甘美，素以美味山珍、竹笋之王
著称。清代美食家、杭州人袁枚在《随园
食单》中言及冬笋随凿随吃，不宜过夜，
食之香甘不可言状。

还家敕妻儿，具此煎炰烹。

—— ［唐］韩愈《燕河南府秀才得生字》

栗子冬菇

制作单位

杭州饮食服务集团有限公司

主料

水发冬菇 75 克，绿蔬菜 100 克，栗子 300 克

辅料

白糖 10 克，湿淀粉 10 克，味精 2 克，酱油 20 克，色拉油 40 克，芝麻油 10 克

制作要点

◎选用大小均匀直径 2.5 厘米左右的冬菇，去蒂洗净。栗子横割一刀（深至栗肉的 4/5），放入沸水煮至壳裂，捞出，剥壳去膜（如新鲜嫩栗应生剥去膜，老栗子要蒸酥再用）。

◎炒锅置旺火上烧热，下色拉油，倒入栗子、冬菇略煸炒，加酱油、白糖和汤水 150 克。

◎烧沸后，放入味精，用湿淀粉调稀勾芡，淋上芝麻油，起锅装盘（冬菇面向上），四周缀上焯熟的绿蔬菜即成。

小贴士

冬菇含有丰富的蛋白质和多种人体必需的微量元素。冬菇嫩滑香甜，干菇美味可口，香气横溢，烹、煮、炸、炒皆宜，荤素佐配均能成为佳肴。冬菇还是防治感冒、降低胆固醇、防治肝硬化和具有抗癌作用的保健食品。

野蔬盈倾筐，颇杂池沼茞。

——〔唐〕柳宗元《游南亭夜还叙志七十韵》

虾子冬笋

 小贴士

食用冬笋前，先用淡盐水将冬笋煮开5-10分钟，然后再与其他配料烹调成菜，这样有助于防止因吃冬笋而引起的不良反应的出现。

制作单位

杭州饮食服务集团有限公司

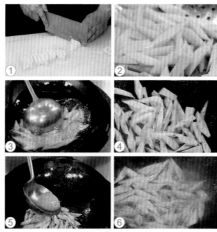

 **杭味故事**

冬笋质脆甘美，素以美味山珍、竹笋之王著称。清代美食家、杭州人袁枚在《随园食单》中言及冬笋随凿随吃，不宜过夜，食之香甘不可言状。

密竹复冬笋，清池可方舟。

——〔唐〕杜甫《发秦州》

主料

生冬笋肉400克，奶汤125克

辅料

干虾子5克，味精2克，绍酒10克，湿淀粉10克，酱油25克，芝麻油10克，白糖10克，色拉油500克

制作要点

◎将冬笋洗净，切成4厘米长、1厘米宽、0.8厘米厚的条。

◎炒锅置中火上烧热，下色拉油，至100℃时倒入冬笋"养"炸3分钟,倒入漏勺，沥去油。

◎锅内留油10克，倒入虾子略煸，即放入冬笋，加绍酒、酱油、白糖及奶汤，盖好锅盖，用小火煮3分钟。

◎放入味精，用湿淀粉调稀勾芡，顺锅边淋入芝麻油，颠动炒锅，出锅装盘即成。

农家酥豆

制作单位

杭州饮食服务集团有限公司

主料

干蚕豆 200 克

辅料

茴香 15 克,桂皮 15 克,干红椒 15 克

制作要点

◎将清洗后的干蚕豆在清水中浸泡 15 小时,待蚕豆完全涨发。

◎把豆子放入高压锅中,加桂皮、茴香、干红椒、酱油、白糖、黄酒、美极鲜,放清水 2500 克,烧开 8 分钟。

◎开盖,收浓汤汁,即可。

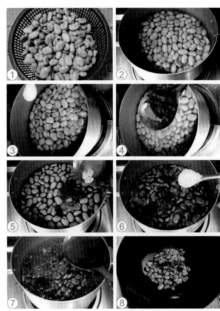

① ② ③ ④ ⑤ ⑥ ⑦ ⑧

🍵 **小贴士**

蚕豆营养价值丰富,含8种人体必需氨基酸。

别说你会做杭帮菜·杭州家常菜谱

5888
例

莫道莺花抛白发,且将蚕豆伴青梅。
——[宋]舒岳祥《小酌送春》

青豆糯米

新杭帮菜 108 将之一

制作单位

杭州知味观食品有限
公司

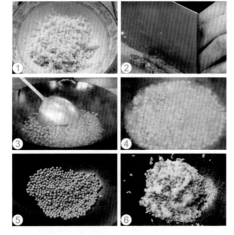

🐟 杭味故事

糯米来源于糯稻，而糯稻最先的种植区
域在长江流域，随后传入黄河流域。《说
文解字》中如是记载："稬（与糯同音），
沛国谓稻，糯。"，沛国在春秋时期属
于吴越区域，因此糯米也是吴越人自古
以来的主食之一。

主 料

新鲜甜豆肉 200 克，糯米 100 克

辅 料

火腿 5 克，火腿膘油 3 克，盐 5 克，味精
5 克

制作要点

◎糯米洗净，水中浸泡至吸足水分，拌上
适量色拉油，上笼蒸熟（呈颗粒状为佳）
待用。

◎锅内加足色拉油，用水养熟甜豆肉后倒
入漏勺。

◎锅留少量底油，煸香膘油及火腿粒，加
入熟甜豆和热糯米，翻炒调味均匀即可。

铺床拂席置羹饭，疏粝亦足饱我饥。

——〔唐〕韩愈《山石》

菠菜煎豆腐

2012 年"中国杭帮菜博物馆杯"
十佳家常杭帮菜之一

小贴士

烧豆腐吃时，先把豆腐在开水中浸泡一刻钟，这样可去除豆腥味和碱味，而且会让豆腐更坚固，不会炒烂煮烂，吃起来口感会更嫩。

制作单位

杭州饮食服务集团有限公司

主 料

菠菜 400 克，豆腐 3 块 600 克

辅 料

酱油 20 克，糖 10 克，盐 8 克

制作要点

◎菠菜择洗干净，用沸水焯一下，捞出沥水备用。

◎豆腐焯水冲洗干净，切片。

◎炒锅内放油烧热，先将豆腐片入油锅两面煎黄，下料，烧 1-2 分钟，再加入菠菜调味即可。

海将盐作雪，出用火耕田。
——［唐］吕渭《状江南·仲冬》

杭味故事

历史上，我国一直以植物性食材为主食，这既是古代生活条件所限，也是古人留下来的健康饮食理念。这道菜还有"一清二白"的做人道理。当然，各地烹饪豆腐的方式不同，杭州人会把豆腐两面煎黄，使得豆腐块更具有咀嚼感。

蒸双臭

2012 年"中国杭帮菜博物馆杯
我最喜爱的十佳家常杭帮菜评选暨
杭帮盛宴·民间厨神秀大赛"评选出的
"十佳家常杭帮菜"之一

小贴士

烧豆腐时，加少许豆腐乳或汁，味道芳香。

制作单位

杭州天元大厦有限公司

主 料

臭豆腐 400 克，霉苋菜梗 200 克

辅 料

色拉油 40 克，食盐 4 克，小米椒 30 克，味精 5 克

杭味故事

蒸双臭这道菜所指的"双臭"指的是臭豆腐和霉苋菜梗，香中含臭，越臭越香。臭食传统是在古代中国人发酵食物、延长食材食用时间的伟大创造过程中发明的。现代的臭食缺少贵族气，多在百姓家中。

制作要点

◎将臭豆腐略冲洗下，铺在盘底，将霉苋菜梗铺在豆腐上。

◎在霉苋菜梗上撒上一层细盐，淋上一大勺色拉油。

◎再盖上一大勺小米椒，淋上两大勺泡小米椒的水。

◎入蒸锅，大火蒸 10 分钟即可，出锅后撒上点味精。

野笋资公膳，山花慰客心。
——［唐］崔备《清溪路中寄诸公》

饭焐茄子

小贴士

爆炒茄子时，切完茄子要立马下锅过油，不然茄子会氧化变黑。炒制茄子时，也要放少许醋，防止变黑。

制作单位

杭州天元大厦有限公司

主 料

茄子 350 克，大米 300 克

辅 料

酱油 6 克，麻油 2 克，蒜泥 3 克，葱白 2 克

制作要点

◎ 茄子去蒂洗净，待用。

◎ 大米淘洗干净，加入清水，入笼屉，铺上茄子，旺火蒸至米饭熟。

◎ 取出蒸焐好的茄子，撕扯成条，拌以酱油、蒜泥、葱白，再淋上麻油即成。

杭味故事

在浙江绍兴地区，用传统方法做饭时，往往在同一个蒸笼里下煮米饭，上蒸菜肴，饭熟菜成。有人干脆将菜直接放在米饭上，饭熟后取出，加作料即可。杭州人的父辈、祖辈，很多来自绍兴，自然这种饮食习惯也传承到今日杭州人的家常餐桌上。

紫茄白苋以为珍，守任清真转更贫。
　　　　　——〔唐〕孙元晏《梁蔡撙》

雪菜豆瓣

制作单位

杭州天元大厦有限公司

主　料

豆瓣 200 克，雪菜 100 克

辅　料

雪里蕻 10 克，姜片 15 克，盐 2 克，味精 5 克，豆瓣酱 5 克，蒜末 2 克

制作要点

◎起油锅，倒入姜片、蒜末爆香。

◎下雪里蕻炒匀。

◎加豆瓣酱、盐、味精，炒至熟软。

◎倒入蚕豆炒匀。

◎翻炒匀至入味，加水淀粉勾芡，盛出装盘即可。

小贴士

雪菜是我国传统食物，且营养丰富。雪菜与百合搭配有解毒消肿、清热除烦的效果；和冬笋一起食用可以明目除烦、清热解毒；和姜一起食用可以祛咳止痰；和猪肝一起食用有助于钙的吸收。但是需要注意的是，雪菜与鲫鱼一起食用会引起水肿，和浓茶一起食用会导致消化不良。

宿雨方然桂，朝饥更摘蔬。

——［唐］羊士谔《永宁小园即事》

红烧卷鸡

1956 年被浙江省认定为 36 种杭州名菜之一

小贴士

豆腐皮有易消化、吸收快等优点。儿童食用豆腐皮能提高免疫能力，老年人长期食用则可延年益寿，是一种妇、幼、老、弱皆宜的食用佳品。

制作单位

杭州饮食服务集团有限公司

主料

泗乡豆腐皮 21 张，水发天目笋干 250 克

辅料

熟笋片 50 克，白糖 15 克，味精 2 克，芝麻油 10 克，水发香菇 10 克，素汁汤 250 克，绿蔬菜 50 克，色拉油 750 克，酱油 25 克

制作要点

◎笋干剪去老头，撕成丝，腐皮用湿毛巾润潮，撕去边筋，3 张一帖地横放在砧板上互相重叠一半。

◎将笋干丝放在腐皮的下端排齐，从下向上卷紧，切成 4 厘米长的段，即成"卷鸡"段；香菇批片。

◎锅置旺火上，下油烧至 150℃时，放入卷鸡段，炸至金黄色时，用漏勺捞出。

◎锅内留油 25 克，将笋片、香菇倒入锅内

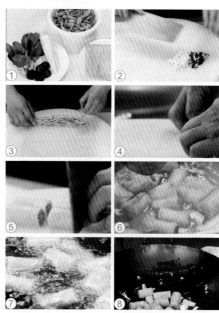

略煸，放入酱油、白糖、素汁汤和卷鸡段同煮 3 分钟左右。

◎汤汁收浓到 1/5 时，再加入味精和焯熟的绿蔬菜，起锅装盘，淋上芝麻油即成。

主人闻语未开门，绕篱野菜飞黄蝶。

——［唐］羊士谔《寻山家》

特色甜豆

新杭帮菜 108 将之一

制作单位

杭州张生记饭店

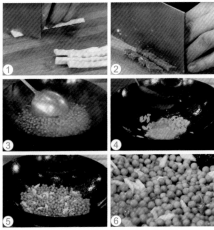

主 料

有机甜豆 400 克，鲜笋 80 克

辅 料

精盐 3 克，火腿粒 50 克，油 20 克

制作要点

◎当锅内油温升至二成左右时将甜豆、火腿粒及笋丁一起倒入锅内，小火慢烧 30 到 40 秒左右（根据甜豆的老嫩而定）。

◎加入适量食盐进行调味，装盘。

小贴士

选购甜豆时以豆荚青绿鲜嫩不萎缩，兼没斑点方为上品，豆粒愈饱满即愈甜。大小与营养价值无关。豆类是很难保鲜的蔬菜，多采用低温贮藏，一般只宜贮藏 2-3 周，无冷藏条件的只能贮放 1 周以内。

松果连南亭，外有瓜芋区。

——［唐］韩愈《示儿》

蔬食类／

酱肉蒸春笋

制作单位

杭州饮食服务集团有限公司

主 料

酱肉 100 克，春笋 250 克

辅 料

酱油 20 克，葱 15 克，姜末 10 克，盐 1 克，味精 2 克

制作要点

◎春笋剥壳洗净，改刀成块待用；酱肉改刀切成片状。

◎将春笋放入碗盘中，酱肉码放春笋上。

◎加入酱油等调味料，上锅蒸制 20 分钟出锅。

🐟 小贴士

现代人大多操劳过度，阴虚火旺，蒸菜是以水渗热、阴阳共济，因而蒸制的菜肴吃了不易上火，女士吃了容颜更加滋润，男士吃了可保肠胃健康。

蒸的过程在医学上叫湿热灭菌。菜肴在蒸的过程中，餐具也得到蒸汽的消毒，避免了二次污染。蒸出来的菜质地软烂，有利于消化和吸收。

早将心事付渔樵，若被幽人苦见招。
多种竹将挑笋吃，旋栽松待斫柴烧。
——〔宋〕周文璞《题尧章新成山堂》

建德笋菜

制作单位

建德彩运大酒店

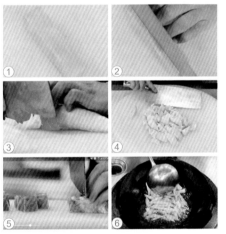

① ② ③ ④ ⑤ ⑥

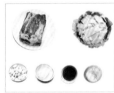

主 料 ·······································

春笋 200 克

辅 料 ·······································

咸肉 250 克，莴笋 50 克，料酒 10 克，砂糖 5 克

制作要点 ·······································

◎ 春笋切块，备用。

◎ 笋块与咸肉件入锅炖 10 分钟。

◎ 加入莴笋再炖 5 分钟即可。

 杭味故事 ·······································

美食家李渔还曾在《闲情偶寄》中转引苏东坡有关食肉与食蔬的生活见解："《本草》中所载诸食物，益人者不尽可口，可口者未必益人，求能两擅其长者，莫过于此。东坡云：'宁可食无肉，不可居无竹。无肉令人瘦，无竹令人俗。'不知能医俗者，亦能医瘦，但有已成竹未成竹之分耳。"建德也好，临安也罢，杭州各地真的是"不可一日无笋"。

雪沫乳花浮午盏，蓼茸蒿笋试春盘。人间有味是清欢。

—— ［宋］苏轼《浣溪沙》

咸甜心菜炒春笋

制作单位

杭州王元兴餐饮管理
有限公司

①

②

③

④

⑤

主 料

咸甜心菜 300 克

辅 料

春笋 300 克，油 50 克，白糖 20 克，味精
5 克

制作要点

◎ 将咸甜心菜切碎。

◎ 春笋切滚刀片，焯水。

◎ 锅置中火上，待油热，将春笋放入锅中
翻炒之后加入咸甜心菜，加入调料出锅即
可上桌。

🍈 小贴士

食用春笋时需用开水焯 5-10 分钟，以
去除其中的草酸和涩味。春笋最好与肉
同炒，味道会特别鲜美。少儿不宜多吃，
以免影响骨骼发育。有消化道疾病及尿
路结石病患者忌食春笋。

都忘紫禁烟花绕，绝喜青山笋蕨肥。

—— ［宋］刘克庄《诸公载酒贺余休致水村农卿有诗次韵》

臭豆腐干

制作单位

建德彩运大酒店

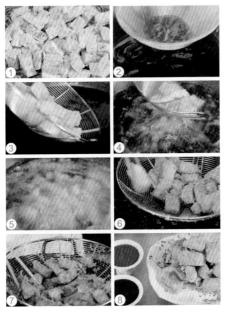

主 料 ....

臭豆腐 10 块

辅 料 ....

油 300 克

制作要点 ....

◎将臭豆腐切成小方块。

◎油烧至七成热放入臭豆腐块炸至金黄色
即可。

 杭味故事

臭豆腐干最早出现于何地，已不可考。这种食物极具扩张性，遍布全国各地，并没有地域性
限制。炸臭豆腐可说是杭州美食街最常见的小吃之一，现炸现吃，价钱便宜。

逐臭有时入鲍肆，闻香无处辨龙涎。

——［清］李调元《豆腐诗》

八宝菜

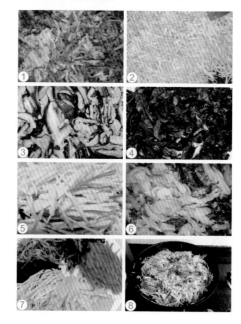

主 料

豆芽 250 克，胡萝卜丝 100 克，香菇丝 100 克，笋丝 100 克，青椒丝 100 克，红椒丝 150 克，油豆腐 200 克，冬腌菜 150 克

辅 料

香油 5 克，盐 3 克，白砂糖 3 克，生姜 5 克

制作要点

◎将八种菜洗净，其余配料均切成丝备用。
◎锅置火上放入油，加入豆芽、胡萝卜丝、笋丝等炒出香味，放入调料翻炒均匀，淋香油出锅装盘即可。

🍅 小贴士

炒豆芽时，先加点黄油，然后再放盐，能去掉豆腥味。

馈我笼中瓜，劝我此淹留。

——［唐］韩愈《南溪始泛三首》

糟烩鞭笋

1956 年被浙江省认定为
36 种杭州名菜之一

制作单位

杭州饮食服务集团有
限公司

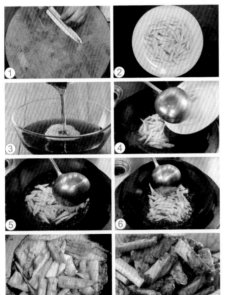

主 料

生净嫩鞭笋肉 300 克

辅 料

香糟汁 50 克，精盐 5 克，芝麻油 10 克，
湿淀粉 25 克，色拉油 25 克，味精 2.5 克

制作要点

◎笋肉切成 5 厘米长的段，对剖开，用刀
轻轻拍松。

◎香糟汁放入碗内，加水 100 克，搅散，捏匀，
用细筛子或纱布滤去渣子，留下汁待用。

◎炒锅置中火上烧热，下色拉油至 130℃
时，将鞭笋倒入锅内略煸，加水 300 克，
烧 5 分钟左右。

◎放入精盐、味精，倒入香糟汁，即用湿
淀粉调稀勾芡，淋上芝麻油即成。

杭味故事

相传宋代杭州孤山广元寺附近秀竹遍野，
寺僧们十分喜爱食笋，却不善于烹调。苏
东坡出任杭州刺史时，得知此情，便把他
著的《食笋经》传授给他们。糟烩鞭笋就
是其中之一。

根竹可曾掘作鞭，笋出不忍煮为食。

—— ［宋］方回《寄题松江下砂唐氏竹友》

庭记福袋

制作单位

杭州市餐饮旅店行业
协会

主 料

豆腐皮 300 克

辅 料

肉末 20 克，香菇 15 克，糯米 15 克

制作要点

◎起油锅，将豆腐皮炸至金黄色。

◎肉末、香菇下锅炒熟，装入豆腐袋。

◎把装入糯米及上述辅料的豆腐袋放入高
汤内煨熟，装盘即可。

 **杭味故事**

苏东坡是豆腐菜的超级粉丝，他在《又一首答二犹子与王郎见和》中写道："煮豆作乳脂为酥，
高烧油烛斟蜜酒 。"这道创新菜"庭记福袋"的创意和寓意都非常好。

头子光光脚似丁，只宜豆腐与波棱。

——［元］程渠南《食丁薹戏作》

布袋豆腐

新杭帮菜 108 将之一

制作单位

杭州名人名家餐饮娱
乐投资有限公司

① ② ③ ④ ⑤ ⑥

主 料 ....

豆腐 400 克

辅 料 ....

盐 5 克，辣酱 10 克

制作要点 ....

◎ 将油热至七成。

◎ 放入豆腐炸 5 分钟。

◎ 配上调料辣酱和盐水，装盘即可。

  小贴士

豆制品适合与任何食材搭配，既不会喧
宾夺主，又能保留本味，上能搭配鲍鱼、
燕窝等高档食材，下能搭配萝卜、青菜
等普通食材，甚至可以什么配料都不加
自成一道菜。这道布袋豆腐，形似布袋，
简单易做，自成一道美味。

煮豆作乳脂为酥，高烧油烛斟蜜酒。
——〔宋〕苏东坡《蜜酒歌》

金瓜干炒粉丝

新杭帮菜 108 将之一

制作单位

杭州西湖春天餐饮管理有限公司

主料

金瓜 1 只 1250 克，水发粉丝 300 克

辅料

炸瑶柱 15 克，虾米 30 克，葱花 10 克，蟹籽 25 克，鸡蛋 1 个，娃娃菜 20 克，生抽 5 克，盐 2 克，鸡粉 1 克，老抽 2 克

制作要点

◎金瓜用 V 形刀开盖，挖掉瓜子蒸 20 分钟。

◎娃娃菜切丝焯水，鸡蛋打成蛋液，虾米过油。

◎起锅放油将鸡蛋炒成桂花状，再将粉丝、虾米、蟹籽、葱花炒香，放入金瓜内，再加上炸瑶柱，盖上瓜盖即可。

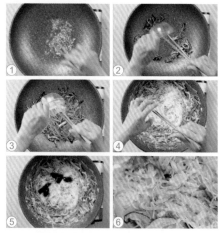

小贴士

制作不同的粉丝菜肴，其加工方法和技巧也不尽相同，如用烧、炒、烩等技法制作的菜肴，需要在菜肴成熟后再放入泡好的粉丝，在粉丝吸收汤汁后迅速出锅，不要长时间烹调，以免粉丝软塌；制作用粉丝垫底的菜肴，如雪山蝎子等，需要把粉丝放入热油锅内，用旺火迅速炸蓬松，捞出沥油后放在盘中垫底，再摆上炸好的蝎子即可。

夏果初收唤绿华，冰盘巧簇映金瓜。

—— ［宋］张辑《浣溪沙·寿老母》

海味冬瓜盅

新杭帮菜 108 将之一

制作单位

杭州名人名家餐饮娱乐投资有限公司

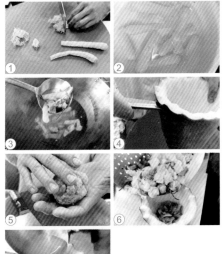

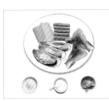

主 料 ....

冬瓜 1 个 2000 克，蛤蜊 150 克，芋结 260 克，蟹柳 300 克，河虾 200 克，肉圆 80 克，鱼肚 200 克

辅 料 ....

味精 10 克，盐 15 克，鸡油 15 克，香料 40 克

制作要点 ....

◎冬瓜洗净，掏空瓜瓤，形成冬瓜盅，下沸水烫一下捞出冲凉，备用。

◎锅里下老母鸡汤，再放鱼肚、芋结、蛤蜊、河虾，放油、盐、鸡油烧熟。

◎将主料放进瓜盅内，进蒸笼蒸 20 分钟即可。

尽此一夕欢，华樽会前墀。

——〔唐〕权德舆《古离别》

小贴士

将洗净的蛤蜊放入方便袋，按 1 斤蛤蜊放入 1-2 勺料酒的比例倒入料酒，将方便袋扎紧口后，来回晃动，使每一个蛤蜊都能沾上料酒，放置 15 分钟左右再煮，便很容易将煮熟后的蛤蜊芽剥下来。

红烧毛笋干

制作单位

富阳东方茂开元名都
大酒店

主料 ·······

毛笋干 200 克

辅料 ·······

五花肉 80 克，高汤 400 克，食盐 3 克，
味精 3 克，白糖 5 克，老抽 8 克

制作要点

◎先将优质毛笋干在水中涨发 10-12 小时
改刀待用。

◎炒锅烧热后将五花肉煸香，再将毛笋干
入锅翻炒。

◎后加入高汤、食盐、味精、白糖、老抽，
小火慢煨 40 分钟即可出锅装盘。

🍢 **小贴士**

红烧是烧法之一，多用于烹制色泽明亮、
质地糯软的菜肴。红烧类的菜肴多借助于
糖汁或酱油、料酒等提色，使原料或芡汁
呈棕红色。烹制前，原料一般要经过煮或
炸或蒸或煎等法制成半成品。烹制时，下
原料旺火烧开，打尽浮沫，加调料、糖汁等，
改用中火或小火烧至原料变软，最后旺火
收汁起锅。红烧菜品的代表有红烧慈姑排
骨、红烧多宝鱼等。

明年得去不汲汲，种竹待笋犹须春。

—— ［宋］晁补之《即事呈闳中顺之二年兄二首其一》

腐皮青菜

供图单位

杭州市餐饮旅店行业协会

主 料

青菜 450 克，腐皮 80 克

辅 料

大蒜 15 克，姜末 5 克，猪油 20 克，盐 2 克，白糖 2 克

制作要点

◎青菜洗净，将青菜梗和青菜叶切段后，分开备用。

◎豆腐皮撕成小块。

◎油锅里爆炒一下姜末和蒜粒，加入豆腐皮翻炒片刻。

◎先加入青菜梗混炒片刻，最后加入青菜叶子，稍微炒制一下。

◎再加盐、糖调味即可。

小贴士

在家烧菜的时候，记得要将青菜叶子和梗分开炒，先炒青菜梗，后炒青菜叶，这样炒出来的青菜更好吃美味。

曲树行藤角，平池散芡盘。

——［唐］韩愈《独钓四首》

干炸响铃

1956 年被浙江省认定为
36 种杭州名菜之一

制作单位

杭州楼外楼实业集团
股份有限公司

主料

泗乡豆腐皮 15 张

辅料

猪里脊肉 50 克，鸡蛋黄 10 克，盐 3 克，
黄酒 2 克，油 300 克

制作要点

◎猪里脊肉切末加盐、黄酒、蛋黄搅拌成
肉馅。

◎豆腐皮切去硬边，抹上肉馅，卷成筒状，
切成段状。

◎将油倒入锅中至五成热，放入豆腐段，
炸至熟即可。

🐟 杭味故事

起初这道菜既不是现在的马铃形状，又不
叫这个名称。一天，有位勇士骑马到店，
专点这道菜，不巧豆腐皮刚用完，勇士跃
马挥鞭直奔富阳东坞山取回了豆腐皮，厨
师便特意把响铃制成马铃状，又因响铃特
别松脆，入口吃起来哗哗作响，而烹调方
法为干炸，于是取名"干炸响铃"。

更遣将诗酒，谁家逐后生。
——〔唐〕韩愈《杏园送张彻侍御归使》

云腿野菜石榴包

制作单位

杭州紫萱度假村

主 料

野菜 500 克

辅 料

陈年云腿 50 克，薄千张皮 10 张，橄榄油 5 克，麻油 10 克

制作要点

◎野菜焯水沥干水分，切成末。

◎云腿炒香，野菜和云腿加橄榄油和麻油拌均匀。

◎千张皮里包野菜和云腿，放高汤里浸 30 分钟即可。

🥕 小贴士

将火腿以明火均匀烧至表面油污发焦，但表皮不生也不烂，5 毫米以内的内层不得烧熟。将火腿在清水中浸泡至表层油污松软，再刮去油污。在热水中浸烫 15-30 分钟，洗去油污后以清水漂洗。将洗好的火腿风干 8-12 小时，使表面干燥，火腿回软。将处理后的火腿切下腕口及脚爪，去骨去皮，并修去不正常的肉、碎骨、破皮，但肉块完整，即可。

拄杖傍田寻野菜，封书乞米趁朝炊。

——［唐］张籍《赠贾岛》

客家豆腐

制作单位

浙江德悦酒店管理有限公司

主料

豆腐 100 克，肉末 30 克

辅料

葱花 5 克，胡椒粉 3 克，盐 4 克，鸡精 3 克

制作要点

◎ 豆腐切成块，将辅料和肉末搅拌均匀。

◎ 将豆腐块中部挖空，塞入肉末。

◎ 将豆腐块放在平底锅上煎。

① ② ③ ④ ⑤ ⑥ ⑦ ⑧

小贴士

南豆腐，俗称水豆腐，剖面无水纹、无杂质、晶莹细嫩的为优质豆腐，否则为劣质豆腐。北豆腐，俗称老豆腐，如果表面光润，四角平整，厚薄一致，有弹性，无杂质，无异味，颜色呈浅黄色或奶白色，则豆腐质量较好。如果豆腐的颜色过黄，则表明不新鲜，不宜购买。

种豆豆苗稀，力竭心已腐。早知淮王术，安坐获泉布。

——[宋]朱熹《刘秀野蔬食十三诗韵》

富贵南瓜

制作单位

浙江德悦酒店管理有限公司

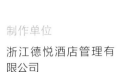

主 料 ....

南瓜 1000 克

辅 料 ....

红枣 20 克，冰糖 10 克，色拉油 100 克

制作要点 ....

◎南瓜改刀，加入冰糖和油装盘。

◎上菜时砂锅再加色拉油，小火炸制南瓜表皮起壳。

◎倒去色拉油，南瓜上面加上红枣即可。

🐟 杭·味·故·事 ....

相传清代的浙江海盐，有个叫张艺堂的贫困少年好学又聪明，想拜篆刻家丁敬身为师，于是身后背一个大布囊到了丁家。他从里面捧出两个重十余斤的大南瓜，旁人见了大笑，但丁敬身先生却欣然接受了，并当场烹瓜备饭，招待学生。这顿饭只有南瓜菜，但师生吃得津津有味。所以在海盐一带，"南瓜礼"的故事被传为美谈。

寿觞佳节过，归骑春衫薄。

——［唐］韩愈《送郑十校理得洛字》

菌临天下

制作单位

蓝钻国际城堡酒店

① ②
③ ④
⑤ ⑥
⑦ ⑧

主 料

松茸菌 100 克，羊肚菌 50 克，新鲜虫草花 30 克，鸡枞菌 50 克，猴头菇 30 克，蔬菜 50 克

辅 料

◎ 自制酸汤 500 克

制作要点

◎ 自制酸汤一锅，把所有的菌菇洗净以后放入冰盘内，带上酸汤上桌即可。

 小贴士

如何洗菜？要点：先洗菜再切菜。千万不要把蔬菜泡在水里过久，这样蔬菜中的营养物质都流到水里了，有的蔬菜喷洒了农药，久泡对身体不利。

别说你会做杭帮菜·杭州家常菜菜谱

5888
例一

人醉逢尧酒，莺歌答舜弦。
——［唐］杨巨源《春日奉献圣寿无疆词十首》

萧山辣椒菜

制作单位

杭州跨湖楼餐饮有限
公司

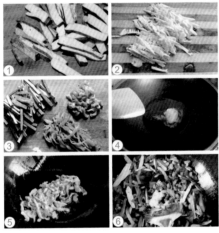

主　料

萧山倒笃菜 100 克，五花肉 80 克，杭椒
100 克

辅　料

豆腐干 50 克，时笋 80 克，味精 3 克，熟
猪油 75 克，糖 2 克

制作要点

◎将倒笃菜切碎。

◎将豆腐干、时笋、五花肉、杭椒切成丝
待用。

◎炒锅置旺火上烧热下猪油，放入五花肉
丝煸炒，再依次放入杭椒、倒笃菜、笋丝、
豆腐干丝煸炒出香味。

◎放入糖、味精，出锅装盘即可。

微臣愿献尧人祝，寿酒年年太液池。

——［唐］杨巨源《元日观朝》

香煎糯米藕

制作单位

杭州名人名家餐饮娱乐投资有限公司

主 料

嫩藕 500 克，糯米 300 克

辅 料

食用油 100 克，肉末 50 克，盐 3 克

制作要点

◎ 糯米放清水中泡 12 小时，泡涨备用。

◎ 藕去皮切片，中间均匀的配一些肉末。

◎ 在酿好有肉末的藕片上沾上泡涨的糯米。

◎ 糯米藕进蒸箱蒸 5 分钟至熟透。

◎ 用平底不粘锅把糯米藕两边煎金黄即可。

得鱼已割鳞，采藕不洗泥。

——〔唐〕杜甫《泛溪》

🍇 小贴士

煎是指用少量油小火慢慢加热制熟的烹饪方法。煎制菜肴一定要把握好时间，时间太短油温不够，原料难以成熟；时间太长则容易煎糊。煎的种类有干煎、酥煎、香煎、煎炒、煎炸等很多种。干煎是指将原料腌制后拍上面粉，然后上油锅煎制；酥煎是指将原料腌制后挂上酥皮糊，然后再入锅煎制；香煎是指将原料腌制入味后煎制，并在起锅前淋入洋酒；煎炒是先煎后炒的烹饪技法，先将原料腌制入味，然后上浆煎制，最后再炒制调味出锅；煎炸是指先用少量油煎制，然后再用大量油炸制。

杭式烤笋

制作单位

杭州名人名家餐饮娱乐投资有限公司

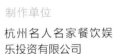

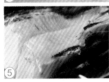

主 料

冬笋 15 个 3000 克

辅 料

干辣椒 20 克，花雕 30 克，粳米 20 克，白糖 10 克，昆布 2 片，木鱼花 50 克，清酒 15 克，味啉 8 克，目鱼素 5 克，蜂蜜 8 克，盐 5 克，美味鲜 5 克

颇忆溪庖鲜，笋荔供酌斟。

——［宋］赵汝谠《夏日与客饮水云馆》

制作要点

◎冬笋洗净，取一个桶加入清水、干辣椒、花雕、粳米、白糖烧开，放入冬笋煮 2.5 小时除去其涩味。

◎冬笋带壳对开切，去老根待用。

◎取一个盆烧热水，约 20 斤，加入昆布、木鱼花，泡半小时，隔油入清酒、味啉、目鱼素、盐少许，美味鲜拌匀并放入冬笋，浸泡冬笋入味约 4 小时。

◎将冬笋去壳，放入烤炉中烤干水分，刷上蜂蜜烧至上色即可切片上桌。

 小贴士

冬笋比春笋更味美诱人，有"笋中皇后"之称。冬笋不光肉质细嫩、鲜脆爽口，而且营养丰富，是一种高蛋白、高纤维、低脂肪食物。另外，中医认为，冬笋性味甘寒，入肺、胃经，有清热化痰、解毒透疹、和中润肠之功，适宜冬至时节食用。

青豆泥

制作单位

外婆家餐饮集团有限公司

主 料

青豆 300 克

辅 料

白糖 20 克，炼乳 30 克

制作要点

◎青豆煮酥，搅成泥。

◎锅内加适量猪油，倒入青豆泥、白糖搅匀。

◎炒至起泡，待白糖充分溶解搅拌均匀即可，装碗。

◎将炼乳淋入青豆泥中间。

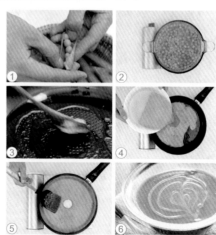

🐟 **杭味故事**

青豆泥是杭州著名餐饮企业外婆家的一道看家家常菜，深受顾客喜爱。通过改变甜豆的外形，借鉴抹茶的外观特征，借鉴咖啡拉丝的心形造型。这道家常菜充分展示了杭帮菜的特点，即家常菜精做，家常菜细做。

簪组欢言久，琴壶雅兴长。

——［唐］权德舆《韦宾客宅与诸博士宴集》

开洋蒸双冬

制作单位

杭州天元大厦有限公司

主 料

开洋 75 克，冬腌菜 200 克，净冬笋 150 克

辅 料

盐 3 克，猪油 20 克，清汤 200 克

制作要点

◎冬腌菜去叶去蒂，切成 4 厘米长的片；冬笋切成 4 厘米长、2 厘米宽的厚片，开洋温水涨泡，待用。

◎取大海碗 1 个，将冬腌菜与冬笋、开洋整齐地排入碗中。

◎将清汤倒入碗中，调入盐、猪油，入蒸笼大火蒸约 25 分钟即可。

小贴士

腌菜如过咸或过辣时，可将小菜切好后浸在 50% 的酒水里，能冲淡咸味或辣味，且味道更鲜美。

春风箫管怨津楼，三奏行人醉不留。

——〔唐〕武元衡《同张惟送霍总》

锦绣时蔬

制作单位

杭州新开元大酒店有限公司

主料

净胡萝卜 30 克，水发黑木耳 20 克，水发金耳 20 克，芦笋、黄秋葵各 100 克，青菜 20 克

辅料

翅汤 50 克

制作要点

◎胡萝卜、芦笋、黑木耳、秋葵等食材洗净。

◎胡萝卜切条，青菜对半剖开。

◎主要食材均焯水，待用。

◎装盘造型后，淋上翅汤即可。

🍒 小贴士

菠菜、芹菜、油菜通过焯水会变得更加的绿。苦瓜、萝卜等焯水后可减轻苦味。牛、羊、猪肉及其内脏焯水后都可减少异味。

乍得新蔬菜，朝盘忽觉奢。

——〔唐〕王建《原上新居十三首》

钱王荷包

🐟 杭味故事

据传，钱镠出身贫寒，上山皆以蒲包携冷饭以充饥。封王后，其母水丘氏以蛋皮裹地耳成荷包状，呈以进食，以期钱王勿忘乡土、勿悖初心。

供图单位
临安区餐饮行业协会

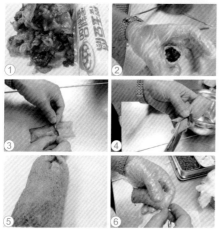

主 料

鸡蛋5个260克，地衣300克，小笋200克

辅 料

盐5克，味精6克

制作要点

◎ 先把鸡蛋做成蛋皮

◎ 地衣焯水，用纯净水冲凉，放入碗中备用。小笋焯水，备用。

◎ 碗中加入盐、味精、油、小笋，搅拌均匀。

◎ 将拌好的主料用蛋皮包裹成荷包状食用。

🍊 小贴士

地衣是一类比较特殊的植物，即一种藻类和一种真菌以密切结合的群体式生长在一起，如单一植物般发挥机能。藻类利用它们的叶绿素为双方制造养分，真菌则供应水分、无机盐给藻类。

长筵映玉俎，素手弹秦筝。
——［唐］权德舆《古意》

合村石竹笋

桐庐特色传统名菜

制作单位
杭州市王益春中式烹
调技能大师工作室

主料
石竹笋 750 克，咸肉 100 克

辅料
姜 30 克，胡椒粉 20 克，料酒 30 克，味精 15 克

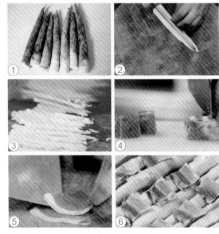

制作要点
◎石竹笋，咸肉浸泡 2 小时。
◎石竹笋洗净，切去根部老颈部分，咸肉改刀成厚片备用。
◎起锅下素油，将咸肉爆炒至有香味后放入石竹笋，然后加入高汤，放入调料，上炭火炖至入味即可。

杭味故事
据《於潜县志》载："青笋、石竹生荒山，细而长，小民取以售值……若高山深谷离村较远，就山设厂，捋笋煮之，曝之为青笋干，贮以篓，虽久不颣。老嫩兼半者谓之摘头，嫩者谓之笋尖，极嫩者谓之尖上尖，味美价尤贵。"

土腴露饱蔬笋鲜，一粥一饮天上僧。
——［宋］赵汝鐩《仰山行》

家常冬瓜

制作单位

杭州市王益春中式烹
调技能大师工作室

主 料

冬瓜 400 克

辅 料

小葱 1 根，生抽 5 克，老抽 5 克，料酒 10
克，精盐 3 克，白糖 3 克，老抽 2 汤匙，
素油 20 克

制作要点

◎冬瓜去皮刮瓤，冬瓜皮多刨掉些。

◎起锅烧热下素油，下冬瓜翻炒至两面微
黄。

◎调入生抽，老抽，白糖以及适量的水，
盖上盖，中小火烧 8 分钟。

◎待冬瓜煮烂入味，大火收汁，起锅后撒
上葱花、适量盐。

淡水煮冬瓜，真个滋味别。

——［宋］释师范《偈颂七十六首》

🥕 小贴士

挑选冬瓜时用手指掐一下，皮较硬，肉质
密，成熟变成黄褐色的冬瓜口感较好。买
回来的冬瓜如果吃不完，可用一块比较大
的保鲜膜贴在冬瓜的切面上，用手抹紧贴
满，可保鲜 3-5 天。

蜜汁萝卜

制作单位

杭州市王益春中式烹调技能大师工作室

主料

白萝卜700克

辅料

蚝油3勺，叉烧酱8克，水淀粉20克，老抽5克，白糖10克，精盐5克，淀粉5克

制作要点

◎将白萝卜洗净，刨皮（注意刨皮时应该刨得厚些），切成菱形。

◎将切好的萝卜放入锅中，加水、干辣椒、蚝油、叉烧酱、白糖、精盐、老抽，小火炖煮。

◎待萝卜块微烂入味时，转为大火收汁，然后用淀粉勾芡，随后在上面撒上葱花盛出即可。

小贴士

蜜汁又叫蜜焖、甜汁，它是指用蜂蜜或白糖、冰糖熬成的甜汁把原料焖熟，或先把原料蒸熟再放入甜汁慢火焖至浓稠。蜜汁菜原料可用干果、水果、薯类、山珍海味等，其味甜如蜜，常见蜜汁菜肴如蜜汁金橘、蜜汁山药、蜜焖三鲜等。

苍茫日初宴，遥野云初收。

——［唐］于良史《田家秋日送友》

别说你会做杭帮菜：杭州家常菜谱

5888
例

372

金蹄蕨菜

桐庐特色传统名菜

制作单位

杭州市王益春中式烹
调技能大师工作室

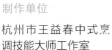

主　料 ·····

新鲜蕨菜 350 克

辅　料 ·····

陈年咸猪蹄 100 克，精盐 5 克，料酒 10 克，
姜 4 克，味精 3 克

制作要点

◎蕨菜洗净，去根部，陈年咸猪蹄剁块焯
水备用。

◎将蕨菜略煸炒。

◎取砂锅投入咸猪蹄，放入生姜，料酒，
炖 2 小时，待咸猪蹄酥烂，放入煸炒过的
蕨菜，加精盐少许炖至入味。

◎上桌时加入味精，上桌即可。

🥕 小贴士

早春的蕨菜又细又嫩，非常好吃。将它放
在沸腾的灰水（稻草灰或木灰用水泡过后
滤出的水）里，再次煮沸后关火，晾凉后
即可去除其土腥味。注意别过了火候，否
则蕨菜容易变黏。除了做得最多的凉拌，
蕨菜还能做鸡蛋汤。蕨菜的苦和肉的味道
也很配，有时会用来做寿喜锅。

僧厨笋蕨随斋钵，禅窟香灯话宿因。

—— ［宋］李流谦《游长松闻捷音》

一品香椿

桐庐特色传统名菜

制作单位

杭州市王益春中式烹调技能大师工作室

主 料

净香椿 300 克

辅 料

蒜蓉 20 克，干辣椒 5 克，生抽 5 克，味精 3 克，一品香麻油 5 克

制作要点

◎香椿焯水一分钟，水开放入少许精盐，沥干水分后，切段备用。

◎蒜蓉倒入盛器，加香椿，配置生抽，盐，干辣椒，搅拌均匀，淋入一品香麻油，装盘上桌。

🍊 **小贴士**

传统医学认为香椿具有杀虫、解毒、清热、以及治疥疮、漆疮、肠炎、痢疾等功效。香椿含有挥发性芳香有机物，有健脾开胃、增加食欲的作用，这种有机物能透过蛔虫卵的表皮，使蛔虫卵被排出体外。香椿含有性激素物质，有滋阴补阳和抗衰老的作用。

推敲对景清吟处，应是浑无蔬笋篇。

——［宋］杨公远《次文长老》

荠菜年糕

制作单位

杭州市王益春中式烹调技能大师工作室

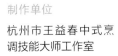

主 料 ·····

荠菜 150 克，年糕 50 克

辅 料 ·····

笋 50 克，精盐 5 克，胡椒粉 5 克，味精 5 克

制作要点 ·····

◎准备好材料，去荠菜老叶子，反复清洗干净。

◎将笋去皮，和荠菜一起入锅焯水。荠菜挤干水分切细，笋、年糕切薄片备用。

◎将炒锅烧热，下油，油热时倒入笋片和荠菜末，翻炒 20 秒左右。加入年糕片继续翻炒，待年糕完全熟软后投入精盐、味精和胡椒粉拌匀，起锅装盘。

🐟 **杭·味·故·事**

据传吴国大夫伍子胥死前嘱咐亲信："我死后，如果国家有难，民众缺粮，你们到象门城墙挖地三尺，就可以得到食粮。"后来越王勾践举兵伐吴，吴军连吃败仗。都城被围，城中粮尽。此时，伍子胥的亲信按他生前嘱咐，去象门挖地三尺，挖到伍子胥以江米粉蒸制后压制成的"城砖"。这些糯米粉救了全城老百姓。为了纪念伍子胥的恩德，人们便仿制和食用这种食品。因为都在过年时食用，故把它叫做"年糕"。

笋生初入馔，荠老尚登盘。 ——［宋］陆游《蔬饭》

瓦罐寒露蕈

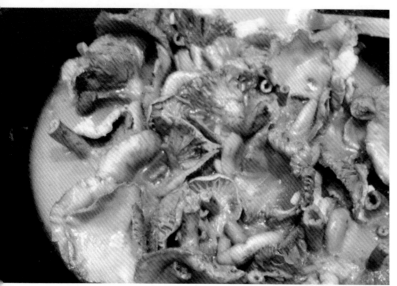

制作单位

杭州市王益春中式烹
调技能大师工作室

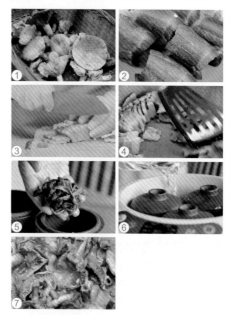

主　料
寒露蕈 300 克，咸肉 50 克

辅　料
味精 3 克，葱 5 克，料酒 20 克

制作要点
◎将寒露蕈清洗干净，用清水浸泡 1 小时，
咸肉切厚片备用。

◎起锅烧热下油，倒入咸肉略煸炒，加高
汤下寒露蕈放入调料。

◎将原料盛入瓦罐，用文火炖 1 小时即可。

  小贴士

煨菜技巧：

1. 瓦罐煨菜大多使用动物性原料，而使用
植物性原料少，且其形状不能太细小。

2. 调味时原则上不放色深调料，但有特殊
要求，则另当别论。

3. 煨动物性原料大多不勾芡，而煨植物性
原料可适当少勾芡。

石髓云英甘且香，仙翁留饭出青囊。
　　　　——［唐］权德舆《桃源篇》

腐皮地衣卷

制作单位

杭州市王益春中式烹
调技能大师工作室

①　②

③　④

⑤　⑥

⑦

🍌 **小贴士** ·······

烹调蔬菜时，如果必须要焯水，焯好菜的
水最好尽量进行再利用。如做水饺的蔬菜，
焯好的水可适量放入肉馅，这样既保证营
养，又使水饺馅味美有汤。

个中滋味谁得知，多在僧家与道家。

—— [明] 苏平《咏豆腐诗》

主 料 ·······

地衣 300 克，豆腐皮 50 克

辅 料 ·······

牛里脊肉 100 克，胡萝卜 10 克，京葱 5 克，
鸡蛋 50 克，精盐 5 克，白糖 3 克，胡椒粉
5 克，生抽 5 克，面包糠 15 克

制作要点 ·······

◎地衣反复清洗干净，沥干水分，胡萝卜、
京葱、牛里脊肉切丝备用。

◎炒锅烧热下油，倒入葱、胡萝卜、牛肉
丝一起煸炒，马上下地衣、生抽，搅拌均
匀后盛起。

◎豆腐皮铺开，将炒好的地衣原料平铺在
豆腐皮上，将豆腐皮曲卷成形，裹上鸡蛋
糊，粘上面包糠，下油锅炸至金黄色后改
刀装盘。

桐君熬豆腐

制作单位

杭州市王益春中式烹调技能大师工作室

主料

豆腐 150 克，鸡内脏 30 克

辅料

蘑菇 20 克，精盐 10 克，味精 5 克，酱油 10 克，水淀粉 250 克，胡椒粉 5 克，精肉丝 15 克，料酒 10 克

制作要点

◎ 起锅烧热下油，倒入鸡内脏煸炒断生。

◎ 烹入调料，加适量高汤，下豆腐及辅料。

◎ 待水烧开后，勾芡装盆，即可装盘上桌。

🐟 杭味故事

相传黄帝时，在美丽的富春江畔，有一座桐君山，有老者结庐炼丹于此，悬壶济世，分文不收。乡人感念，问其姓名，老人不答，指桐为名，乡人遂称之为"桐君老人"。山也以"桐君"名，曰"桐君山"，县则称"桐庐县"。熬豆腐是杭州市桐庐县的知名家常菜，大众百姓为了纪念桐君，亦为祈求健康的目的，发明创造了这道菜肴。

🍓 小贴士

豆腐是中华民族传统食物，营养极高，含铁、镁、钾、钙、锌、维生素 B_1、蛋黄素、维生素 B_6 等多种营养元素。除有增加营养、帮助消化、增进食欲的功能外，豆腐还对牙齿、骨骼的生长发育颇为有益，对防治骨质疏松症也有良好的作用；在造血功能中可增加血液中铁的含量。豆腐不含胆固醇，是高血压、高血脂、高胆固醇症及动脉硬化、冠心病患者的药膳佳肴。它也是儿童、病弱者及老年人补充营养的食疗佳品。

色比土酥净，香逾石髓坚。

味之有余美，五食勿与传。　　　——［元］郑允端《豆腐》

莪山炒龙须

制作单位

杭州市王益春中式烹调技能大师工作室

主料

净龙须 300 克

辅料

胡萝卜 30 克，卷心菜 30 克，葱 5 克，五花肉 20 克，酱油 10 克，味精 5 克，料酒 10 克，白糖 5 克，油 20 克

制作要点

◎炒锅加热，下油煸炒五花肉至溢出油脂，加酱油、料酒、白糖上色，加适量水下龙须烧透。

◎待汤汁快干时转至中火快速搅拌，投入卷心菜和胡萝卜丝，收汁盛出，撒葱花即可。

🐟 **杭·味·故·事**

龙须菜是我国的传统食物，李时珍在《本草纲目》中记载："龙须菜生东南海边石上。丛生无枝，叶状如柳，根须长者尺余，白色。以醋浸食之，和肉蒸食亦佳。博物志一种石发似指此物，与石衣之石发同名也。"

鸣磬雨花香，斋堂饭松屑。

——〔唐〕李深《游烂柯山四首》

南瓜饼

2006 年杭州市首届
"白马湖杯"农家菜烹饪大赛银奖

制作单位

桐庐县芦茨金富饭店

主料

南瓜 250 克

辅料

面粉 250 克，鸡蛋若干个，白砂糖 40 克

制作要点

◎ 将南瓜切成小块，上锅蒸熟。

◎ 将熟了的南瓜又碎，凉透。

◎ 将面粉和白糖撒进南瓜泥里搅匀。

◎ 取一团南瓜面用手心团匀按压成饼。

◎ 锅热倒油，油温热后放南瓜饼，直到两面炸至略金黄即可。

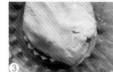

 小贴士

做葱油饼或甜饼时，在面粉中掺一些啤酒，饼又香又脆，还有点肉香味。

市无晨饮助加餐，空愧先生苜蓿盘。

尚有园人供菜把，漫劳稚子写牌单。

—— ［宋］虞俦《两日绝市无肉举家不免蔬食因书数语》

菜卤毛笋

桐庐特色传统名菜

制作单位

杭州市王益春中式烹调技能大师工作室

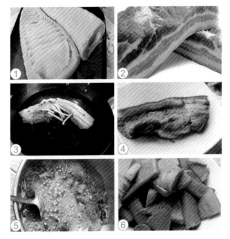

主 料

黄泥土毛笋 300 克

辅 料

菜卤水 20 克，糖 4 克，精盐 8 克，味精 4 克

制作要点

◎将毛笋剥壳取净肉，改刀成块状备用。

◎将菜卤水连同毛笋一起下锅，加适量水和调料大火烧开。

◎之后转中小火焖至水干，即可食用。

幸备酒筹催急鼓，忍看菹笋簇深盘。

——［明］汤胤勣《题钱理平竹深处》

🍑 **小贴士**

一般情况下，将卤汁用完之后要合理地储藏，每次使用完都要进行过滤，储藏时要将卤汁放在带盖的容器中，如果是经常使用，要存放于卤煮车间，若长时间不用，则需要低温储藏，甚至冻藏。另外，卤汁一定要定期煮开，一个月左右煮开一次，若无冷藏室，煮开周期要缩短，夏季一周煮开一次。在卤汁的储藏中还需要注意，卤汁中存留的脂肪不宜过多，仅一薄层即可，用来保护卤汤，如果变质即可弃去。

雪菜豆腐

制作单位

杭州市王益春中式烹调技能大师工作室

主 料

盐卤豆腐 500 克

辅 料

雪菜 10 克，五花肉 20 克，葱 8 克，料酒 1 勺，味精 4 克，干红椒 5 克，酱油半勺，白糖 4 克

制作要点

◎将豆腐改成薄片。

◎起锅下油，将五花肉炒至金黄色，下酱油、白糖、料酒上色。

◎倒入雪菜略加煸炒，加适量水，倒入豆腐。

◎待豆腐浮起成空泡形时调味盛入碗中即可。

 小 贴 士

在烹饪雪菜时可适当添加香油，能提升其香味。一般人群均可食用雪菜，尤其适宜疮痈肿痛、胸膈满闷、咳嗽痰多、牙龈肿烂、便秘的患者，但是小儿消化功能不全者不宜多食。

今年学种瓜，园圃多荒芜。

——［唐］韦应物《种瓜》

石斛花炒蛋

制作单位

桐庐县富春江（芦茨）
乡村慢生活体验区

主 料

石斛花 100 克，鸡蛋 150 克

辅 料

精盐 3 克，油 50 克

制作要点

◎将石斛花洗净。

◎3 个鸡蛋加入适量盐打散。

◎拌入石斛花，油锅热后翻炒 1—2 分钟，
成块即可。

 **小贴士**

用羊油炒鸡蛋，味很香无异味，还能去除
鸡蛋的腥味。炒鸡蛋时加入几滴醋，炒出
的蛋松软清香。

兼味养大贤，冰食葛制神所怜。
——［唐］韩愈《苦寒歌》

养生萝卜豌豆泥

制作单位

杭州开元名都大酒店

主 料

萝卜 300 克, 豌豆 150 克

辅 料

精盐 1 克, 味精 2 克, 糖 2 克, 烧汁 20 克,
酱油 25 克, 食用油 10 克, 枸杞汁 20 克

制作要点

◎用烧汁、酱油、味精、糖将萝卜烧熟待用。

◎豌豆打成泥, 用精盐、味精、油加枸杞
汁炒制待用。

◎熟萝卜用模具刻成花刀环型, 豌豆泥标
花在萝卜环内, 装盘装饰即可。

 小贴士

挑选豌豆时, 上市的早期要买饱满的, 后
期要买偏嫩的。买回来的豌豆不要洗, 应
直接放入冰箱冷藏。清洗豌豆时, 用手撕
掉豌豆的筋, 将豌豆放入淘米水中浸泡 15
分钟, 然后用手抓洗豌豆, 再放在流水下
冲洗干净, 沥干水分即可。

斗酒上河梁, 惊魂去越乡。
——〔唐〕武元衡《送寇侍御司马之
明州》

红烧霉千张

制作单位

杭州新亭子餐饮管理
股份有限公司

主　料 ⋯⋯⋯⋯⋯⋯⋯⋯⋯⋯

霉千张 300 克

辅　料 ⋯⋯⋯⋯⋯⋯⋯⋯⋯⋯

肉末 10 克, 酱油 20 克, 味精 3 克, 糖 5 克,
食用油 800 克（实耗 80 克）

制作要点 ⋯⋯⋯⋯⋯⋯⋯⋯⋯⋯

◎将取好的霉千张切成三厘米大小的条状,
入五成热油锅稍炸下取出。

◎锅里入肉末炒香摆放在千张周围。

◎加酱油翻炒, 加入千张, 均匀出锅装盘
即可。

 小贴士

千张阴晾至微干, 先左右对折, 再由下而
上卷成筒形。之后将千张卷压实装于碗内,
以热毛巾覆盖, 待千张吸热后即以另一碗
盖住, 置于温暖处。一天后将千张卷翻身,
重新压实, 仍以碗盖住。2-3 天后即成。

僧还相访来, 山药煮可掘。
　　——［唐］韩愈《送文畅师北游》

沙地聚宝盆

制作单位

杭州新时代大酒店

主料
臭豆腐 200 克，霉菜梗 150 克

辅料
霉毛豆 60 克，嫩南瓜 150 克，霉干张 80 克，菜籽油 25 克，味精 3 克

制作要点
◎嫩南瓜洗净去籽切片待用，臭豆腐洗净待用。

◎取深碗一只，先放入南瓜片，再用臭豆腐、霉菜梗、霉毛豆、霉干张码齐放在南瓜片上。

◎放入清汤、味精少许，淋入熟菜籽油上笼蒸 15 分钟即可。

 小贴士

霉菜，又称梅菜，是非常可口的一种渍物，分咸的和甜的两种，吃时要用水冲一冲，和榨菜一样，但不宜洗得太干净，否则也会减少其鲜味。梅菜是用盐腌制而成的，含高盐，吃后易使血压升高，不宜一次食用过多或过于频繁。

北牖进新笋，西园生野蔬。

——［宋］张九成《即事》

6

汤羹类

家常汤羹，最健康便宜的选择

拆烩鱼脑羹

制作单位

杭州皇饭儿王润兴酒
楼有限公司

① ② ③ ④ ⑤ ⑥

小贴士

鱼肉性温，味甘。可补脾益气、温胃散寒、
补虚，适用于头痛、头晕、记忆力衰退、
体乏神疲等症。

主料

鱼头 500 克

辅料

姜丝 5 克，陈皮末 2 克，香菜末 2 克，笋
丝 25 克，火腿丝 10 克，鸡蛋 1 个，料酒，

20 克，白胡椒粉 3 克，米醋 5 克，盐 3 克

制作要点

◎从鱼脸处下刀，切下鱼头，在水中加入
葱姜、料酒，氽熟后放入冷水中，拆去鱼骨，
留出鱼唇、鱼脑等可食用部分切条备用。

◎锅中放油少许，加入葱、姜煸透捞出。

◎加入清汤、笋丝、生姜丝、料酒和调料，
然后放入鱼脑，勾芡后，再加白胡椒粉和
少量米醋。

◎出锅时淋上蛋清，装盘后撒上熟火腿丝
和陈皮末、香菜末即可。

分朋闲坐赌樱桃，收却投壶玉腕劳。
　　——［唐］王建《宫词一百首》

楼塔大豆腐

🐟 杭味故事

明初，浙江发生特大饥荒，神医楼英一次为一营养失调的青年诊治，就地取材，用豆腐、肉骨头、春笋和山淀粉熬成骨头汤，疗效显著。就这样，豆腐煲在楼塔一带流行起来，并逐渐成为当地一大名菜。

制作单位

浙江金马饭店有限公司

主 料

嫩豆腐 500 克

辅 料

鸡胗 20 克，鸡肠 20 克，时笋 50 克，猪油渣 20 克，猪肉 30 克，韭黄 10 克，香菇 20 克，酱油 20 克，味精 5 克，湿淀粉 50 克，猪油 30 克，清汤 500 克，精盐 3 克，胡椒粉 3 克

制作要点

◎将嫩豆腐切成小丁，用沸水汆熟后沥干水分待用。

◎将鸡胗、鸡肠、时笋、香菇、韭黄、油渣、猪肉均切成小丁待用。

◎炒锅置旺火上烧热下猪油，放入鸡胗、鸡肠、冬笋、肉沫、香菇煸出香味。

◎加入清汤、味精，放入少许湿淀粉勾成

薄芡倒入豆腐，加入酱油、精盐、韭黄，待开后再勾入湿淀粉。

◎浇入猪油，撒上胡椒粉即成。

传得淮南术最佳，皮肤退尽见精华。
旋转磨上流琼液，煮月铛中滚雪花。
——［明］苏平《咏豆腐诗》

山粉豆腐

制作单位

杭州文晖新庭记酒店有限公司

主 料

豆腐 200 克

辅 料

鸡杂 50 克，肉沫 50 克，湿淀粉 20 克，葱 5 克，姜 5 克，盐 3 克，味精 2 克，油 20 克

制作要点

◎选用内酯豆腐，将其切成粒状。

◎将锅内放油，加葱、姜略煸，肉末和鸡杂放入油锅内煸炒，加入切好的豆腐粒。

◎加入精盐和味精调味，用湿淀粉勾芡，装盘即可。

珍味群推郇令庖，黎祁尤似易牙调。谁知解组陶元亮，为此曾经一折腰。

——［清］毛俟园《豆腐》

西湖莼菜汤

1956 年被浙江省认定为 36 种杭州名菜之一

制作单位

杭州楼外楼实业集团股份有限公司

主 料

新鲜莼菜 175 克

辅 料

熟火腿 25 克，熟鸡脯肉 50 克，盐 2.5 克，味精 2.5 克

制作要点

◎将鲜莼菜入沸水锅汆熟捞起，盛入汤碗。

◎把加有火腿丝煮成的原汤放入锅内，加盐和味精烧沸后，浇在莼菜上。

◎撒上鸡丝、火腿丝，淋入熟鸡油即成。

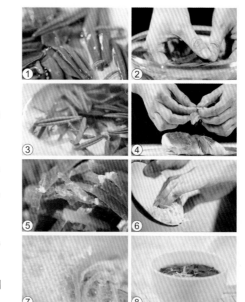

松江蟹舍主人欢，菰饭莼羹亦共餐。

——〔唐〕张志和《渔父歌》

 杭味故事

西湖莼菜汤是浙江杭州的名菜，也是杭州一带的民间菜。莼菜是湖塘中一种名贵的水生植物，春风水暖时，莼菜嫩芽从湖底长山水面。莼菜色泽碧绿，品质嫩滑，非常别致，故近临湖塘的村民，常取材烹制。据《晋书》载，在外当官的张翰在洛阳秋风起时，特别思念吴中菰菜、莼羹、鲈鱼脍。他还说道："人生贵适志，何能羁宦数千里，以要名爵乎？遂命驾而归。"后人称这个故事为"莼鲈之思"。

家乡合蒸

制作单位

杭州酒家

主料 •••••••••••••••••••••••••••••••••••••••

鱼圆 80 克，肉圆 80 克，虾 50 克，鸡块 50 克，火腿 30 克

辅料 •••••••••••••••••••••••••••••••••••••••

青菜 20 克，香菇 10 克，豆卷 20 克，盐 3 克

制作要点 ••••••••••••••••••••••••••••••••••

◎鸡肉、火腿切块备用。

◎河虾洗净。

◎鱼圆、肉圆、豆卷放入锅内，青菜、香菇进行点缀。

◎合蒸 12 分钟即可。

中盘进橙栗，投掷倾脯酱。
——［唐］韩愈《岳阳楼别窦司直》

汤羹类／

宋嫂鱼羹

新杭帮菜108 将之一

制作单位

杭州楼外楼实业集团
股份有限公司

主 料

鲈鱼1条约600克

辅 料

熟火腿10克，水发香菇25克，葱丝5克，
姜丝5克，胡椒粉3克，葱段5克，姜片3克，
料酒20克，笋丝10克，盐5克

制作要点

◎鲈鱼取肉，用盐、酒、葱段、姜片稍渍后，
旺火蒸熟。

◎将鱼肉拨碎成片状，除去皮、骨、葱、姜，
起葱油锅，入清汤煮沸，落酒、笋丝、香菇丝、
鱼肉和原汁，再加上盐、酱油、味精勾薄芡。

◎沸后淋入蛋黄液，尔后入醋及熟猪油，

用手勺推匀，装入汤盆，撒上熟火腿丝、
葱姜丝、胡椒粉即可。

前度君王游幸，卖鱼收得金钱。

——［宋］朱继芳《宋五嫂鱼羹》

 杭 味 故 事

太上皇赵构游西湖，汴京口音的宋五嫂进献鱼羹，上皇品尝后十分赞赏，宋嫂鱼羹从此声
名大噪。诗云："一碗鱼羹值几钱，旧京遗制动天颜。时人倍价来争市，半买君恩半买鲜。"

别说你会做杭帮菜：杭州家常菜谱
5888
例
一

栀子花鳜鱼狮子头

制作单位

富阳国际贸易中心大
酒店

①②③④⑤⑥

主 料 ···

鳜鱼 200 克

辅 料 ···

栀子花 2 克，鸡汤 50 克，马蹄 5 克，水淀
粉 2 克，盐 5 克

制作要点 ···

◎将马蹄、鳜鱼、栀子花切碎，搅拌混合
均匀。

◎锅内加水烧沸，将搅打好的材料挤成狮
子头形状，裹上水淀粉，下入开水中养至
成熟。

◎锅内加入鸡汤，放入做好的狮子头小火
慢炖，调味即可。

小贴士

鳜鱼有补虚劳，益胃的功效。《本草纲目》
记载："按张杲《医说》云：越州邵氏女
年十八，病劳瘵累年，偶食鳜鱼羹遂愈。
观此，正与补劳、益胃、杀虫之说相符，
则仙人刘凭、隐士张志和之嗜此鱼，非无
谓也。"

南去北来徒自老，故人稀。夕阳长送钓船归。鳜鱼肥。
　　　　　　——〔宋〕贺铸《太平时·钓船归》

虎跑泉水鲜菌汤

制作单位

杭州紫萱度假村

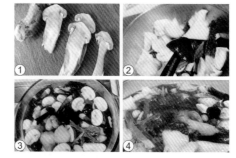

主 料 ....

鲜松茸 100 克，羊肚菌 150 克

辅 料 ....

虎跑泉水 500 克，海盐 5 克

🦐 小贴士 ....

好的美味佳肴，七分靠食材本身，三分靠厨师的烹饪技艺。这话虽不错，但却没注意到烹调之水。利用虎跑泉水烹调的菌汤，入口滑润、优雅，令人感到幸福。

制作要点 ....

◎将精选的鲜松茸切片，和羊肚菌一起清洗干净，放入盛器内备用。

◎砂锅内放入虎跑泉水，加入海盐。

◎将切好的松茸和羊肚菌一齐放入锅内，小火慢炖一个小时左右，盛出即可。

日月不粒食，安问下土耕。
虽然屋瓦烂，还有地菌生。
　　　——［宋］梅尧臣《秋雷》

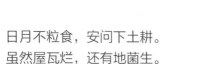

莼菜鲈鱼羹

制作单位

杭州萧山宝盛宾馆有
限公司

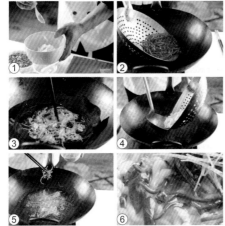

① ② ③ ④ ⑤ ⑥

制作要点 ·················

◎将洗净的鲈鱼肉去皮及血筋，切成丝，
加入精盐、味精、绍酒、蛋清拌上劲，用
淀粉上浆待用。

◎湘湖莼菜洗净在沸水中汆一下沥干，放
入净水中待用。

◎炒锅置火上烧热，放入食用油烧至三成
油温，将浆好的鱼丝倒入油锅中划散，呈
玉白色时倒入漏勺，沥干油待用。

◎炒锅回置火上，留底油25克倒入葱段煸
香，加绍酒、精盐、清汤、鸡油，烧开拣
去葱段，放姜水用淀粉勾薄芡。

◎将鱼丝、莼菜、鸡丝、火腿丝放入锅中，
用手勺推，盛入深盘中，撒上适量胡椒粉
即成。

主料 ·················

白鲈鱼肉300克

辅料 ·················

莼菜200克，熟鸡丝25克，熟火腿丝10克，
陈皮丝5克，生姜5克，葱段30克，绍
酒15克，精盐8克，味精5克，胡椒粉2
克，鸡蛋清一个，淀粉25克，清汤300克，
鸡油10克，食用油1000克（实耗50克）

此际莼鲈客，倚楫待西风。
——［宋］吴潜《水调歌头·喜晴赋》

桂花鲜栗羹

制作单位

杭州皇饭儿王润兴酒
楼有限公司

主 料

栗子 75 克，藕粉 75 克

辅 料

桂花 5 克，玫瑰花 5 克，白糖 10 克

制作要点

◎鲜栗肉洗净后切成薄片。

◎炒锅置旺火上，放入清水 400 克烧沸，
倒入栗子肉和白糖，再沸时撇去浮沫。

◎用小火烩煮，另将干藕粉用水 75 克调匀，
均匀地倒入锅内，调成羹状时出锅，盛入
汤盆碗内。

◎撒上糖桂花和玫瑰花瓣，即成。

安知南山桂，绿叶垂芳根。
清阴亦可托，何惜树君园。

——［唐］李白《咏桂》

 **杭味故事**

据传，嫦娥在广寒宫中凝望人间，见到杭
州西湖胜似天堂，禁不住舒展广袖，吴刚
手击桂树为她伴舞，震得"天香桂子落纷
纷"。此时，杭州灵隐寺厨房正在烧栗子羹，
无数芳香扑鼻的桂花飘落在粥中，众僧尝
了这种粥，说特别好吃，桂花鲜栗也就成
为杭州的一道美味。

鱼汤茶香龙门油面筋

制作单位

富阳国际贸易中心大
酒店

主　料 ·····························●

自制龙门油面筋 10 克 / 个

辅　料 ·····························●

鱼汤 300 克

制作要点 ·····························●

◎取湿面筋 10 千克，加面粉 2-3 千克，
再加少量盐，搅拌 7-8 分钟。

◎取出后切小块，揉成小球，投入油温为
90-100℃的油锅里，炸 3-5 分钟，使球
的外层起一层破皮。

◎捞出，再投入到油温为 130-240℃的油
锅里，再炸 10 分钟，出锅即可。

◎熬制鱼汤，放入油面筋，调味，装碗即可。

杭味故事 ·····················

龙门油面筋又称"孙权家面筋"，据说是
富阳地区的孙权家族创制佳肴。其制作工
艺也较为考究：要经过磨、搅、滤、洗等
工序。先要将小麦磨成粗麦粉，加水和少
许盐进行搅拌，等面团透亮，就可以把它
放入用竹编的面筋箪里。在盛满水的大盆
中，细麦粉和麦皮慢慢从面筋箪中渗出，
在大盆中沉淀。留在面筋箪里的就是面筋
团。经过反复的清洗，所剩下的面筋才算
得上精华——这可才是真正的"面精"。

素弦激凄清，旨酒盈樽壶。

——［唐］权德舆《侍从游后湖宴坐》

王太守八宝豆腐

制作单位

杭州皇饭儿王润兴酒
楼有限公司

主 料

豆腐 250 克，虾仁 25 克，鸡肉 25 克

辅 料

松子 5 克，火腿 10 克，干贝 10 克，油 10 克，
鸡汤 100 克，盐 5 克

制作要点

◎豆腐磨碎成糊状，放入碗内；干贝蒸熟
备用；鸡肉、虾仁、火腿分别切成末。

◎炒锅烧热，用油滑锅后下油，将鸡汤和
豆腐同时倒入锅内，用勺炒和，加虾末、
鸡肉末、干贝、盐烧开。

◎小火稍烩后放味精，加湿淀粉勾芡，出
锅装入汤碗内，撒上熟火腿末和松子，淋
上亮油少许即成。

味异鸡豚偏不俗，气含蔬笋亦何嫌。
素餐似我真堪笑，此物惟应久属厌。
　　　——［清］高士奇《豆腐诗二首》

杭味故事

清代文人袁枚的《随园食单》有载："王
太守豆腐，用嫩片切粉碎，加香蕈屑、蘑
菇屑、松子仁屑、瓜子仁屑、鸡屑、火腿屑，
同入浓鸡汤中炒滚起锅。用腐脑亦可。用
瓢不用箸。"此菜原为宫廷御膳，后康熙
作为恩赐，赏给了尚书徐建庵，尚书门生
楼村又学得此法，传给其孙王太守，故名。

四宝竹荪汤

🐟 杭味故事

四宝竹荪汤是由水发刺参、珍珠鲍贝、鲜鱿、虾胶等为原料制成的菜品，汤鲜味美，乃海味之名品。

制作单位

杭州新开元大酒店有限公司

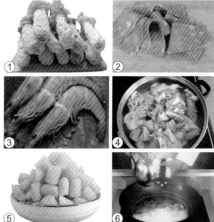

① ② ③ ④ ⑤ ⑥

主料

野生竹荪 300 克，虾 80 克，火腿 50 克，干贝 100 克，鸡块 200 克

辅料

盐 8 克，白胡椒粉 5 克，糖 5 克，枸杞 10 克，葱 15 克，姜 15 克，料酒 10 克

制作要点

◎ 将野生竹荪涨发。
◎ 将鸡块清洗干净，放入锅中炖煮鸡汤。
◎ 配上辅料，加入鸡汤。
◎ 文火炖熟即成。

🦐 小贴士

竹荪要先用盐水浸泡十分钟，将竹荪的盖头，也就是封闭的那一断切掉，再将竹荪网状散开的部分去除，只保留下竹荪的枝干部分，这样就可以完全去除掉竹荪的奇怪的味道了。而且竹荪的储存不可以放置在强光下或者潮湿湿热的地方，如果泡发好后要尽快食用掉。

凿石通归汐，浮梁看浴暾。

鸭阑萍上鹜，鹿栅薜生垣。

檐卜乘栀子，筼筜长竹荪。

书香芸辟蠹，席暖锦裁鹓。

——〔元〕马祖常《泉南孙氏园亭》

群鲜羹

制作单位

杭州山外山菜馆有限公司

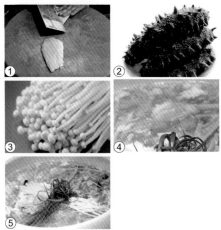

主料

虾仁50克，鱼肚丝100克，海参35克，金针菇25克，鸡丝5克

辅料

黄酒30克，精盐15克，醋8克，白糖3克，姜丝15克，葱丝、红椒丝各15克，胡椒粉3克，芝麻油5克，蛋清30克，淀粉50克，熟猪油20克

制作要点

◎将鱼肚切成丝，熟鸡肉撕成丝，虾仁洗净，加入蛋清、淀粉、料酒调匀，浆好虾仁，再用油划炒。

◎炒锅置中火，下入熟猪油，烧至五成热，投入姜丝、红椒丝略煸，舀入高级清汤500克，烧制。

◎待烧沸后，放入鸡丝、虾仁、鱼肚丝、海参、金针菇，添加黄酒、精盐、醋、白糖烧制。

◎烧沸后用湿淀粉勾薄芡，淋上打散的鸡蛋液，搅匀装入荷叶碗，撒上姜丝、葱丝、红椒丝及胡椒粉。

◎另取炒锅置中火，放入芝麻油，烧至八成热，将沸油浇在葱姜丝和红椒丝上即成。

华台陈桂席，密榭宴清真。

——［唐］陈翊《宴柏台》

西湖牛肉羹

供图单位

杭州市餐饮旅店行业协会

主 料

鸡脯 30 克、冬笋 25 克

辅 料

豆腐干 15 克、瘦肉 20 克，盐 5 克，湿淀粉 5 克

制作要点

◎锅中水煮沸，将鸡脯、冬笋、瘦肉、豆腐干依次下入锅中。

◎原料煮熟后（约 5 分钟），用盐、鸡精少许调味，并进行勾芡，煮沸后盛起即可。

小贴士

勾芡的方法有四种，是根据芡汁的浓稠度来分的。包芡（粉汁最稠，包裹在菜品上，盘底不留汁）、糊芡（比包芡稀，把菜汤便糊状）、流芡（较稀，增加菜的色泽和光泽，芡汁菜上有盘子里也有）、奶汤芡（最稀的，是菜汤变浓一点点）。

宵升于丘，奠璧献斝。

——［唐］韩愈《元和圣德诗》

银鱼羹

制作单位

建德彩运大酒店

主 料

银鱼 300 克

辅 料

马兰头 40 克，精盐 6 克，淀粉 20 克

制作要点

◎选用鲜活的银鱼，洗净，控去水分。

◎将马头兰挤压出水。

◎锅内加入适量清水，加入高汤，大火烧开。
将银鱼加入汤中，调味，勾芡。

◎放入马头兰，即可。

🐟 **杭味故事**

银鱼在中国有很多个名字，在《尔雅》中，它写作"王余"；在《日用本草》中，它又被称作"银条鱼"，同时它还有面条鱼、炮仗鱼等名字。在明代时期，瓦埠湖银鱼与松江鲈鱼、黄河鲤鱼、长江鲥鱼，并称中国四大名鱼。

预进活鱼供日料，满筐跳跃白银花。

——［唐］花蕊夫人《宫词》

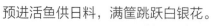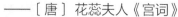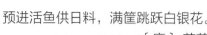

7

小吃类

小盘小碗，小吃里有大世界

极品萝卜酥	凉拌蔬汁面	橘红糕
猫耳朵	立夏乌米饭	农家米粿
红糖麻糍	酒酿圆子	粽香甲鱼
萝卜丝饼	酒酿三圆	寿昌蒸仔粿
细沙羊尾	茯苓蟹肉包	严州咸汤团
香煎萝卜丝饼	冬菇炒面	严州酥饼
鲜肉粽子	百果油包	松丝汤包
鲜肉蒸馄饨	拔丝汤团	虾肉馄饨
鲜肉小笼	油氽馒头	虾仁小笼
虾肉汤面角儿	油条（附葱包桧儿）	杭式煎包
香炸玉米卷	油墩儿	牛肉粉丝汤
幸福双	枣糕	农家玉米饼
虾爆鳝面	猪油菜泡饭	豆沙包
西湖雪媚娘	猪油八宝饭	芝士牛肉饼
西施舌	中面	南方大包
五辛春卷	亭趾月饼	炸油糍
五彩虾饺	芽麦圆子	桂花酒酿
三丝面疙瘩	芝麻炒年糕	羊肉烧麦
全麦高庄	粢毛肉圆	茶壶蒸糕
片儿川	鲜虾汤包	桂花年糕
宁波汤圆	汇昌粽（塘栖粽）	定胜糕
麻球	茶糕	桂花糯米山药
		建德豆腐包
		喉口馒头
		米粿
		糊麦粿
		油沸馒头夹臭豆腐
		油氽粿
		六谷粿
		米筛爬
		灰汤粽
		胡记酒酿馒头
		传统方糕
		倒笃菜麦疙瘩
		桂花糖煎饼
		萝卜干煎包
		麦糊烧
		富阳味道
		国宴油条
		农家手工干菜饼
		永昌臭豆腐
		油腐肉球
		梨粥
		荞麦包配豆腐松

极品萝卜酥

制作单位

富阳东方茂开元名都大酒店

主料

面粉 300 克,土豆粉 100 克

辅料

猪油 10 克,鸡蛋 30 克,白砂糖 15 克,黄奶油 20 克,起酥油 10 克

制作要点

◎将黄奶油、起酥油搅拌均匀,接着放入面粉,将其混入,搅拌均匀,即成油心。
◎将面粉、猪油、土豆粉、鸡蛋、白砂糖一起放入搅拌机,然后慢慢加水搅拌均匀成水皮。

地古云物在,台倾禾黍繁。
——［唐］李白《登金陵冶城西北谢安墩》

猫耳朵

1956 年被浙江省认定为 17 种杭州名菜之一

杭味故事

"猫耳朵"，并非用猫的耳朵作为原料，它是一种面瓣色泽白净、形状恰似小猫耳朵的水煮类面点。由于制作精细，用料讲究，色彩缤纷，备受人们欢迎。

制作单位

杭州知味观食品有限公司

主 料

面粉 500 克

辅 料

熟火腿 75 克，熟虾仁 75 克，水发香菇 75 克，干贝 25 克，绿色蔬菜 25 克，笋丁 25 克，葱段 10 克，姜片 10 克，鸡汤 300 克，绍酒 15 克，精盐 15 克，味精 5 克，熟鸡油 15 克，熟鸡脯肉 75 克

制作要点

◎干贝洗净，放入小碗，加 250 克水，加绍酒、葱段、姜片，入笼蒸熟，鸡肉、火腿、香菇等分别切成指甲片待用。

◎面粉加入冷水 100 克，拌匀搓成直径 0.8 厘米的长条，切成 0.6 厘米长的丁，放在干粉里略拌，用大拇指向前推捏成极小的猫耳朵形状。

◎将猫耳朵放入沸水里氽 10 秒左右捞出，

用冷水过凉沥干待用。

◎将锅置中火上，加入鸡汤、虾仁、干贝、鸡片、火腿片、香菇片、笋丁，待汤沸时，下猫耳朵，煮约 20 秒。

◎待猫耳朵浮起，去沫，加入盐、味精、绿色蔬菜，出锅盛入小碗，淋上鸡油即成。

天风拔大木，禾黍咸伤萎。

——［唐］李白《寓言三首》

2014 年中国杭帮菜博物馆杭州市餐饮旅店行业协会联合评选 36 道 "新杭州名点名小吃" 之一

红糖麻糍

小贴士

如果做了太多麻糍，需要保存该怎么办呢？可以放在一个塑料大水桶里面，水位以没过麻糍的位置为佳。为了保存时间更长久，还可在水中加入明矾。隔一两周换一次水，这样起码能保存大半年时间。

制作单位

杭州新开元大酒店

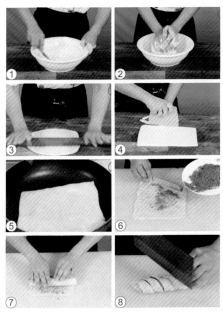

主料 ·······

糯米粉 1000 克

辅料 ·······

红糖 100 克，芝麻 20 克

制作要点

◎糯米粉加入适量冷水搅拌均匀置平盘中，放入蒸锅，大火蒸 10-15 分钟。

◎将面团擀平，把红糖均匀地洒在上面。

◎将撒着红糖的面饼卷成管状，用刀切段。

◎锅内加色拉油，七成热时，将面段放入锅中，煎至表面金黄，即可做成馅香皮脆的红糖麻糍。

杭味故事

一个石臼，一根大大的木棰子，石臼里放置蒸熟的糯米饭。这就是农村做糯米麻糍的原始工具和原料。过去，过年时节、清明时节都舂麻糍。如今，随着城镇生活的变迁，笨重的石捣臼和老式柴灶已不大多见，与此相同的是家家户户舂麻糍的盛况也不复存在。

沃野收红稻，长江钓白鱼。
　　——［唐］韦应物《送张侍御秘书江左觐省》

萝卜丝饼

供图单位

杭州市餐饮旅店行业协会

主　料
土豆 30 克，萝卜 30 克，面粉 70 克

辅　料
葱花 10 克，花生油 10，食盐 6 克，鸡蛋 50 克

制作要点
◎萝卜、土豆去皮，擦成丝放到碗中备用。

◎碗中加入少许食盐、鸡精。再在加入少量的葱花。

◎放入少许面粉。加少量的水调成面糊状。

◎平底锅中放入少量的花生油，将调好的土豆萝卜丝面糊放入。

◎用铲子均匀的弄成圆形，煎制一面变黄的时候，翻面再煎制另一面。

◎两面煎制橙黄的时候就可以起锅。

折项葫芦初熟美，著毛萝卜久煨香。

—— ［宋］林泳《蔬餐》

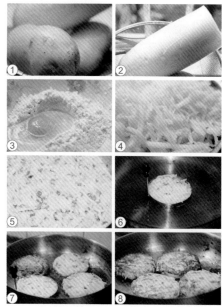

🐟 杭味故事

萝卜是我国的传统食物，为"三主"（主栽、主售、主食）蔬菜之一，古时被称为莱菔。据清乾隆十五年（1750）编修的《如皋县志》记载："萝卜，一名莱菔，有红白二种，四时皆可栽，唯末伏初为善，破甲即可供食，生沙壤者甘而脆，生瘠土者坚而辣。"

细沙羊尾

制作单位

杭州王元兴餐饮管理
有限公司

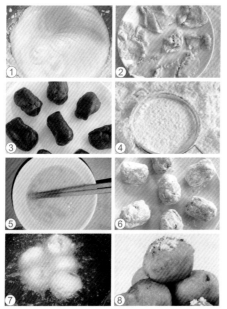

① ② ③ ④ ⑤ ⑥ ⑦ ⑧

🐟 杭 味 故 事

细沙羊尾系塘栖一带传统的特色名菜，因
其形似羊尾而得名。其色泽金黄，体形丰
腴，脆中带软，郁香鲜甜，为酒席常备之
佳肴，颇受人们喜爱。

主 料

红豆沙 200 克，猪油（板油）50 克

辅 料

糯米粉 50 克，鸡蛋清 50 克，淀粉 5 克，
绵白糖 10 克

制作要点

◎将猪板油剥膜，批成长方形的薄片，摊平。
将细红豆沙捏成丸子。

◎将豆沙丸子分别放在板油片上包卷好，
滚沾上干糯米粉，用手捏紧成"羊尾馅"。

◎取干净汤盆 1 只，擦干水迹，放进鸡蛋
清甩打成蛋泡，加干淀粉拌成蛋泡糊。

◎炒锅置火上，加入熟猪油，二至三成热
时开至微火，把羊尾馅心逐个滚包上蛋泡
糊，放进油锅，改用中火，翻炸至外层结壳、
呈淡黄色时捞起装盘，撒上白砂糖即可。

纵美讵能齐众口，漫言异日许调羹。

—— ［宋］王之道《蜡梅和次韩韵》

香煎萝卜丝饼

2014 年中国杭帮菜博物馆，杭州市餐饮旅店行业协会联合评选 36 道"新杭州名点名小吃"之一

制作单位

杭州市餐饮旅店行业协会

主 料

面粉 300 克，土豆 50 克，萝卜 100 克

辅 料

葱 20 克，胡椒粉 3 克，红椒 10 克，雪菜 10 克，盐 5 克

制作要点

◎把萝卜切成细丝。

◎用盐把萝卜丝腌制一下。

◎将萝卜丝和土豆蓉以 2 ：1 的比例混合，加上雪菜，充分搅拌至均匀。

◎保留腌制出的萝卜原汁，拌入红椒、葱和少量面粉，调成面糊状，再加一点胡椒粉调味增香。

◎把面糊下锅，煎成一个个的萝卜丝饼即可。

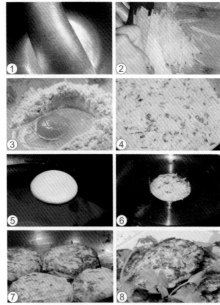

① ② ③ ④ ⑤ ⑥ ⑦ ⑧

小贴士

如果想要保存切好的萝卜丝，可以将其在水中冲洗，然后在水中加少量明矾浸泡一些时间。随后取出放入保鲜盒低温保存。这样不仅能使萝卜丝保存的更久，还可以延长新鲜脆嫩的颜色和清新的味道。

种药疏故畦，钓鱼垂旧钩。

—— ［唐］岑参《送许拾遗恩归江宁拜亲》

鲜肉粽子

2014 年中国杭帮菜博物馆，杭州市餐饮旅店行业协会联合评选 36 道"新杭州名点名小吃"之一

杭味故事

粽子在古代又称"角黍"。清代杭州人、美食家袁枚曾记录了若干品种："竹叶粽"，"取竹叶裹白糯米煮之，尖小如初生菱角"。

制作单位

杭州知味观食品有限公司

主料

糯米 1000 克，猪肥瘦肉 500 克，粽叶 500 克

辅料

白糖 100 克，精盐 15 克，酱油 150 克，黄酒 5 克，葱花 3 克，生姜末 2 克

制作要点

◎将猪肉洗净，切成 1.5 厘米厚的块。将白糖、精盐、酱油、黄酒、葱花、生姜末放在一起拌匀，放入肉块腌渍 2 小时左右。

◎将糯米淘洗干净，放入清水中浸泡 2 小时后捞出，控干水分，放入盆内，加酱油、精盐拌和均匀。

◎粽叶用开水煮好后，放在清水中浸泡。用 2 张粽叶叠好，折成尖角斗形，先放入一些糯米作底，中间放一块猪肉，再盖上糯米，然后将粽叶折起，包成粽子，再用棉线捆紧。

◎将粽子码入锅内，放入清水，水要没过粽子，上面压一重物，用旺火煮 1 个小时，再用小火煮 2 个小时即成。

酒中喜桃子，粽里觅杨梅。

——［南北朝］徐君茜《共内人夜坐守岁诗》

鲜肉蒸馄饨

1956 年被浙江省认定 17 种杭州名点之一

制作单位

杭州天元大厦有限公司

主 料

高筋面粉 350 克, 猪肉 300 克

辅 料

葱末 8 克, 姜末 8 克, 精盐 10 克, 胡椒粉 5 克, 香油 6 克

制作要点

◎猪肉剁成泥, 混以葱末、姜末、精盐、胡椒粉、香油, 顺着一个方向搅拌上劲, 即成肉馅。

◎高筋面粉加适量清水和面, 盖上湿布, 饧面 20 分钟, 反复揉至面团表面光滑不粘手, 擀成薄面皮, 撒上干粉, 将其折叠, 切成若干 10 厘米宽的面条, 撒上干面粉,

摆在一起, 再切成梯形的馄饨皮。

◎一只手托住馄饨皮, 另一只手放上肉馅, 对折, 左右两角相交, 捏在一起, 呈三角形, 即成馄饨生坯。摆入屉中, 用旺火沸水蒸熟, 开盖抹上一层香油, 加盖复蒸 1 分钟即可。

蒸饼犹能十字裂, 馄饨那得五般来。
——［宋］陆游《对食戏作》

 杭味故事

馄饨的历史由来已久, 而且各地对馄饨的称呼都不统一. 四川人把馄饨称为"龙抄手", 广东人则称为"云吞"。民国杭州街头老照片上的馄饨担子, 让人感叹这种美食传播深远, 所以馄饨也是经典的杭式小吃。

鲜肉小笼

制作单位

杭州知味观食品有限公司

 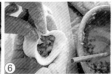

主 料

面粉 150 克，肉末 200 克

辅 料

姜末 5 克，精盐 5 克，绍酒 15 克，酱油 10 克，味精 5 克，芝麻油 15 克，皮冻末 50 克

制作要点

◎将肉末加入清水 50 克，放入精盐，搅拌上劲，加入各种调料拌匀，再加入皮冻末制成馅心。

◎面粉加入温水揉成面团，稍饧，搓成长条，摘成 20 个剂子，按扁，擀成中间厚、边缘薄的圆形皮子，逐个挑入馅心，将皮子轻拉起褶皱，捏成小馒头状，收口时中间留有小洞。

◎将生坯放入小笼屉，用旺火沸水蒸 8 分钟左右即熟。

  **杭味故事**

2006 年 7 月，应法国巴黎文化交流中心邀请，杭州酒家的中国烹饪大师王仁孝现场制作了西湖醋鱼、龙井虾仁、干炸响铃、金牌小笼包、糯米素烧鹅等杭州名菜和名点，令外国同行大开眼界。

新面来近市，汁滓宛相俱。

—— [唐] 杜甫《槐叶冷淘》

虾肉汤面角儿

🌸 **小贴士**

皮冻是用猪皮制成的一种蛋白质含量很高的肉制品,既可以直接食用,也可以作为辅料,融化成汤。皮冻对人的皮肤、筋腱、骨骼、毛发都有很好的保健作用。

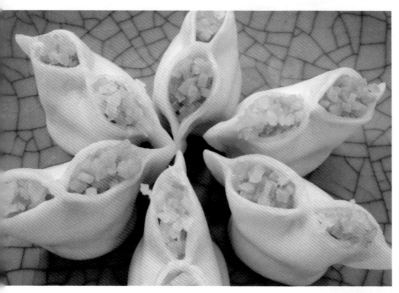

制作单位

杭州饮食服务集团有限公司

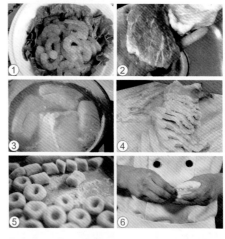

主 料

中筋面粉 500 克,猪肉 350 克,河虾仁 150 克,生猪肉皮 125 克

辅 料

酱油 25 克,白糖 25 克,精盐 10 克,姜 10 克,芝麻油 7 克,胡椒粉 3 克,绍酒 10 克,红绿色蔬菜末共 20 克

制作要点

◎将肉皮刮净毛,入沸水余一下,去净皮上的肥膘肉,皮肉放入原锅,加水。

◎在旺火上烧滚后,改用小火焖煮至六成熟,将肉皮连汤起锅,趁热将肉皮连同洗净剥皮的姜一起放入绞肉机绞碎。

◎将肉放入原汁中,用旺火熬至皮汁呈浓乳汁时起锅,冷却后即凝结成皮冻。

◎把猪肉放入绞肉机搅成肉末,把皮冻切成条状,也搅成末,分别放好。把搅好的

肉末加入盐、酱油、糖、绍酒、胡椒粉和少量清水,先搅拌上劲,然后加入河虾仁、皮冻末拌匀,成虾肉馅。

◎面粉放在案板上,中间扒个窝,加入沸水,拌成雪花片,摊凉后揉透,成烫面团,盖上湿布备用。

◎将面团揿扁,擀成薄圆皮子,放上馅心,捏成四角形,再把每只角上部捏紧,然后把两只角对捏成二角生坯,二边角形的中心处放入红绿蔬菜末点缀。把生坯摆入蒸笼内,上蒸汽蒸 7 分钟即可。

相欢在尊酒,不用惜花飞。

——〔唐〕王涯《送春词》

香炸玉米卷

制作单位

杭州饮食服务集团有限公司

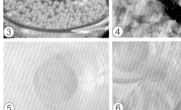

杭味故事

约 16 世纪中期，中国开始引进玉米。根据陈元龙《格致镜原》所引明代杭州人田艺蘅的《留青日札》："御麦出于西番，旧名番麦，以其曾经进御，故名御麦。干叶类稷，花类稻穗，其苞如拳而长，其须如红绒，其实如芡实，大而莹白。花开于顶，实结子节，真异谷也。"

主 料

玉米 250 克，鸡脯 50 克

辅 料

松仁 30 克，香菇 30 克，面包末 80 克，威化纸 20 张，葱白 5 克，蛋液 10 克，盐 5 克

制作要点

◎将鸡脯、香菇切成丁，将玉米、鸡丁、香菇丁一同煸炒，调味，放入松仁、葱白，冷却待用。

◎取威化纸两张，放入炒好的原料，包成卷，拖蛋液后拍上面包末混合均匀。

◎锅内置油三成热时放入玉米卷，炸至金黄色即成。

雕盘酒器常不干，晓入中厨妾先起。
—— ［唐］陈羽《古意》

幸福双

1956年被浙江省认定17种杭州名点之一

杭味故事

幸福双是杭州知味观独创杭州名点，用面团摘剂，包豆沙、干果馅经蒸而成。因它一般成双供应，故名幸福双。

制作单位

杭州知味观食品有限公司

主　料

面粉350克，熟核桃仁、熟松仁、青梅、金橘、佛手、萝卜、糖桂花、葡萄干、蜜枣、蜜饯、红瓜等共140克

辅　料

发酵粉15克，绵白糖60克，细沙200克，猪板油25克

制作要点

◎将各种蜜饯果仁切碎，将白糖与蜜饯末拌匀成百果馅。板油切丁分成20份。

◎将面粉先与发酵粉拌匀后，加入清水175克，和成面团稍饧。

◎面团揉透后搓条摘成20个剂子，用擀面杖擀成薄形圆皮子，先放入细沙馅10克，再加入百果馅10克，上面加一小份板油丁，然后打褶收捏成包子形，闭口，光面朝下

放入幸福双的木模子内，压制后倒出，表面成"幸福双"三字的生坯。

◎将生坯放入刷过油的笼屉内，饧发20分钟后，用旺火沸水蒸10分钟即熟。

将何慰两端，互勉临歧杯。

——［唐］欧阳詹《江夏留别华二》

虾爆鳝面

1956 年被浙江省认定 17 种杭州名点之一

小贴士

水煮干面条不能用旺火，否则面条外表粉质受热糊化，会使水变稠发黏。

制作单位

杭州奎元馆

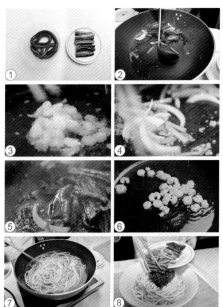

① ② ③ ④ ⑤ ⑥ ⑦ ⑧

主料

面条 500 克，去骨熟鳝片 500 克，虾仁 300 克

辅料

熟猪油 100 克，芝麻油 25 克，葱花、姜末各 10 克，绍酒 15 克，酱油 20 克，白糖 8 克，盐 10 克，肉汤 500 克

制作要点

◎将虾仁用盐捏上劲后，拌上湿淀粉放置片刻，在沸水中汆 10 秒钟左右，捞起待用。将鳝片切段洗净。

◎炒锅置旺火上，下色拉油至 210℃时将鳝片下锅炸至起小泡，倒入漏勺，沥干油。炒锅内放猪油少许，将葱、姜下锅略煸后，将鳝片下锅同煸，加酱油、绍酒、白糖、肉汤，烧至汤汁剩一半时，加入味精，将鳝片捞起盛入碗内。

◎将面条下沸水锅内一汆，捞出，冷水过凉，沥干。

◎锅置旺火上，加入鳝片原汁、肉汤、酱油，待汤沸时，将面下锅，撇净浮沫，放入猪油。

◎待汤渐浓时，将面盛入小碗内，按份加上爆鳝片和虾仁，淋上芝麻油即成。

入水捕蛇鳝，淤泥亦衔将。

——〔宋〕文同《翡翠》

小吃类

419

西湖雪媚娘

制作单位

杭州知味观食品有限
公司

主 料

糯米粉 500 克

辅 料

鲜奶油 300 克,白糖 100 克,芒果肉 200
克,熟干粉 200 克

制作要点

◎将糯米粉加白糖和成粉浆蒸熟。

◎将糯米粉晾凉后,摘成均匀的剂子放
在一侧备用。

◎鲜奶油打发透,置冰箱备用。

◎把挤头开成皮后包入鲜奶、芒果肉成
型。

小贴士

制作奶油酱时,如果你做的奶油酱含酸性
成分(如葡萄酒或柠檬汁时),请使用全
脂奶油,从而防止奶油酱凝结。

等闲逐酒倾杯乐,飞尽虹梁一夜尘。
——[唐]欧阳詹《韦晤宅听歌》

 杭 味 故 事

雪媚娘是杭州新生代的点心,其质感细腻,色如白雪,入口绵糯,用小竹篮盛放,装点独特。
另一例是"龙井问茶",这道点心以杭州风景命名,取鲜茶叶和绿菜汁和面,将一粒粒小面
团压扁,掐出茶叶形状,并用开水焯好,将茶叶与鲍鱼、笋片、火腿、干贝等配料一起倒入
鸡汤中即可。此点操作细腻、色泽鲜艳、造型逼真、清香味鲜。

西施舌

1956 年被浙江省认定 17 种杭州名点之一

杭州传统风味小吃——西施舌，又叫"兰花舌"。这个小吃所以称为"西施舌"或"兰花舌"，就是因为它形如舌头，清香甜润，使人联想到西施的娇美和兰花的馨香。

制作单位

杭州知味观食品有限公司

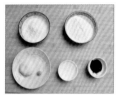

红瓜、糖桂花各 15 克，白糖板油丁 100 克，枣泥馅 200 克

制作要点

◎核桃肉、金橘饼、糖佛手、青梅、瓜仁、红瓜均切成细粒，加入糖桂花，拌成果料。

◎将粳米粉、糯米粉掺入温水和成团，摘成 20 个剂子，每个剂子捏成酒盅形，裹入枣泥馅（10 克）、糖板油丁（5 克）、果料（5 克），收口包合，然后左手托住粉团，右手拇指和食指捏成舌状生坯（也可在舌尖上点红色）。

◎锅内水煮沸后，放入西施舌生坯，用勺轻轻转动水面以免粘底，待沸腾后加入冷水，反复多次，煮约 5 分钟即熟。

◎将西施舌捞起装入小碗，每碗装 2 只，加入原汤水，撒上糖桂花即成。

主料

粳米粉 75 克，糯米粉 175 克

辅料

熟核桃肉、金橘饼、糖佛手、青梅、瓜仁、

西施越溪女，出自苎萝山。秀色掩今古，荷花羞玉颜。

——［唐］李白《西施》

五辛春卷

2014 年中国杭帮菜博物馆
杭州市餐饮旅店行业协会联合评选
36 道"新杭州名点名小吃"之一

小贴士

在春卷的拌馅中适量加些面粉，能避免炸制过程中馅内菜汁流出，导致糊锅底的现象。

制作单位

杭州知味观食品有限公司

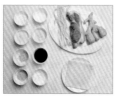

主 料

春卷皮子 10 张，净肉丝 100 克，净韭芽 50 克

辅 料

绍酒 2 克，普油 5 克，精盐 5 克，味精 2 克，胡椒粉 5 克，姜 5 克，熟猪油 50 克，高汤 100 克，温淀粉 25 克

制作要点

◎将炒锅置旺火上烧热，下熟猪油、肉丝入锅煸炒，加调味料，放入高汤烧滚，用湿淀粉勾厚芡，韭芽切段撒在肉丝面上，微拌一下成馅待用。

◎包卷，用面糊封口。

◎锅内下色拉油烧热，至油温 175℃时，放入春卷，一锅炸 10 只，用筷子不断推动防焦。待春卷呈金黄色时捞起，沥干油分装盘即可。

杭味故事

春卷是以麦面烙制或蒸制的薄饼，以豆芽、韭黄、粉丝等炒成的合菜作馅儿包着食用。据宋代《四时宝鉴》说："立春日食萝菔、春饼、生菜，号春盘。"立春吃春饼更有喜迎春季、祈盼丰收之意。

调羹汤饼佐春色，春到人间一卷之。

——［清］林兰痴《春饼》

五彩虾饺

 小贴士

凡在搓制粉、面前都应有一个必要的步骤，就是用密孔罗斗将需加工的粉、面筛过，以免起粒。

制作单位

杭州饮食服务集团有限公司

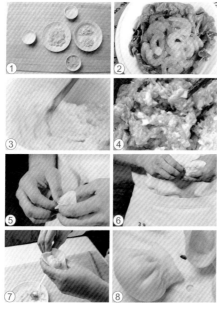

主 料

淀粉 100 克，虾仁 100 克

辅 料

紫薯粉 10 克，菠菜粉 10 克，墨鱼汁 10 克，生粉 50 克，笋粒 20 克，盐 5 克，糖 5 克

制作要点

◎将沸水、淀粉、生粉混合，揉搓成团。

◎面粉分 4 份，分别与紫薯粉、菠菜粉、墨鱼汁揉成团。

◎将虾仁与笋粒一同打碎混以调味料，充分搅拌打制成馅。

◎将 4 块面团擀成薄面皮放入馅料，对折，捏起边上，然后让另一边食指把面皮推过来，制成虾饺形状。

◎将虾饺上蒸笼蒸 5 分钟即可。

悠悠寰宇同今夜，膝下传杯有几人。

——［唐］欧阳詹《除夜侍酒呈诸兄示舍弟》

三丝面疙瘩

新杭帮菜 108 将之一

🐟 杭味故事

据《江南节次照常膳底档》记载，乾隆南巡的时候，"春卷攒丝面疙瘩烫膳"及"酸辣面疙瘩烫膳"就是他的御膳之一。今天，面疙瘩汤已经飞入寻常百姓家。

制作单位

杭州知味观食品有限公司

主 料

面粉 200 克

辅 料

生粉 20 克，肉丝 30 克，雪菜 50 克，南瓜丝 50 克，盐 10 克，味精 3 克，高汤 300 克

制作要点

◎将面粉、生粉等混合物加适量的冷水和调料，朝同一方向用劲搅拌至面团上劲，封油进冰箱"醒"透。

◎取大锅加足水烧开，用竹刀均匀地割削面团至沸水中，待其浮至水面时即可捞出冲凉备用。

◎锅起底油煸香肉丝、雪菜、南瓜，加入高汤调味。汤沸腾后投入预制好的面疙瘩，推搅均匀。

◎待再次沸滚后即可出锅，装碗。

蔬果自远至，杯酒盈肆陈。

——［唐］柳宗元《种白蘘荷》

全麦高庄

制作单位

杭州甘其食餐饮管理
有限公司

主 料

面粉 2000 克，水 900 克，酵母 40 克，
泡打粉 40 克

制作要点

◎将酵母加入水里搅匀，面粉加入泡打粉，
酵母面粉混合搅拌，揉成面团。

◎将揉好的面团放置温暖处进行发酵到 2
倍大。

◎醒好后，压片卷条，下剂。一两三个剂，
揉搓成形即可。上屉蒸 25 分钟。

🐟 杭味故事

韦巨源《食单》有记录：婆罗门轻高面，
今俗笼蒸馒头发酵浮起者是也。《梦粱录》
还记载了南宋临安城里的"朱家馒头铺"
在坝桥榜亭侧。

留连俯栏槛，注我壶中醪。
——〔唐〕柳宗元《游南亭夜还叙志七十韵》

片儿川

1956 年被浙江省认定为 17 种杭州名菜之一

制作单位

杭州饮食服务集团有限公司

主 料

面条 500 克，猪腿肉 250 克，熟笋肉 100 克，雪里蕻 50 克

辅 料

酱油 30 克，盐 10 克，熟猪油 40 克

制作要点

◎将猪腿肉切片，笋切片，雪菜切末。

◎将面条放入沸水中煮约半分钟捞起，冷水过凉，沥干水待用。

◎炒锅置中火上，下猪油，将肉片入锅略煸，下笋片、酱油再略煸。将雪菜下锅，加入沸水少许，约 5 秒钟后，将料捞起。

◎原汤中再加沸水，将面条倒入煮约 2 分钟左右，加入味精，盛入碗内，盖上雪菜、笋片、肉片即成。

日午独觉无馀声，山童隔竹敲茶臼。

——［唐］柳宗元《夏昼偶作》

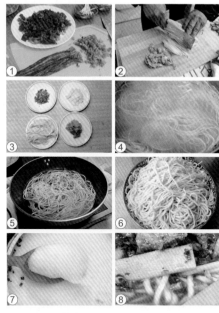

杭 味 故 事

片儿川是杭州小吃，即雪菜肉片笋片面，雪菜又名倒笃菜，在杭州十分有名。这道面食的味道与苏州的雪菜肉丝面相近，但加上笋片，特别是春笋刚上市的时候，杭州片儿川别有一番风味。据传说，这道菜最早由杭州老店奎元馆首创，现如今已经是杭州最受欢迎的面食之一。

宁波汤圆

 杭味故事

据传汤圆起源于宋朝，与北方人过年要吃饺子不同，江浙在春节都有合家共进汤圆的习俗。因为这种糯米球煮在锅里又浮又沉，所以它最早叫"浮元子"，后来有的地区改称元宵。

制作单位

杭州饮食服务集团有限公司

制作要点

◎黑芝麻洗净倒入锅中，先用旺火炒干，然后用小火缓炒至熟，冷却后碾成粉，用筛筛细（约取 80 克）。

◎将猪板油剥去皮膜，斩成细茸，放入碗中，加入白糖、芝麻粉拌匀擦透，搓成馅心 12 个。

◎将糯米粉加入温水揉透，摘成 12 个剂子，每个剂子捏成酒形，裹入馅心 15 克，收口，搓圆成汤团。

◎锅置中火上，加水至八成满，待水沸放入汤团，用勺轻轻推动，以免粘底，待汤沸起，分次掺入少量冷水或调小火力，以免汤团皮破漏馅和外熟里不熟，约煮 8 分钟。

◎汤团浮起、馅心完全熟透后起锅装碗，碗内加些汤水，撒上糖桂花即成。

主 料

水磨糯米粉 100 克，黑芝麻 90 克

辅 料

白糖 80 克，糖桂花 10 克，猪板油 30 克

星灿乌云里，珠浮浊水中。

——［宋］周必大《元宵煮浮圆子》

麻球

制作单位

杭州饮食服务集团有限公司

主 料

糯米粉 600 克

辅 料

澄粉 60 克，细砂糖 60 克，热水 40 克，白芝麻 30 克，豆沙馅 50 克

制作要点

◎将热水倒入澄粉中，混合均匀，揉成软面团。

◎在糯米粉中加入细砂糖混合均匀，再加入澄粉面团。加适量水，揉成稍软的面团。

◎将面团搓成长条，分成大小均等的小剂子。将小剂子按扁，包入适量豆沙馅，包好揉圆。

◎锅里油烧至七成热时放入麻球生坯，小

火炸至表面金黄，捞出控油即可。

小贴士

油炸食物时，放少许食盐在锅底，可以防止沸油飞溅。

炊稻视爨鼎，脍鲜闻操刀。

——［唐］柳宗元《游南亭夜还叙志七十韵》

凉拌蔬汁面

2014 年中国杭帮菜博物馆
杭州市餐饮旅店行业协会联合评选
36 道"新杭州名点名小吃"之一
新杭帮菜 108 将之一

制作单位

杭州奎元馆

① ② ③ ④ ⑤ ⑥ ⑦ ⑧

主　料 ·········

蔬菜汁 150 克，面粉 300 克

辅　料 ·········

牛肉丝 50 克，黄瓜丝 30 克，豆芽 30 克，
自制卤汁 200 克，盐 10 克

制作要点 ·········

◎取蔬菜汁作为制面用水。

◎和面后制成蔬汁面，过水。

◎将牛肉丝、黄瓜丝、豆芽等配菜放入面中，
随后淋上自制卤汁调味即可。

小贴士 ·········

盐可使蔬菜黄叶返绿。菠菜等青菜的叶，
如果有些（轻度）变黄，焯水时放一点盐，
颜色能由黄返绿。

一杯簳饦，手自芼油葱。天上苏陀供，悬知未易同。

——［宋］陆游《朝饥食簳面甚美戏作》

立夏乌米饭

制作单位

杭州知味观食品有限公司

主料

白糯米 500 克

辅料

乌饭树叶 250 克

制作要点

◎乌饭树叶拣去枝条，清洗干净。

◎将乌饭树叶放进搅拌机，加两杯水搅成糊状，取出倒碗里放置半小时后过滤出乌饭树叶汁。

◎将白糯米淘洗净，沥干水，放到乌饭树叶汁水里浸泡过夜。

◎白糯米泡过夜即可变成黑色。

◎倒出少许汁水（剩下的汁水刚刚盖过糯米即可）隔水蒸 20 分钟即可。

岂无青精饭，使我颜色好。

——〔唐〕杜甫《赠李白》

 杭味故事

据传说，老狱卒为了救孙膑，把糯米用乌树叶浸泡后煮熟，再捏成小团子，就像猪粪一样的颜色，进而给他充饥。庞涓以为孙膑在吃猪粪而放松看管，孙膑被齐国人救走后，建功立业，逼死庞涓报仇雪恨。于是民间流传，说夏至吃乌米饭，可以祛风解毒，防蚊叮虫咬，孙膑会护佑人们平安如意。只因饭粒黑，故事有许多，事关忠孝节义，未必都真，未必都美。但都是劝人向善，反映了百姓的朴素的道德价值取向。

酒酿圆子

制作单位

杭州饮食服务集团有限公司

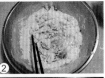

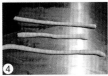

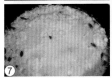

主 料

糯米粉 500 克，甜酒酿 1 盒

辅 料

白砂糖 150 克，湿生粉 50 克，枸杞 10 克，蛋黄 50 克

制作要点

◎糯米粉放在案板上，用沸水和成粉团，趁热快速搓条切粒。

◎锅内加入清水，烧开后倒入圆子，用勺不停推动，圆子浮上水面后捞起。锅洗净，加入沸水，倒入熟圆子，加入白砂糖，用湿生粉勾芡，用筷子将打散的蛋黄与酒酿搅拌均匀后倒入锅内，用马勺摊匀，盛入碗内，撒上蒸熟的枸杞点缀即可。

  杭味故事

酒酿圆子是中国江南地区传统小吃。糯米粉搓的小圆子与酒酿同煮而成。酒酿味浓甜润，圆子软糯，汤品甜香。具有补中益气、健脾养胃、止虚汗之功效。

探汤汲阴井，炀灶开重扉。

——［唐］柳宗元《夏夜苦热登西楼》

酒酿三圆

◉ 小贴士

酒酿不宜生食，否则会对肠胃产生过量的刺激。适量食用酒酿可以益气生津、活血。

制作单位

杭州知味观食品有限公司

主料

糯米粉 750 克，湿淀粉 300 克，酒酿 1000 克

辅料

蜜枣 25 克，核桃肉 50 克，金橘脯 25 克，青梅 50 克，净芝麻 100 克，蜜饯红瓜 25 克，糖桂花 25 克，红枣 400 克，青菜汁 100 克，白糖 1000 克，熟猪油 250 克，红曲 50 克

制作要点

◎糯米粉留出 100 克和馅用，其余分成 3 份，其中 2 份分加入红曲和青菜汁。

◎将各种果料切成细末加入白糖和熟猪油，拌成百果馅。芝麻炒熟，用擀面棒压碎，加入白糖和熟猪油拌成芝麻馅。将红枣烧熟，去皮、核，加入白糖和熟猪油，炒制成枣泥馅。

◎将制好的三种馅分别切成馅心 100 个，拌上燥粉，用手搓圆。

◎3 份燥糯米粉按色分 3 次操作，每次将燥粉 1 份放入盘中，将馅心平摊在漏勺内迅速入沸水一撩，即倒入盆内的燥粉上，

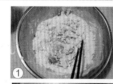

用手旋动盆，使馅心在燥粉上面滚动，沾上燥粉，再放进漏勺下沸水一撩，迅速倒入盆中，再次旋动盆。如此连续操作 3 次，逐步沾粉形成圆子。3 种颜色按上述方法分别操作，制成三色圆子。

◎锅置中火上，放水 2500 克，待水烧沸，用小漏勺推动水旋转，下入三色圆子，继续推动水，待圆子浮起时撇去水面泡沫，使水微沸，将圆子煮熟。

◎另用炒锅 1 只，放入开水 2500 克，加入白糖 600 克，水沸后下湿淀粉勾芡，再下酒酿，待微沸，分盛入 10 只碗内，同时将已起锅的三色圆子平分在每碗的芡汁上。

雕盘酒器常不干，晓入中厨妾先起。

——［唐］陈羽《古意》

茯苓蟹肉包

制作单位

杭州饮食服务集团有限公司

 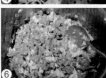

胡椒粉 5 克，菠菜汁 10 克

制作要点

◎蟹黄蟹粉加熟猪油和姜炒好后备用。夹心肉末加入调味料，打上劲，放入皮冻，加炒好的蟹黄蟹粉搅拌均匀，成蟹肉馅。

◎茯苓加清水煮至融化，凉后备用。面粉加入发酵粉，倒入茯苓水，揉成发酵面团。加入少量面粉与菠菜汁后和成小面团，做成菊花形备用。发酵面团揉压至面团光滑，在案板上搓条摘剂子，擀皮包馅，分别把馅心放在皮子上，用左手托住皮子，用右手拇指和食指轻轻提起皮子边缘，沿边捏褶一圈，收口成鲫鱼口。

◎做好的包子沿收口边装上 3 朵菊花，摆入笼内，蒸 10 分钟即可。

主料

茯苓 100 克，高、低筋面粉各 250 克，夹心肉 500 克，蟹黄蟹粉 100 克

辅料

干酵母 5 克，发酵粉 5 克，绵白糖 30 克，熟猪油 40 克，精盐 5 克，皮冻 150 克，酱油 15 克，绍酒 15 克，葱、姜末各 5 克，

妙手能夸薄样梢，桂香分入蟹为包。
　　　——［宋］高似孙《蟹包》

冬菇炒面

1956 年被浙江省认定为 17 种杭州名菜之一

制作单位

杭州饮食服务集团有限公司

主 料

面条 500 克，熟笋片 50 克，水发冬菇 100 克

辅 料

酱油 30 克，盐 5 克，芝麻油 15 克，湿淀粉 30 克，色拉油 500 克

制作要点

◎将面条入沸水锅汆半分钟捞出，在清水中过凉，沥干水分用酱油、味精拌匀。冬菇切片。

◎炒锅置旺火上烧热，放入色拉油至 120℃时将面条下锅，边炒边翻约 10 分钟，至面条两面呈金黄色时，将油潷出，起锅装盘。

◎炒锅内放少许油，将冬菇、笋片下锅，加点水、酱油、味精，用湿淀粉勾薄芡，淋上芝麻油即成。

 小 贴 士

在锅中的水即将烧开的时候把干挂面放到锅里，挂面熟的快。

甚欲去为汤饼客，惟愁错写弄獐书。
—— ［宋］苏轼《贺陈述古弟章生子》

1956 年被浙江省认定为
17 种杭州名菜之一

百果油包

小贴士

松仁中的磷和锰
含量也非常丰富，
对大脑和神经有
很好的补益作用，
是脑力劳动者的
健脑佳品，对老
年痴呆也有很好
的预防作用。

制作单位

**杭州饮食服务集团有
限公司**

辅 料

干酵母 20 克，猪板油 50 克

制作要点

◎将猪板油去膜，切成米粒状；将各种果
料也切成粒状，与糖桂花、白糖拌和成馅，
分成 20 份。

◎先将面粉和酵母拌匀，加入白糖 25 克，
放入温水 200 克，混合均匀，用手反复揉捏，
同时用双拳捣压，待面团揉透，搓条摘成
20 个剂子，用擀面棒擀成中间厚、边缘薄
的皮子备用。

◎包入馅心一份，收口捏拢，口朝下放，
呈光头包状，中心处用红曲米点一小点，
即成生坯。

◎将油包生坯放入蒸笼，饧发 20 分钟左右，
用旺火沸水蒸约 10 分钟即熟。

主 料

白面粉 500 克，熟核桃仁、熟松仁、青梅、
金橘、冬瓜条、蜜枣、糖佛手、糖桂花、
绵白糖共 150 克

朝来果是沧洲逸，酤酒醍盘饭霜栗。
　　——［唐］李白《夜泊黄山闻殷十四吴吟》

小吃类

435

拔丝汤团

杭味故事

拔丝菜肴最初流行在中国北方，注重掌握糖汁火候的功夫。拔丝汤圆利用北方擅长的烹饪技巧，结合杭州汤圆食品特色，体现了杭帮菜"南料北烹"的历史传统。

制作单位

杭州饮食服务集团有限公司

主 料

水晶馅汤团 10 个 150 克

辅 料

白糖 15 克

制作要点

◎汤圆下油锅。要不停的翻炒以免粘连。

◎把炒好的汤圆盛起。

◎开小火，往锅内倒入油，当油温至五至七成左右，加入白糖，不断翻炒，感到糖要糊时就离火，重复直至糖发红有黏稠度。

◎糖炒好后把汤圆倒入快速翻炒，让每一个汤圆都裹上糖。

◎盘里抹点油，把汤圆装盘。

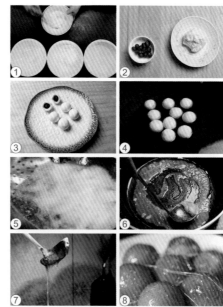

① ② ③ ④ ⑤ ⑥ ⑦ ⑧

小贴士

拔丝制作只要糖和油，不要给水，要小火。这道菜还可以用苹果、香蕉等水果做，拔丝鹌鹑蛋小朋友最适合吃。消化功能不好的人少吃。

望家思献寿，算甲恨长年。

——［唐］欧阳詹《除夜长安客舍》

油氽馒头

1956 年被浙江省认定为 17 种杭州名菜之一

 杭味故事

油氽馒头形状小巧玲珑，皮呈金黄，色泽美观，入口松脆，肉馅鲜嫩。一咬，汤汁四溢，肥而不腻。吃后齿颊留香，满口生津，若趁热食用，更会余味无穷。

制作单位

杭州饮食服务集团有限公司

主 料

面粉 250 克，猪夹心肉末 250 克

辅 料

精盐 8 克，味精、姜葱汁各 5 克，皮冻 125 克，色拉油 500 克

制作要点

◎将面粉放入盆内，加 50℃温水和精盐和成面团，盖上湿布略饧，皮冻斩末。

◎将猪肉末放于盆内，加入精盐和清水，用力搅拌上劲，加入葱姜汁、味精及皮冻末，一起拌匀成馅。

◎将饧后的面团搓条，摘成 20 个剂子，揿扁，擀成皮子，包入馅心，捏成馒头形，上笼用旺火沸水蒸 10 分钟成熟，取出稍冷却（不能全部冷透）。

◎将锅烧热放油，待油温升至 160℃左右时放入馒头，边炸边翻，至馒头外皮起大量小泡时，捞起沥干油，稍冷却待油温升至 210℃左右时，将馒头投入复炸，至外皮呈金黄色发脆，即可装盘上桌。

人烟寒橘柚，秋色老梧桐。

——［唐］李白《秋登宣城谢朓北楼》

油条（附葱包桧儿）

 杭味故事

相传岳飞被害后，杭州一家卖油炸食品的店主，捏了两个人形的面块比作秦桧夫妇，投入油锅里炸，嘴里还念道："油炸桧吃！"这就是油条的来历。后来发展为杭州风味小吃——葱包桧。

制作单位

杭州知味观食品有限公司

主料
面粉 1250 克

辅料
小苏打 30 克，明矾 38 克，色拉油 2500 克，精盐 35 克

制作要点

◎将明矾、苏打、精盐加清水搅拌，待全部溶化时，再将面粉倒入水里搅匀，将面团揉至有亮光按平，盖上潮布。

◎面揉好 1 小时后，揭去潮布将面块从四边挑起叠拢，按平，仍将潮布盖好。

◎2 小时左右，将面团分成两筒，厚薄大小均匀，筒子两头一样粗细。

◎将筒子拉成条子，用刀切开，将两小条对折起来，用棍在中间按一下，即成生坯。

◎将油倒入锅内，至 200℃左右，生坯下锅，两手轻轻晃动，摘去两头，使两片条子粘

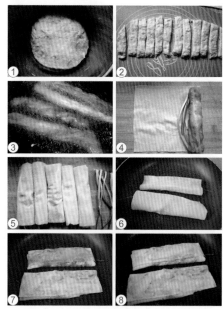

合以免裂开。将生坯轻轻在油中翻动 4-5 次，呈金黄色即成油条。

◎将油条放在平锅内按扁烤至略脆，裹以小葱，抹上甜面酱，包以春饼，卷成筒状，再放入平锅内揿压，烤至金黄色即可。

客舍莫辞先买酒，相门曾忝共登龙。

——［唐］陈羽《梓州与温商夜别》

油墩儿

制作单位

杭帮菜博物馆

① ② ③ ④ ⑤ ⑥ ⑦ ⑧

主 料

面粉 400 克, 水 180 克, 萝卜 200 克

辅 料

葱 5 克, 味精 4 克, 鸡蛋 1 个 50 克, 盐 10 克

制作要点

◎200 克萝卜切丝, 放 6 克盐腌一下备用。

◎面粉 120 克加 2 克盐, 加 180 克水搅拌均匀, 加入葱花。

◎萝卜丝挤去水分, 加适量味精与面糊搅拌均匀, 磕入一个鸡蛋。

◎中火, 待油温升至五成热时, 放入油端模预热, 模具装半满。

◎将模具放入锅内油炸至表皮酥脆呈金黄色即可出锅。

小 贴 士

萝卜丝做馅儿时, 用适量的盐腌制一下, 可去除萝卜涩味。

青青一畦菜, 味与萝卜永。
—— 〔清〕洪亮吉《荠菜》

枣糕

🐟 杭味故事

红枣是真正意义上的中国传统食材之一。在良渚文化遗址中发现了枣核化石，因此证明了枣已经在中国有了8000多年的历史。《诗经》《礼记》《韩非子》《战国策》等史书中都有对于枣的记载。

制作单位

杭州饮食服务集团有限公司

主料

低筋面粉 250 克，小红枣 150 克

辅料

干酵母 8 克，绵白糖 100 克，熟西瓜子肉 10 克，青梅少量，熟冻猪油 50 克，发酵粉 8 克，清水 250 克

制作要点

◎小红枣洗净，去核，盛入碗内，加清水，放蒸箱蒸 15 分钟取出，沥干水分。西瓜子放入烤箱烤熟。

◎面粉放入筛子筛入盆内。干酵母、绵白糖盛入碗内，加清水搅至溶化，倒入面粉内搅拌均匀，加发酵粉搅匀，再加猪油搅均匀备用。

◎纸杯放进蒸笼，用小勺把糊浆盛入纸杯，至八分满，上面摆上红枣、西瓜子仁、青

梅末。

◎按气候掌握醒发，然后上蒸笼蒸 10 分钟即可取出。

秋山入远海，桑柘罗平芜。

——[唐]李白《登单父陶少府半月台》

猪油菜泡饭

制作单位

杭州饮食服务集团有限公司

① ② ③ ④ ⑤ ⑥

主 料

大米 200 克，青菜 100 克

辅 料

盐 3 克，猪油 10 克，味精 5 克

制作要点

◎青菜漂洗干净，切碎。

◎热锅内放少许的猪油，烧五六成热，倒入青菜搁少许盐稍加翻炒，倒入适量的开水，然后倒入米饭煮开。

◎大概煮一两分钟即关火，加少许味精拌匀即可装碗。

 小 贴 士

熬猪油时，先在锅内放入少量水，再将切好的猪板油放入，这样熬出来的油，颜色晶亮而无杂质。

无限居人送独醒，可怜寂寞到长亭。
——［唐］柳宗元《离觞不醉至驿却寄相送诸公》

猪油八宝饭

1956 年被浙江省认定为
36 种杭州名菜之一
1997 年知味观"八宝饭"
被认定为"中华名小吃"

制作单位

杭州知味观食品有限
公司

主料

糯米 300 克，桂圆肉 10 克，猪板油 30 克，
白糖 100 克，通心莲 30 克，蜜枣、熟松仁、
葡萄干、青梅、金橘、糖佛手、蜜饯红瓜
各 10 克

辅料

熟猪油 80 克，细沙 100 克

制作要点

◎将糯米淘净，浸 5 小时以上，放入笼内干
蒸至熟，然后加入白糖及熟猪油拌匀。

◎将猪板油去膜，切成小丁；莲子放水上笼
蒸熟；蜜枣去核与其他果料切成碎片。

◎取碗 1 只，碗壁涂上熟猪油，将猪板油
放入碗中间，果料碎片铺入碗内，然后加
入半碗糯米饭，揿凹，加细沙，再加入另
一半糯米饭，刮平，放入笼屉内蒸 1 小时
左右，取出扣入盘中即可食用。

 小贴士

巧熬猪油。将猪油洗净，切块，放进锅里，
加些温水（比猪油略少），再倒一点黄酒
并放少许盐，然后盖好盖，放在文火上烧。
稍熬片刻，待油渣变黄，将油渣捞出，把
油倒进干净的容器里即可。

相欢在尊酒，不用惜花飞。

——〔唐〕王涯《送春词》

中面

1956 年被浙江省认定为
17 种杭州名菜之一

制作单位

杭州饮食服务集团有限公司

制作要点

◎香干切丝，黄花菜去蒂，木耳洗净，素肠成 10 份。

◎炒锅置中火上烘热，下色拉油，将香干丝、黄花菜、木耳放入煸炒，加酱油、水、白糖，至汤汁收干时，加味精盛入内。

◎原炒锅内加水及酱油、精盐、味精，烧沸撇去浮沫，盛入 10 只小碗中。

◎将面条放入沸水中，煮约 1 分钟，捞出沥干水，分放入小碗中，用筷把面挑齐，盖上炒好的素丝，放上素肠，浇上芝麻油即成。

 小贴士

在和面时，每 500 克面粉加拌一个鸡蛋，面皮更有韧劲，还不粘连。

主料

精白潮面 500 克

辅料

素肠 100 克，水发黄花菜 100 克，水发木耳 50 克，色拉油 100 克，香干 6 块，酱油 30 克，白糖 10 克，精盐 5 克，味精 5 克，芝麻油 15 克

春风细腰舞，明月高堂宴。

——［唐］武元衡《独不见》

小吃类

443

亭趾月饼

🐟 杭 味 故 事

田汝成《西湖游览志》："中秋民间以月饼相遗，取团圆之义。"又，吴曼云《江乡节物词》小序："杭俗，中秋食月饼，夜设祭月，取人月双圆意。"诗云："粉膏圆影月分光，不是红绫亦饱尝。只恐团圞空说饼，征人多少未还乡。"

制作单位

余杭区运河街道亭趾食品厂

主料

面粉 200 克

辅料

糖 10 克，猪油 20 克，食物油 30 克，各种馅料适量，清水 40 克

制作要点

◎面粉中加入猪油、食物油混合搅拌均匀，揉制成面团。

◎面团醒 10 分钟，搓成长条，摘成大小相同的数个小面团。

◎中间裹入馅料，压制成饼状，入烤箱烘烤至熟。

 小 贴 士

月饼具有高热量、高糖、高淀粉的特点，即便是市面上标榜的"无糖"月饼含有的热量和淀粉量也很高，糖尿病患者食用后易使血糖升高。

小饼如嚼月，中有酥和饴。默品其滋味，相思泪沾巾。

——［宋］苏轼《月饼》

芽麦圆子

制作单位

余杭区运河街道亭趾食品厂

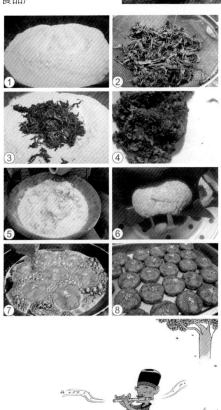

主　料 ·····························•
糯米粉 250 克，棉线头草 50 克

辅　料 ·····························•
麦芽粉 100 克，白糖 10 克

制作要点 ·····························•
◎先将棉线头草煮熟，连汤倒入糯米粉内拌匀后和成粉团，此时粉团呈浅绿色，拉开来有"丝头"。

◎将粉团掐成一块块毛坯圆子，放在竹蒸架上蒸熟后倒入木盘，用蒲扇扇几下，趁热和成一个大团子后略放凉（尚软时），在撒着芽麦粉的盘子里或擀面板上反复用力揉压，务必将芽麦粉尽量揉压到团子里面。

◎面团制成扁圆形的圆子，放入平底锅里用菜籽油煎好，两面要煎得焦黄一点。

宜春院里驻仙舆，夜宴笙歌总不如。
——〔唐〕王涯《宫词三十首》

芝麻炒年糕

制作单位

余杭区运河街道亭趾
食品厂

主 料

糯米年糕 200 克，芝麻 15 克，红糖 20 克

制作要点

◎将年糕洗净，切成约 1 厘米的小块。

◎在锅中加入适量清水，烧开后加入年糕，
煮至年糕能用筷子戳穿即可捞出备用。

◎在锅中放入少量油，翻炒年糕，随后加
入红糖与黑芝麻，翻炒均匀即可出锅。

银烛煌煌半醉人，娇歌宛转动朱唇。
——［唐］陈羽《同韦中丞花下夜饮赠歌人》

 杭味故事

中国传统有小寒吃年糕之俗。清顾禄《清
嘉录·年糕》卷十二：“黍粉和糖为糕，
曰年糕。有黄、白之别。大径尺而形方，
俗称方头糕。为元宝式者，曰糕元宝。”

余杭传统烹饪技艺项目
"非遗菜"之一

粢毛肉圆

制作单位

杭州王元兴餐饮管理
有限公司

① ② ③ ④ ⑤ ⑥ ⑦ ⑧

主 料 ••••••••••••••••••••••••••••••••

糯米 150 克，肉末 300 克

辅 料 ••••••••••••••••••••••••••••••••

绍酒 50 克，精盐 20 克，味精 15 克，葱
花 5 克，鸡精 2 克

制作要点 ••••••••••••••••••••••••••••

◎将糯米放入水中浸泡 2 小时以上，然后
沥干水分备用。

◎取肉末加绍酒、精盐、味精、鸡精，搅
拌均匀上劲，加入糯米适量拌匀，制成肉圆。

◎将制成的肉圆外面裹上剩余泡好的糯米。

◎将制好的肉圆上笼蒸熟，撒上葱花即可。

  杭味故事 ••••••••

粢毛肉圆是塘栖名菜之一，是塘栖人正月
里待客或办酒席必不可少的一道传统菜。
其肉质柔软，鲜美可口，糯米色润透明如
珠，既可作菜肴，又可当点心，糯而不腻，
老幼咸宜。

等闲逐酒倾杯乐，飞尽虹梁一夜尘。
　　　　——［唐］欧阳詹《韦晤宅听歌》

小吃类

447

鲜虾汤包

小贴士

虾仁中含钙量很高，同时虾肉所含有的维生素D为海产品之首，维生素D和镁都可促进钙吸收。虾仁还含有钾、硒等微量元素及维生素A，是老年人食用的营养佳品。

制作单位

杭州王元兴餐饮管理有限公司

主 料

面粉 12 克，肉末 80 克，青虾仁 8 颗

辅 料

芹菜 5 克，胡萝卜 3 克，精盐 3 克，皮冻 20 克

制作要点

◎将原料切碎，在肉末中放入皮冻、精盐、味精、芹菜末、胡萝卜末混合均匀制成馅待用。

◎面粉加清水和面，搓条，摘剂，擀成面皮。

◎在薄面皮中包入事先制好的馅，再放入一粒清虾仁。

◎将汤包依次摆入蒸笼蒸 7 分钟即可。

别说你会做杭帮菜·杭州家常菜谱 **5888** 例一

448

尊酒聊可酌，放歌谅徒为。

——［唐］柳宗元《零陵赠李卿元侍御简吴武陵》

汇昌粽（塘栖粽）

2014 年获杭州新名点名小吃

小贴士

传统粽子多裹以枣实、豆沙等甜味配料。唐以前粽必以蜜、"柘浆"（甘蔗汁）佐食，故有"粽蜜"之谓。尔后，除蜂蜜、麦芽糖等外，渐用蔗糖。肉粽、咸蛋粽等亦是后来的大宗品种。

制作单位

杭州百年汇昌食品有限公司

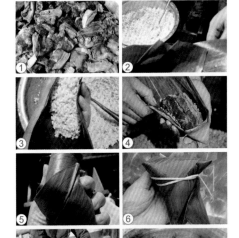

主 料

糯米 200 克，五花肉 50 克

辅 料

酱油 5 克，绍酒 10 克，精盐 3 克，味精 2 克，鸡精 2 克

制作要点

◎用酱油、白糖、鸡精将糯米拌匀。

◎将五花肉切成条状，用料酒、酱油、白糖、鸡精拌匀。

◎将五花肉、糯米包入竹叶中。

◎下锅水煮约 2 小时。

菱芋藩篱下，渔樵耳目前。

——［唐］高适《涟上题樊氏水亭》

杭味故事

陈国明《食汇昌粽》诗："斯文满口老冬烘，一世青衫不道穷。解得人间真味道，米家书画汇昌粽。"汇昌粽特点是五花肉、绍兴酒、杜糯米、青竹叶、土灶头、铁锅子、老汤煮。除了包扎方式以外，蒸煮上也有独特手法，要求时间特别长，强调"千滚不如一焖"。

茶糕

制作单位

杭州百年汇昌食品有限公司

主 料

糯米 1000 克，肉末 300 确，皮冻 200 克

辅 料

酱油 20 克，绍酒 20 克，精盐 10 克，味精 5 克，鸡精 5 克

制作要点

◎将糯米水浸 30 分钟、沥干，粉碎。

◎将糯米粉一层一层均匀筛入糕架，放入肉馅。

◎上蒸笼蒸 30 分钟。

◎下笼取出冷却。

列筵青草偃，骤马绿杨开。

——［唐］卢纶《送黎燧尉阳翟》

茶糕杭州的塘栖镇俗称方糕，又叫水蒸糕，一般在早茶时进食，由此而得名。茶糕乃是塘栖古镇的名点之一，以味道鲜美著称。具有松、香、鲜三大特色。制作茶糕，应选用当年新产的晚稻糯米，米糕的皮层要薄，蒸制技术还很讲究，须有专门工具。肉馅采用瘦猪肉，剔除硬皮软骨，以手工切碎斩细，调以纯酱油，拌入适量冬笋、韭菜，并加皮冻（一种以瘦肉末加用鲜猪皮煮烂后形成的"冻汁"），搅拌均匀后作为茶糕馅儿。

橘红糕

制作单位

杭州余杭区塘栖镇朱
一堂食品厂

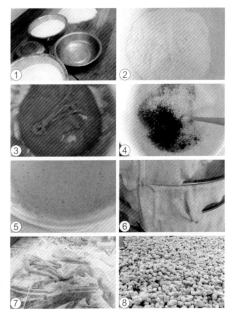

主 料

糯米粉200克,白砂糖10克,麦芽糖浆2克,橘皮3克,食品添加剂(红曲米粉)2克

制作要点

◎将糯米粉、麦芽糖浆、红曲米粉和水搅拌均匀。

◎将搅拌均匀的粉放入蒸架蒸煮。

◎蒸熟后和白砂糖一起揉制至白砂糖完全融入糯米团。

◎摊平,切成小粒后放入盘中即可。

杭味故事

橘红糕古称橘红膏,是长三角地区在冬春节令制作的一种熟粉米糕。宋人周密《武林旧事》已有"橘红膏"的记载。

杯行无留停,高柱送清唱。

——〔唐〕韩愈《岳阳楼别窦司直》

农家米粿

2014 年中国杭帮菜博物馆
杭州市餐饮旅店行业协会联合评选
36 道"新杭州名点名小吃"之一

供图单位

杭州市餐饮旅店行业
协会

主 料

糯米 1400 克

辅 料

水 1300 克,油脂包接物 280 克

制作要点

◎将糯米粉投放到搅拌器中,加水 700 克搅拌 10 分钟,用小型蒸锅加水 600 克蒸 30 分钟。

◎将蒸糯米粉捣碎,加 280 克调制好的油脂包接物捣 15 分钟,得到粘糕料坯。将粘糕料坯,放其入型箱整型后放在冰箱中冷却。

◎在同一冰箱（5℃）内硬化干燥 2 日后,切成长 25 毫米、宽 15 毫米、厚 15 毫米的条,用 55℃ 的温度干燥后放在窑焖中干燥,使料坯中保持少量水分烘熟即可。

① ② ③ ④ ⑤ ⑥

🍒 小贴士

除用大米制作的米粿外,还有小米粿,其用料、做工都比其他粉粿精细,故它的形、色、味都别具一格。

云间连（一作逢）下榻,天上接行杯。
——[唐]李白《与夏十二登岳阳楼》

粽香甲鱼

制作单位

杭州酒家

制作要点

◎生米冷水浸泡好后加茴香、桂皮、陈皮、辣椒、生姜、大蒜，磨成米糊。蕨菜干、白菜干涨发后洗净切成2寸长的段备用。

◎锅内下猪油、猪肠、蕨菜干、白菜干煸炒出香味，加入高汤，待水开加入米糊熬制40分钟，调味即可。

饱食缓行新睡觉，一瓯新茗侍儿煎。

——［唐］裴度《凉风亭睡觉》

主 料

米粉500克，豆腐50克，蕨菜干25克，白菜干25克，甲鱼150克

辅 料

茴香30克，桂皮15克，陈皮10克，辣椒20克，生姜10克，大蒜10克，盐5克，猪油30克

寿昌蒸仔粿

制作单位

千岛湖大厦酒店

主 料

土鸡蛋 200 克，豆腐 50 克

辅 料

韭菜 20 克，肉末 40 克，马蹄 20 克，干红椒 5 克，黑木耳 10 克，葱花 5 克，盐 3 克

制作要点

◎将鸡蛋煎成蛋皮，豆腐焯水滤干水分；锅内加猪油烧热，将肉末、马蹄、韭菜入锅内炒熟，加盐、干红椒末调味，下豆腐拌匀成馅。

◎鸡蛋皮包入炒好的馅料，卷成长条状，改刀切成长 6 厘米的段，盘内垫炒好的黑木耳打底，仔粿摆放其上。

◎仔粿放入蒸笼蒸至完全熟透，加葱油汁，撒葱花、红椒末，浇响油即可。

云物共倾三月酒，岁时同饯五侯门。
——〔唐〕李白《下途归石门旧居》

严州咸汤团

🐟 杭味故事

相传严州府龙山书院有一穷书生娶了个貌美聪慧的媳妇，一年元宵，书生勉强答应同窗到他家里吃汤圆，聪明的媳妇就用冬腌菜、豆腐丁做了咸汤圆款待客人，大受欢迎，严州咸汤圆就此流传至今。

制作单位

浙江严州府餐饮有限公司

制作要点

◎ 五花肉切粒入锅炒香，加笋丁、豆腐丁、冬腌菜拌匀，制成馅料。

◎ 糯米粉用开水和成面团，摘成小剂子，捏成窝状，包入馅料，收口搓成椭圆形。

◎ 汤圆入沸水小火煮至浮出水面。

◎ 碗内加猪油、酱油、辣椒碎、葱花和开水，捞入煮好的汤圆即可。

主 料

糯米粉 250 克，冬腌菜 40 克，五花肉 150 克，豆腐 20 克

辅 料

鲜笋 30 克，生姜 10 克，蒜末 5 克，葱花 5 克，辣椒 3 克，猪油 5 克，酱油 3 克

弄珠见游女，醉酒怀山公。
—— [唐] 李白《岘山怀古》

严州酥饼

杭味故事

传统的严州酥饼以梅城镇"方顺和"烧饼店所产最为著名。1929年,此饼参加首届西湖博览会,在橱中展出一个月,既未变硬也不发韧,且清香如初,被评为第一名。

制作单位

浙江严州府餐饮有限公司

主料
面粉 300 克,干菜 50 克

辅料
肥肉末 200 克,水 110 克,植物油 70 克,酵粉 3 克,食用碱 2 克,白糖 5 克,辣椒 2 克,盐 2 克

制作要点
◎将面粉加水、油、酵粉、食用碱混合,并搅拌均匀。

◎将干菜、肥肉、白糖、辣椒、盐、拌匀做成馅。

◎将做好的馅包入面团内,做成圆饼形状,面上刷上麦芽糖水,粘上芝麻,放烤箱烤至金黄即可。

我心还不浅,怀古醉馀觞。

——〔唐〕李白《陪宋中丞武昌夜饮怀古》

松丝汤包

1956 年被浙江省认定为
36 种杭州名菜之一

小贴士

制作肉皮冻时，肥膘应去净，汤汁浮沫需撇净；肉皮汁入盛器中成形时，宜 2 厘米左右厚为佳。

制作单位

杭州王元兴餐饮管理有限公司

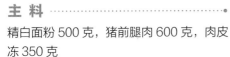

葱末 30 克，色拉油 25 克

制作要点

◎将猪腿肉、皮冻分别用绞肉机绞成末。肉末中加入精盐、酱油、白糖、味精拌匀，再加入芝麻油和皮冻末，制成肉馅。

◎将面粉加温水拌匀，放入干酵母，揉匀揉透，制成酵面待醒发，摘成 100 只坯子，将色拉油洒在坯子上，使坯子不粘连，每个坯子用手掌揿压成中间厚、边缘薄的皮子，包入馅心，折褶收口成汤包生坯。

◎将松树针洗净，用沸水泡过，垫在蒸笼里，每笼放汤包 10 只，用旺火蒸 5 分钟。

◎猪骨头加水 2500 克煮成浓汤，加入盐、味精、熟猪油、蛋皮丝、葱末，分盛 10 小碗，每笼汤包带一小碗汤上桌。

◎汤包应泡在骨头汤里食用。

主料

精白面粉 500 克，猪前腿肉 600 克，肉皮冻 350 克

辅料

蛋皮丝 25 克，猪肉骨头 250 克，芝麻油 10 克，酱油 30 克，白糖 10 克，精盐 25 克，味精 6 克，干酵母 5 克，熟猪油 25 克，

苹甘谢鸣鹿，罍满惭罄瓶。

——［唐］韩愈《答张彻》

虾肉馄饨

制作单位

杭州新丰小吃股份有
限公司

主 料
面粉 500 克，虾仁 150 克

辅 料
猪肉馅 10 克，紫菜 3 克，虾皮 2 克，香菇
2 朵 30 克，鸡蛋 1 个 50 克，榨菜 10 克，
葱 3 克，姜 2 克，香菜 1.5 克，精盐、酱油、
香油、料酒各 8 克

制作要点
◎猪肉馅中加入虾皮、香菇、葱姜末、鸡蛋，
用精盐、料酒、香油、酱油加以调味搅拌
均匀，逐个包成馄饨。
◎锅内加水烧开将馄饨放入，碗中放入紫
菜、虾皮、榨菜、葱花、香菜、精盐、酱油、
香油，待馄饨煮熟后倒入碗中即可。

包罗万象，性气粗豪。

清净为根，礼恭叉手。

—— [宋]释道济《馄饨》

 小贴士

馄饨源于中国北方，与饺子相似，也以面
皮包馅料制成，但面皮很薄，煮熟后略带
透明，隐隐透出所包馅料的色泽，非常美观，
而且很快就可以煮熟，是一款深受人们喜
爱的小吃。馄饨名号繁多，江浙等大多数
地方称馄饨，而广东则称云吞，湖北称包面，
江西称清汤，四川称抄手，新疆称曲曲等。

虾仁小笼

杭味故事

民国时期的杭城，还有许多茶楼、茶馆，供应丰富的茶点，比如猪油烧饼、葱油烧饼、椒盐烧饼、油包、条头糕、鲜肉包子、细沙包子、油条、糯米饭团、糯米烧麦、葱煎包子，等等。

制作单位

杭州新丰小吃股份有限公司

制作要点

◎将夹心肉末加清水 25 克，再加入酱油、精盐，拌上劲起粘性，制成肉馅；虾仁加精盐，捏至有粘性，放入肉馅，加各种调料拌匀，制成虾肉馅。

◎皮冻斩成细末，拌入虾肉馅中。

◎将面粉加温水和成面团，稍饧，搓条，摘成 20 个剂子，擀成中间略厚四周薄的圆形皮子，每只包馅心 12.5 克，将皮子边拉边转动打 13-15 褶，收口留一小洞即成生坯。

◎将小笼包子生坯放进蒸笼，旺火沸水蒸 8 分钟左右即成。

主 料

精白面粉 500 克，猪夹心肉末 100 克，河虾仁 100 克

辅 料

皮冻 50 克，姜末 5 克，精盐 3 克，酱油 10 克，味精 4 克，绍酒 20 克，芝麻油 10 克

六代兴亡国，三杯为尔歌。
——［唐］李白《金陵三首》

杭式煎包

2014 年中国杭帮菜博物馆
杭州市餐饮旅店行业协会联合评选
36 道"新杭州名点名小吃"之一

供图单位

杭州市餐饮旅店行业
协会

主 料

低筋面粉 200 克

辅 料

猪肉馅 300 克,黑芝麻 10 克,小葱碎末
10 克,酵母 1 克,泡打粉 1 克

制作要点

◎把准备好的低筋面粉、酵母、泡打粉、
加水和成团,盖上保鲜膜醒发 20-30 分钟。
◎发好的面团分为 20 等分,揉捏后包入
肉馅。
◎平底不粘锅放油,然后把包好的包子均
匀地码放入锅。大火煎至包子底部上色定
形后,加入清水至包子的 1/2 处,盖好盖
子中火煎 2 分钟。开锅盖撒芝麻后,盖上
盖小火烧 2 分钟,然后撒上小葱碎末继续
煎 1-2 分钟即可。

 小贴士

低筋面粉粉粒较细,因此用手握住即会将
其固结成块。蛋白质含量较少,麸质较少,
因此不容易产生筋度,适用在不太需要筋
度的糕点。

山翁今已醉,舞袖为君开。

——[唐]李白《对酒醉题屈突明府厅》

牛肉粉丝汤

制作单位

杭州新丰小吃股份有限公司

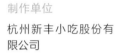

料酒 30 克

制作要点

◎牛腱洗净，切大块；胡萝卜、白萝卜均洗净，去皮，切滚刀块；海带洗净。

◎将牛腱放入开水中汆烫 3 分钟，捞出，洗净，沥干。

◎砂锅中倒入 4 杯水，煮沸，加入牛腱、海带、胡萝卜、白萝卜，撒上姜末与葱花，以中火炖 2 小时然后用精盐和味精调味即可。

◎捞出牛腱，余汤加入开水、粉丝煮沸，牛腱切碎末。

风落吴江雪，纷纷入酒杯。

——[唐]李白《对酒醉题屈突明府厅》

主料

牛腱 400 克，粉丝 50 克

辅料

胡萝卜、白萝卜各 80 克，海带 50 克，葱花 25 克，姜 6 克，精盐 15 克，味精 8 克，

 杭味故事

粉丝在中国至少可以追溯到 1500 年前的魏晋南北朝，北魏时期的太守兼农学家贾思勰在他的著作《齐民要术》中就记载了当时农民利用淀粉制作"粉英"的方法。这在后面逐渐演变成我们如今食用的粉丝。

小吃类／

461

农家玉米饼

小贴士

玉米中含有大量的酸性营养物质，用小苏打清洗玉米，会使这些营养物质得到很好的释放。

制作单位

杭州市餐饮旅店行业协会

主料
肉末 70 克，玉米粒 20 克，沙葛末 75 克，饺子皮 4 张

辅料
味精 2 克，干淀粉 5 克，白胡椒粉 2 克，胡萝卜末 15 克，盐 2 克，水发冬菇末 20 克，蚝油 8 克，猪油 10 克，细砂糖 5 克，芝麻油 8 克，鸡粉 3 克，食用油适量

制作要点
◎将肉末、沙葛末、胡萝卜末、冬菇末、玉米粒倒入碗中。

◎加入盐、味精、细砂糖、鸡粉、白胡椒粉、蚝油拌匀。

◎倒入芝麻油和猪油拌匀，加入干淀粉拌匀，即成馅。

◎在饺子皮上放入适量馅，捏出褶皱，并压平成饼。

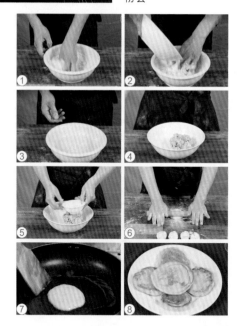

◎将饼放入垫有油纸的蒸笼中，再放入烧开的蒸锅中。加盖，大火蒸 6 分钟至熟，取出装盘备用。

◎用油起锅，放入玉米饼，煎至两面金黄，盛出装盘即可。

三杯取醉不复论，一生长恨奈何许。

——［唐］韩愈《感春四首》

豆沙包

2014 年中国杭帮菜博物馆
杭州市餐饮旅店行业协会联合评选
36 道"新杭州名点名小吃"之一

制作单位

杭州新开元大酒店有
限公司

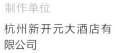

主 料

面粉 250 克，红豆沙 250 克

辅 料

蛋清 150 克

制作要点

◎蛋清搅拌至糊状。

◎裹入红豆沙。

◎下五成油锅炸至成品即可。

 小贴士

红小豆要选用颗粒较大的为好，浸泡后要多次淘洗，去掉涩味。油锅六成热时，最好将火熄灭再炸豆沙包，油温绝对不可高，不然豆沙包就会发黄且影响口感。如果包子形状不完整，可以边炸边利用大汤勺使得豆沙包成形。

幸逢禅居人，酌玉坐相召。

——［唐］李白《与元丹丘方城寺谈玄作》

芝士牛肉饼

制作单位

杭州张生记饭店

主 料

马苏里拉芝士 40 克，澳洲 300 天谷饲牛
肉 120 克

辅 料

芝麻 5 克

制作要点

◎水皮包入油心，擀成长条然后卷起。

◎包入芝士牛肉馅，底部沾少于芝麻。

◎入煎锅水油煎至到干，两面金黄装盘。

①②③④⑤⑥⑦⑧

  小 贴 士

芝士就是乳酪，是比较高级的蛋白质来源。硬芝士比软芝士、蓝纹芝士更安全，不过有些
硬芝士可能用未加热杀菌的奶类制成，因此挑选时要注意阅读包装上的标签。芝士开封后，
要用保鲜纸或铝箔纸包好，放进保鲜盒或木盒内，然后放到冰箱或根据食物说明标签上的
指示存放。保鲜盒的底部可铺放上蔬菜，防芝士干燥后裂开。

青天白日花草丽，玉弩屡举倾金罍。

——〔唐〕韩愈《忆昨行和张十一》

南方大包

制作单位

杭州饮食服务集团有
限公司

主 料

面粉 500 克,猪前腿肉 250 克

辅 料

发酵粉 15 克,酱油 20 克,精盐、味精各 5 克,
胡椒粉 10 克, 芝麻油 15 克, 白糖 25 克

制作要点

◎将面粉、白糖与发酵粉拌匀,加入温水
220 克和成面团,揉至光滑,饧发待用。

◎将猪肉绞成肉末,加入酱油、精盐、水
(100 克),上劲搅拌后加入味精、芝麻油、
胡椒粉成肉馅,分成 10 份。

◎将面团摘成 10 个剂子,用手掌揿成中间
厚、边缘薄的圆皮,挑上肉馅 1 份,用提
拉法捏成有褶的包子生坯。

◎将生坯放入蒸笼饧发 30 分钟,用旺火沸
水蒸 10 分钟即熟。

 小贴士

没有擀面杖,用干净的酒瓶也能擀出又圆
又平的面饼。

二三道士席其间,灵液屡进玻黎碗。
——[唐]韩愈《游青龙寺赠崔大补阙》

炸油糍

制作单位

杭州饮食服务集团有
限公司

主料
糯米 1000 克

辅料
红豆 500 克，白糖 150 克，猪油 500 克

制作要点
◎红豆择去泥沙杂质，淘洗干净后放入锅
里，加清水煮酥后捞起，搅碎成末，把熟
红豆末装入布袋内压干，备用。
◎糯米淘洗干净，用清水浸泡蒸熟，取出
捣成糍饭状。
◎将案板和手抹上油，使糍饭不黏不沾，
揉匀成小剂子，逐一按成圆皮。
◎包入熟红豆沙，放入白糖，收口捏紧，
揉成"灯盏窝"形油糍，入油锅炸至外壳
金黄即可。

小贴士

古籍中用红豆与鲤鱼煮烂食用，对于改善
孕妇怀孕后期产生的水肿脚气有很大的帮
助。所以说红豆不仅是一种粮食，还有一
定的药物作用，能利尿、消脚肿。

且须饮美酒，乘月醉高台。

——［唐］李白《月下独酌四首》

桂花酒酿

制作单位
好食堂

① ② ③ ④ ⑤ ⑥

主 料
糯米 250 克

辅 料
甜酒酿 20 克，桂花 10 克

制作要点
◎将糯米加冷水浸过夜。
◎泡好的糯米用大火蒸 40 分钟。
◎蒸好的糯米用冷水略冲，边冲边搅动，去掉黏性并微温的时候，加入甜酒酿与桂花，搅拌均匀。
◎把拌好的糯米放入容器，抹平表面后再中间开一个洞。
◎随后保温密封，孔中有酒酿溢出即可。

 小贴士

桂花酒酿系选用上等糯米经酒药发酵而成。酒酿异香扑鼻，酒味醇厚。而利用酒酿制作的酒酿圆子则是冬令时节最理想的佳点。

且复命酒樽，独酌陶永夕。
——〔唐〕李白《春归终南山松龛旧隐》

羊肉烧麦

2014 年中国杭帮菜博物馆
杭州市餐饮旅店行业协会联合评选
36 道"新杭州名点名小吃"之一

杭味故事

羊肉烧麦是北方蒙古族特色家常美味面点，伴随着数次北方移民的南迁，这道北方特色明显的传统食品在杭州生根，成为杭州人喜爱的一道名小吃。

制作单位

杭州羊汤饭店有限公司

主 料

面粉 600 克，羊肉、萝卜各 225 克

辅 料

葱末 50 克，姜汁 5 克，绍酒 20 克，酱油 30 克，精盐 1 克，味精 2 克，麻油 25 克

制作要点

◎将面粉 500 克放入容器内，加入沸水 150 克烫搅均匀，稍凉后再加入冷水和匀成面团，饧透。

◎萝卜削去外皮，洗净，切成片，下入沸水锅中焯透捞出，挤去水，剁成末。羊肉洗净，沥去水，剁成末。

◎将羊肉末放入容器内，加入姜汁、绍酒、酱油、精盐，味精、麻油搅匀，再加入清水 100 克充分搅匀上劲，再加入萝卜末，葱末拌匀成馅。

◎将面团搓成条，掀成 50 个剂子，撒下余

下的面粉，逐一按扁擀成荷叶圆形，裹入羊肉和萝卜馅，全部制好后放入蒸锅内，用大火蒸 5 分钟，洒入冷水 50 克，继续用大火蒸至熟透取出，装盘即成。

待得故乡兵马空，共买羔羊荐清醑。
——［宋］王洋《近冬至祭肉未给因叙其事》

茶壶蒸糕

制作单位

杭州跨湖楼餐饮有限公司

席尘惜不扫，残尊对空凝。
——〔唐〕韩愈《送侯参谋赴河中幕》

主 料 ·······································

麦米粉 150 克

辅 料 ·······································

黑芝麻馅心 30 克，青红丝 10 克

制作要点 ·······································

◎将麦米打成粉，拌入矿泉水成沙状。

◎将拌好的麦米粉倒入茶壶中，中间放入黑芝麻馅和青红丝，上面再放入麦米粉按结实。

◎倒扣入蒸板中，上笼蒸 10 分钟即可。

🐟 杭 味 故 事 ·······································

相传某日，太上皇赵构外出游玩，欲用膳时未有食材，一僧飘然而至，递上一包糕点，赵构吃后龙颜大悦，此僧即为济公，所赠食物乃萧山糯米蒸糕。此事在坊间不胫而走，济公蒸糕从此名扬。后根据济公蒸糕的做法稍作改良，以古式茶壶为形，制作出了别具特色的"茶壶蒸糕"。

桂花年糕

制作单位
杭州老头儿油爆虾

主 料
糯米 500 克

辅 料
白糖 250 克，糖桂花 50 克，芝麻油 50 克

制作要点
◎将糯米磨成粉，拌入白糖，加入适量的水拌成粉坯。

◎将粉坯放入笼内蒸熟后，倒在面板上反复揉和，并加入芝麻油和糖桂花，搅拌均匀揉和。

◎切至大小均匀的块状即可成形。

🥚 小贴士

年糕的主要材料是糯米，其淀粉含量较高，而淀粉在人体内会转化为葡萄糖，过量食用容易使血糖升高。且年糕的水分含量少，不容易消化。

别说你会做杭帮菜·杭州家常菜谱
5888
例
470

玉壶系青丝，沽酒来何迟。
——［唐］李白《待酒不至》

定胜糕

2014 年中国杭帮菜博物馆
杭州市餐饮旅店行业协会联合评选
36 道"新杭州名点名小吃"之一

🐟 杭味故事

定胜糕，曾名"定榫糕"，因其状如"榫"而得名。定胜糕始于南宋，在江南一带分布甚广。旧时杭州、宁波，凡家中添丁、赶考、上梁、中举、婚嫁等，都有吃定胜糕的习俗。"定胜"二字，代表了一种愿望和信心，含有祝愿、祝福的意义。

制作单位

杭州知味观食品有限公司

制作要点 ·····························

◎把糯米粉、粳米粉、白砂糖拌匀，加入冷水，用手拌匀，潮湿得当，放入 12 目粉筛搓细待用。

◎搓粉时，用手掌在网丝上来回搓动，用力要均匀，搓好的粉以用手捏能成一团，再一搓能恢复粉状为宜。

◎将搓好的粉静置 60 分钟，醒粉的目的是使搓好的糕粉能吃透水分，保持水分均匀，使生产出来的糕能保持香软可口。

◎先在定胜糕模板上均匀筛上一层薄粉，放入红豆沙馅心，再把糕粉筛满模板，刮平，覆在蒸盘上，蒸熟即可。

主 料 ·····························

糯米粉 150 克，粳米粉 300 克

辅 料 ·····························

白砂糖 150 克，红豆沙 30 克，红曲水 20 克

独酌劝孤影，闲歌面芳林。

——〔唐〕李白《待酒不至》

桂花糯米山药

制作单位

杭州文晖新庭记酒店
有限公司

主 料

糯米山药 400 克

辅 料

豆腐皮 100 克，桂花 50 克

制作要点

◎ 糯米山药蒸熟之后打成泥状。

◎ 用豆腐皮包成长条状。

◎ 下锅煎至金黄后装盘，浇桂花酱即可。

小贴士

山药切成片后一定要用清水多漂几遍，尽量把浆液漂净，否则炒出来的菜会发黏。

涤荡千古愁，留连百壶饮。

—— ［唐］李白《友人会宿》

建德豆腐包

建德人想到当地豆腐包，就会勾起食欲，就会回忆小时候在街头路边或家里外婆蒸的这道美食。这是建德人永远的乡愁。而乡愁就是在舌尖上。

制作单位

浙江严州府餐饮有限公司

主 料

面粉 400 克，本地青菜 30 克，黑松露菌 20 克，豆腐 50 克

辅 料

干酵母 2 克，红椒酱 15 克，红辣椒 5 克，小葱 3 克

和面时要尽量多揉几遍，使面粉内的淀粉和蛋白质充分吸收水分。夏天用大火蒸，冬天用小火蒸。

制作要点

◎青菜焯水，水吸干切碎。

◎切碎的青菜加入切碎的红辣椒、红椒酱、小葱、黑松露菌、豆腐，调馅。

◎面粉加干酵母发酵，揉面，揪成剂子，擀成面皮，放入豆腐制作的馅心，制成包子。

◎包子用旺火沸水蒸 8 分钟即可。

横琴倚高松，把酒望远山。

——［唐］李白《春日独酌二首》

小吃类

473

喉口馒头

小贴士

馒头在蒸制前
要经过醒面，
冬季约一刻钟，
夏季可短些。

制作单位

杭州新丰小吃股份有
限公司

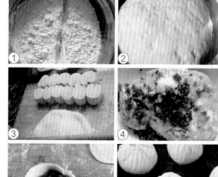

主 料

面粉 700 克，猪肉 750 克

辅 料

食用碱 7.5 克，葱末和酱油各 150 克，味
精 10 克，酵面 225 克

制作要点

◎猪肉切小粒，加入酱油、味精和葱末调
制成馅。

◎面粉与 350 克清水拌匀，取出 225 克，
换入等量酵面揉和成光滑的面团，饧置片
刻。将已饧发的面团加入食用碱用力揉匀
揉透。

◎将兑好食用碱的面团揪成面剂 100 个，
每个按成直径 5 厘米、中间稍厚的圆形皮子，
包入鲜肉馅 10 克，捏成馒头生坯。

◎将馒头生坯置于小笼中，用旺火沸水蒸 6
分钟左右即熟。

杭味故事

喉口馒头是浙江绍兴地区特色传统名点。据
传说它始创于百余年前的太平天国时期，当
时创始人王阿德携带一家老小避难绍兴，在
望江楼关帝庙附近路亭内经营喉口馒头，因
馒头携带方便，所以很受吃客欢迎。在杭绍
易位后，杭州作为浙江省会城市，越来越多
的绍兴人迁居杭州，把这种饮食习惯带到了
杭州。

感之欲叹息，对酒还自倾。
　　　　——［唐］李白《春日醉起言志》

米粿

供图单位

杭州市餐饮旅店行业协会

①②
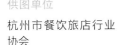
③④
⑤⑥
⑦⑧

主料

粳米粉200克，糯米粉80克，雪菜60克，冬笋60克，香干30克，猪肋条肉30克

辅料

精盐6克，味精3克，青蒜7克，干辣椒7克

制作要点

◎用70%的粳米粉和30%的糯米粉拌匀，上笼蒸熟，然后和成米粉团。

◎雪菜、冬笋、香干、猪肋条肉、青蒜、干辣椒切末，入锅中煸炒后加入调料出锅，便成馅心。

◎米粉团搓成条，逐个下坯，然后擀成圆皮，再包入馅心，上笼蒸熟即可。

🐟 杭味故事

米粿是浙江人逢年过节最喜爱的小吃之一。传统的米粿制作，需要将糯米反复捶打，使得米粿既有嚼劲，又充分激发出糯米的香味。在米粿里边包入笋、豆干、五花肉、葱、芋泥、酸菜等各种食材，让人感受着大自然最伟大的馈赠。

时寻汉阳令，取醉月中归。
——〔唐〕李白《醉题王汉阳厅》

糊麦粿

供图单位
杭州市餐饮旅店行业
协会

主 料

面粉 100 克，精盐 4 克，菜籽油 3 克

辅 料

四季豆 10 克，青辣椒 10 克，五花肉碎 7
克

制作要点

◎将面粉盛入容器中，加适量水和精盐，
顺时针方向搅拌上劲调成糊状，饧置 30 分
钟待用。
◎将四季豆、青辣椒、五花肉碎放入锅中
翻炒，加入盐调味，炒煮后盛出即可为菜馅。
◎锅烧热，用少许菜籽油抹滑，盛入面糊
顺方向走满锅型。煎至一面凝固后即可翻
面，煎好后，放在锅边上沥干油分，待面
糊松黄盛起包上预先准备的菜馅即可。

小贴士

菜籽油有一股生味，可把油烧热后投入适
量生姜、蒜、葱、丁香、陈皮同炸片刻，
油即可变香。

笑杀陶渊明，不饮杯中酒。
——［唐］李白《嘲王历阳不肯饮酒》

油沸馒头夹臭豆腐

杭味故事

杭帮菜博物馆墙上写着："手掇油炸臭豆腐，边走边吃好乐胃，闻闻臭来吃吃香，赛过冰糖红果儿。"注：手掇，杭州话"拿的意思"、红果儿，杭州话"葫芦串"的意思。

供图单位

杭州市餐饮旅店行业协会

① ② ③ ④ ⑤ ⑥

主 料

圆馒头 6 个，臭豆腐 150 克，生菜 100 克

辅 料

辣酱 16 克

制作要点

◎将馒头下到六成热油锅中炸至外松内软，臭豆腐下到热油锅中炸至外松脆内软鲜。

◎馒头用刀平批一半深，在其中加入刚出锅的臭豆腐与生菜，随后放在盘中，辅以辣酱食用更为美味。

小贴士

巧炸馒头片。在炸之前，将馒头片微微浸一下水，再放入油锅里炸，外观口感都很好。

对酒不觉暝，落花盈我衣。
——［唐］李白《自遣》

油氽粿

制作单位

桐庐七里人家

主 料

面粉 200 克，五花肉 30 克

辅 料

葱 6 克，精盐 5 克，料酒 5 克，糖 3 克，
酱油 5 克，姜末 5 克

制作要点

◎将五花肉洗净斩成细末，盆内放入肉末，
用料酒、精盐、酱油搅匀，再加入清水适量，
加味精、白糖、葱、姜末搅匀即成馅料。

◎将五花肉、笋、芥菜剁碎，加入鸡蛋后，
混合搅拌均匀，即可为菜馅。

◎锅内加宽油，烧至七成热时，将预先备
好的肉馅料裹下面粉，用勺捞入油锅，炸
至金黄捞出即可。

小贴士

如何辨别面粉的优劣呢？优质面粉有股面
香味，颜色纯白，干燥不结块；劣质面粉
有水分重、发霉、结块等现象。

金龟换酒处，却忆泪沾巾。
　　——〔唐〕李白《对酒忆贺监二首》

六谷粿

制作单位
桐庐七里人家

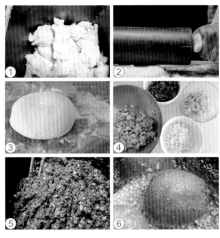

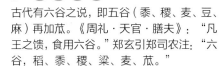

杭味故事

古代有六谷之说，即五谷（黍、稷、麦、豆、麻）再加苽。《周礼·天官·膳夫》："凡王之馈，食用六谷。"郑玄引郑司农注："六谷，稻、黍、稷、粱、麦、苽。"

主　料

六谷粉 60 克，糯米粉 60 克

辅　料

鸡蛋 2 个，五花肉 20 克，笋 20 克，芥菜 20 克

制作要点

◎将六谷粉加适量糯米粉加水搅拌上劲成面团，稍发酵醒面。

◎取适量面团，包裹菜馅，折捏成圆形生坯。

◎锅烧热后，下适量油，炸至两边金黄即可。

欲向江东去，定将谁举杯。

——［唐］李白《重忆一首》

米筛爬

桐庐县非物质文化遗产项目

杭味故事

米筛爬是桐庐地区流行的一道面食品。制作者需要把面和软后，搓成一指宽面条。然后扯下一小团，用大拇指把小面团在米筛上摁压，这个动作很像面团在米筛子上"爬行"，故而叫作米筛爬。

制作单位

石舍村米筛爬传统小吃店

主 料

面粉 300 克

辅 料

竹笋 60 克，黑木耳 50 克，肉末 60 克

制作要点

◎把面和好，放入密封箱里醒面 30 分钟。
◎把少量面块搓成一指宽的面条。
◎扯下一小团，用大拇指在米筛上"爬"，一摁一卷，再轻轻一拔，形成条状面块。
◎置入沸水中，加入适量竹笋、黑木耳及肉末等辅料即成。

小贴士

黑木耳在烹调前最好在水中浸泡。一般来说木耳用凉水浸泡最为适宜，建议使用冷水泡黑木耳。凉水泡发的木耳，可以保存2-3 天。泡木耳时可以加入适量的食醋或盐，可以更好地清洁木耳。

杯以倾美酒，琴以闲素心。

——［唐］李白《拟古十二首》

灰汤粽

供图单位

桐庐县富春江（芦茨）
乡村慢生活体验区

① ② ③ ④ ⑤ ⑥

◎将糯米滤水并在其加入红豆沙，随后用粽叶包裹并用细线系适量紧，放入水中，煮熟后剥开粽叶即可食用。

主料

糯米 500 克

辅料

稻草灰 2000 克，红豆沙 200 克

制作要点

◎稻草灰用开水反复浇淋，过滤取得灰汤。

◎洗净糯米，做好准备。

◎将糯米浸入灰汤中，静置 2-3 小时。

🐟 杭味故事

灰汤粽是江南地区特色传统小吃，属于糯米肉粽。用旱稻草烧成灰，拿开水一冲。滴下的热汤呈深褐色，内含大量的碱。把包好的白米粽浸泡在灰汤中一段时间（6 小时左右），提出来煮熟，就是带碱味的灰汤粽。

未泛盈樽酒，徒沾清露辉。

——〔唐〕李白《感遇四首》

小吃类（一）

胡记酒酿馒头

供图单位

桐庐县富春江（芦茨）
乡村慢生活体验区

主 料

面粉 500 克

辅 料

米酒 250 克，白糖 80 克，麦麸 20 克，酵
母 5 克，盐 3 克

制作要点

◎将麦麸、酒酿、泉水混合发酵 10 小时制
成酵母水。

◎酵母水加入盐和糖，并搅拌均匀。

◎将搅拌后的水和面粉混合发酵，将面团
分割成数个适合入口的小块，捏成馒头，
上蒸笼蒸 40 分钟即可。

🍐 小贴士

酒酿是糯制食物，而糯米其性属腻滞，过
多的食用，不利于消化吸收，易引起消化
不良。而贫血者，其体质较弱，消化功能
较低，出现消化不良后极易患病，而且症
状会加重。

陶令归去来，田家酒应熟。
—— ［唐］李白《寻阳紫极宫感秋作》

别说你会做杭帮菜·杭州家常菜谱

5888
例

传统方糕

制作单位

浙江开元萧山宾馆

主 料

糯米粉 180 克，粘米粉 120 克

辅 料

豆沙馅 80 克

制作要点

◎糯米粉、粘米粉按 6：4 比例混合均匀，加水拌成湿粉（以用手握紧糯米粉不松散为止）。

◎用粉筛筛一下湿粉，将湿粉填入模具中，放入豆沙压实，倒出入笼蒸熟即可。

 小贴士

制作方糕以粳米粉为主，因方糕蒸熟后要求造型规整、棱角分明，若糯米粉比重过大，熟后不易成形，但也不能全用粳米粉。若全用粳米粉，则无软糯感。

三百六十日，日日醉如泥。
　　——［唐］李白《赠内》

倒笃菜麦疙瘩

制作单位
浙江开元萧山宾馆

主 料
面粉 200 克，生粉 20 克

辅 料
倒笃菜 10 克，嫩南瓜 10 克，冬笋 10 克，
盐 1 克，味精 2 克，鸡粉 2 克，清鸡汤 500 克，
食用油 2 克

制作要点
◎将面粉、生粉加盐调和成厚实的面糊待
用。

◎大锅入水烧开，将面糊用汤匙或筷子拨
入开水中，成麦疙瘩半成品。

◎锅中放少许油，放入倒笃菜、南瓜片、
冬笋片煸香，放入清鸡汤烧开，再放入麦
疙瘩调味烧开，装入品锅即可。

  杭味故事

倒笃菜是浙江建德市农村传承几百年下来
的传统农家菜，通过手工腌制而成。倒笃菜
制作所用的原料是我们俗称的"九头芥"。
传统手工制作是将"九头芥"经过清洗、晾
晒、堆黄、切割、加盐揉搓、倒笃、发酵腌
制等一道道工序加工而成。

纪叟黄泉里，还应酿老春。
——［唐］李白《哭宣城善酿纪叟》

桂花糖煎饼

杭味故事

旧时,萧山农家过年家家都要做年糕,孩童们往往急着想吃,女人们就会在做年糕的糯米团上捏下一块来,搓圆了按成饼,煎一煎放点糖水烧来给孩子吃,慢慢就形成了糖煎饼这一传统点心。

制作单位

浙江开元萧山宾馆

主 料

糯米粉 100 克

辅 料

澄粉 2 克,猪油 4 克,糖 80 克,食用油 2 克,酱油 1 克,桂花糖 1 克

制作要点

◎将糯米粉和烫熟的澄粉,加糖、猪油、水拌成糯米粉面团待用。

◎平底锅放少许油,将糯米面团做成糖煎饼生胚,入平底锅煎成整体金黄的饼待用。

◎锅内放入少许水、糖、酱油熬成糖水,放入煎好的糖煎饼胚烧开收汁,装盘后撒上桂花糖即可。

酒星非所酌,月桂不为食。

——〔唐〕李白《拟古诗十二首》

萝卜干煎包

小贴士

萝卜、苦瓜等带有苦涩味的蔬菜，切好后加少量盐渍一下，滤出汁水再烧，苦涩味会明显减少。菠菜在开水中烫后再炒，可去苦涩味和草酸。

制作单位

浙江开元萧山宾馆

主 料

面粉 150 克，萝卜干 50 克

辅 料

酵母 10 克，油膘 30 克，黑芝麻 10 克，糖 20 克，食用油 10 克，葱花 10 克

制作要点

◎萝卜干加少许糖蒸熟，切成末，拌入油膘末制成萝卜干馅心待用。

◎面粉加酵母、水合成发酵面团，包入萝卜干馅心制成肉包状，醒发待用。

◎待萝卜干包生胚醒发好后入笼蒸熟取出，平底锅淋少许油，将萝卜干包煎成底部金黄色，上面撒上黑芝麻和葱花即可。

竞把琉璃盏，都倾白玉浆。

——［唐］韦渠牟《步虚词十九首》

麦糊烧

  杭味故事

麦烧糊是流传于江浙一带的传统风味食品，是新麦收割上市后制作的应节食物，由于其制作方便，香绵嫩韧，老幼皆宜，风味独特，所以流传至今，成为百姓的家常点心。

制作单位

浙江开元萧山宾馆

主　料

面粉 200 克

辅　料

倒笃菜 20 克，红椒丝 15 克，盐、食用油、辣酱、甜面酱各 4 克

制作要点

◎将面粉与倒笃菜、红椒丝充分搅拌，并加入食盐进行调味，倒入少量清水，调至面糊状待用。

◎平底锅淋少许食用油后摊上一层面糊，待面糊双面成熟，出锅卷成圆筒状用刀切成小块状，配以辣酱、甜面酱即可食用。

晚菊临杯思，寒山满郡愁。

——［唐］杨巨源《登宁州城楼》

富阳味道

杭味故事

油面筋是一种传统油炸面食，色泽金黄，表面光滑，味香性脆，吃起来鲜美可口，含有很高的维生素与蛋白质。

供图单位

富阳区餐饮美食行业协会

主料

油面筋 10 个，臭豆腐 5 块

辅料

豆腐皮 10 张，猪肉末 200 克，香葱 30 克，姜末 20 克，食用油 150 克

制作要点

◎油面筋中包入猪肉末混合而成的馅料，包裹成形，下油锅煎炸至金黄色出锅。

◎锅热倒油，将臭豆腐倒入油锅，煎至两面金黄，捞出控油，装盘后淋上酱汁即可。

◎将豆腐皮在水中泡发后捞出，轻轻挤出水分，将两张豆腐皮相叠放在砧板上，裹上肉馅，切成均匀长条，油炸后捞出。

①②③④⑤⑥⑦⑧

小贴士

将上三条所做成的龙门面筋、永昌臭干、响铃炸制香酥脆装盘上桌，称之为富阳味道。

论旧举杯先下泪，伤离临水更登楼。

——［唐］杨巨源《送人过卫州》

国宴油条

供图单位

杭州市餐饮旅店行业
协会

主料
国宴油条 10 片

辅料
小菜 3 碟

制作要点
◎国宴油条下锅炸制两面金黄，外酥里嫩，出锅切成小段，装盘。
◎配上小菜上桌即可。

 **杭味故事**

贾思勰所撰《齐民要术》中记录了油炸食品的制作方法："细环饼，一名寒具，翠美。"油条的叫法各地不一，东北和华北很多地区称油条为馃子；安徽一些地区称油果子；广州及周边地区称油炸鬼；潮汕地区等地称油炸果；浙江地区有天罗筋的称法。

且任文书堆案上，免令杯酒负花时。
——〔唐〕杨巨源《早春即事呈刘员外》

农家手工干菜饼

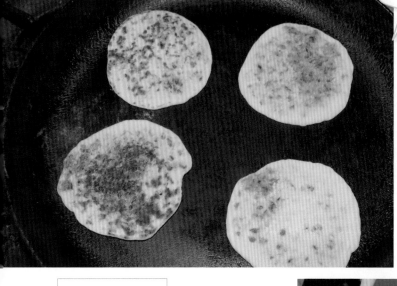

🍇 小贴士

开水调制面团要注意两点：一是把握好吃水量，力争一次成功，使面粉充分糊化。二是用开水调制面团后，要用冷水"收身"，即用开水调制面团后，稍加冷水再揉成面团。

制作单位

新登大富豪大酒店

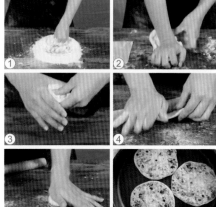

主 料

面粉 2000 克

辅 料

干菜 600 克

制作要点

◎将面粉与水混合，不断揉搓，使其定形成面团状。

◎将面团分为 20 个面剂，每个面剂包入 30 克干菜馅。

◎将面剂擀平，放入锅中，煎至两面金黄。

白鸟闲栖亭树枝，绿樽仍对菊花篱。

——［唐］杨巨源《题贾巡官林亭》

永昌臭豆腐

制作单位

新登大富豪大酒店

主 料 ....

臭豆腐 500 克

辅 料 ....

酱汁 20 克,食用油 1000 克

制作要点 ....

◎取数块臭豆腐,沥干汁水。

◎锅热倒油,将臭豆腐依次放入油锅。

◎煎至两面金黄后,将臭豆腐捞出控油。

◎装盘后淋上酱汁即可。

 小 贴 士 ....

传统臭豆腐的制作方法是将豆腐切块后压
干,挤出其中的水分。随后在罐子中放入
卤水,并将豆腐放入密封发酵即可。这便
是全国有名的臭豆腐。

杯净传鹦鹉,裘鲜照鹔鹴。

——〔唐〕杨巨源《上刘侍中》

油腐肉球

制作单位

浙江严州府餐饮有限
公司

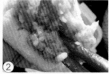

① ② ③ ④ ⑤

主 料

油豆腐 120 克

辅 料

山笋 100 克，腌菜 50 克，腊肉 100 克

制作要点

◎将笋、腌菜、腊肉切成粒，放入锅中翻
炒成馅。

◎将馅塞入油豆腐中。

◎加入鸡汤调味，放入蒸锅 30 分钟后蒸熟
即可。

🐟 杭 味 故 事

寿昌油豆腐在明代誉满三府，寿昌百姓用
其制成油腐肉球，是百姓寿宴嫁娶、过年
过节的必备之菜，有"油腐肉球圆一圆，
全家过个好新年，油腐肉球滚一滚，全家
生意财满门"之说。

笑语纵横作，杯觞络绎飞。

——［唐］裴度《喜遇刘二十八》

5888
例

梨粥

制作单位

浙江严州府餐饮有限公司

① ② ③ ④

主料

大米 50 克，严州雪梨 350 克

辅料

薏米 10 克，冰糖 30 克，枸杞 10 克

制作要点

◎大米淘洗，梨去皮将果肉切成小块状。

◎锅内放入大米、薏米、梨粒，加入热水，用小火慢炖 1 小时。

◎在煮熟前加入适当冰糖与枸杞，即可出锅装盘。

杭味故事

新安江何氏一脉九世同居、相处和睦，乾隆便派人查证。被派去的官员拿一只雪梨要求何氏全家同尝，何家人做出一锅香甜的梨粥全家共尝，乾隆听闻后御赐何氏"九世同居"匾额以资褒奖。

夕鸟栖杨园。还惜诗酒别，深为江海言。

——〔唐〕李白《之广陵宿常二南郭幽居》

小吃类一

493

荞麦包配豆腐松

供图单位

杭州市餐饮旅店行业
协会

主 料

荞麦包 300 克、水磨盐卤豆腐 50 克、水
发香菇 50 克、冬笋 80 克、肉末 30 克、
韭菜 20 克

辅 料

蚝油 20 克、酱油 10 克、鸡粉或味精 5 克、
麻油 10 克

制作要点

◎豆腐、香菇、笋分别切丁、韭菜切碎、
荞麦包蒸熟。

◎油烧至 7 成热左右下豆腐丁炸至微黄、
捞出控油。

◎留少许底油下肉末，下笋丁和香菇丁。

◎煸香后加少许的水、蚝油、酱油、鸡粉、
豆腐略收汁。

◎最后下韭菜和麻油炒匀即可，吃时随待
将烧熟的馅料放入蒸热的荞麦包。

🍊 小贴士

荞麦膳食纤维特别丰富，吸水膨胀后使饱
腹感增加，从而可减少其他食物的摄取，
平稳餐后血糖；能清除血脂，降低胆固醇
和血压，软化血管，抑制凝血，抗栓塞，
预防脑出血，预防糖尿病并发高脂血症及
动脉硬化；还可清热解毒，促进排便。

饮酒尽百盏，嘲谐思逾鲜。

——〔唐〕韩愈《送灵师》

8

其他类

餐桌上的混搭风

鸡翅烧螺蛳

制作单位

杭州照晖冠江楼餐饮
有限公司

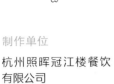

①	②
③	④
⑤	⑥
⑦	⑧

主 料 ....

螺蛳 150 克、鸡中翅 250 克

辅 料 ....

姜 5 克、蒜 5 克、葱 5 克、盐 5 克、酱油
10 克、白糖 5 克、胡椒粉 3 克、料酒 10 克、
辣酱 5 克

制作要点 ....

◎锅中倒适量的油先加热，姜、蒜切大片
备用。

◎鸡翅切小块，加酱油腌制。

◎另一锅中加水，烧开；螺蛳焯水备用。

◎起油锅将姜、蒜片、老干妈香辣酱煸香，
倒入鸡块同炒。

◎加水盖过鸡翅，加入螺蛳。

◎加盐、酱油、白糖、料酒，煮两分钟后，
加胡椒粉即可出锅。

小贴士

挑选螺蛳时，最好选青壳螺蛳。只有水质好
的江河才会有青壳螺蛳，这种螺蛳没有泥土
味，口感极鲜。另一种外壳为褐黄色的螺蛳，
是普通鱼塘里的螺蛳，泥土味重，口感略差。
小螺蛳与鸡翅同烧的话，肉容易老。

遥望洞庭山水翠，白银盘里一青螺。

——［唐］刘禹锡《望洞庭》

其他类一

国太豆腐

🐟 杭味故事

相传孙权母亲吴国太为建德梅城人，一生节俭持家、教子有方且擅长烧家常菜，国太豆腐据传就是由她创始，用陈年猪脚炖石磨豆腐，酥香醇厚，鲜嫩可口流传至今。

制作单位

浙江严州府餐饮有限公司

主 料

石磨豆腐 100 克，新鲜筒骨 150 克，熟猪脚圈 250 克，鸡 100 克

辅 料

盐 8 克，猪油 30 克，干辣椒 10 克，辣油 5 克

制作要点

◎在大锅中加入 1000 克清水，新鲜筒骨、老母鸡和猪脚圈，大火煮沸后用小火慢炖 8 小时，得高汤 200 克左右。

◎将石磨豆腐改刀切 2 厘米见方的块，清水漂洗干净。

◎加入适量辣油。

◎另取铁锅取适量高汤，将豆腐块放入炖 40 分钟，加入少许盐、猪油、干辣椒调味。

◎取石煲，在煲内放入炖熟的猪脚圈，盛入豆腐和汤，上置熟火腿块，烧开后放上葱段即可。

雅宜蔬水称同调，岂与羔豚厕下陈。软骨尔偏谐世味，清虚我欲谢时珍。

——［清］高士奇《豆腐诗二首》

炒二冬

 小贴士

冬笋要取其嫩的部位,切的笋片大小尽量一致,一方面是为了美观,另一方面便于同步成熟。在火候方面,冬笋一定要先煸再煮至熟透,这样吃起来才会无涩味。

制作单位

杭州王元兴餐饮管理有限公司

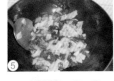 

  **杭味故事**

这是一道杭州知名的家常菜,是杭州人冬季餐桌上的"常规配置"。该菜肴主要食材是冬笋和冬腌菜,根据口味的不同,还会添加冬菇或肉片混炒,可荤可素。制作简单,菜味鲜美咸脆,令人回味无穷。立冬时节,老杭城的大街小巷都会晾晒长梗大白菜——这就是制作冬腌菜的原料。而冬笋则是杭州人冬季不可或缺的"大自然馈赠"。

今宵举杯酒,陇月见军城。
——[唐]李端《送古之奇赴安西幕》

主 料

去壳冬笋 300 克,冬腌菜 100 克,猪瘦肉 50 克

辅 料

盐 5 克,白糖 3 克,料酒 5 克,葱 3 克,油 20 克

制作要点

◎冬笋剥壳切片,冬腌菜洗净切段,猪瘦肉切片,红椒切丝。

◎先将冬笋在沸水里焯烫一下捞出,去除苦味。起油锅,放入葱,爆香。

◎先下冬腌菜翻炒,再加入肉片和冬笋片翻炒。往锅中加入少许盐、糖、老抽和生抽,继续煮上 1 分钟。

◎淋入水淀粉勾个薄芡,翻拌均匀,再放一点葱花即可。

其他类

农家暖碗

2015 年千岛湖十大名菜
浙江餐饮业首批浙菜非遗美食

🍂 **小贴士**

煮海带时，加几滴醋或放几棵菠菜同煮，海带更易熟烂。

制作单位

淳安县临溪餐饮有限公司

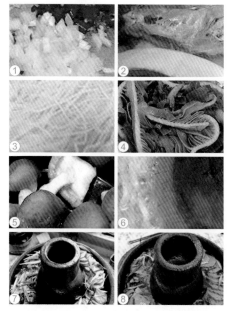

主料

土猪肉 500 克，油豆腐 250 克，萝卜 250 克，海带 250 克

辅料

黄芽菜、水发香菇各 150 克，冬笋 250 克，高汤 500 毫升，盐 15 克，味精 5 克

制作要点

◎将所有主辅料洗净，土猪肉、萝卜、冬笋切片，海带、水发香菇改刀备用。

◎将原料按序放到暖锅的锅槽里，先放黄芽菜、香菇、冬笋等垫底，后放油豆腐、萝卜片、海带、土猪肉等。

◎再将鸡汤或者用肉骨头熬的鲜汤浇上去，投入各种调料，盖上锅盖。

◎盖上锅盖后开始生火，先在孔内放些刨花点燃，然后轻轻压上钢炭，用扇子扇得

炭火微红，升起了蓝色的火苗时，端上桌即可。

小谢常携手，因之醉路尘。

——［唐］李端《送郭参军赴绛州》

香干肉丝

🍇 **小贴士**

在备用的肉丝里加入少许的生粉和盐，搅拌均匀，可以让肉丝更入味。再加入适量的清水，搅拌均匀，能够让肉丝更嫩，在过油的时候更容易滑开。

制作单位

杭州王元兴餐饮管理有限公司

主 料

香干 150 克，猪里脊肉 80 克，韭黄 50 克

辅 料

生抽 5 克，胡椒粉 2 克，姜 3 克，蒜 5 克，盐 5 克

🐟 **杭味故事**

香干肉丝这道家常菜深受杭州人喜爱。香干肉丝制作简单，出菜速度快，是杭州人的下饭菜。如果没有吃完，剩余的香干肉丝在第二天早上还可以做成拌川、榨菜肉丝面，一点也不会浪费。一道菜留下的不仅是母亲们的手艺，还有我们儿时岁月的回忆。又或许，多年以后这道菜会成为我们小孩的餐桌故事了。

制作要点

◎ 香干切成条状，韭黄切段，姜蒜切碎，红椒切丝，瘦肉切丝，加点生粉和清水抓几下，再加点胡椒粉、花生油抓匀，腌制 15 分钟。

◎ 锅内热油下腌制好的瘦肉滑炒至变色，盛出备用。

◎ 另起油锅，下姜蒜小火炒香，再将香干放入锅中翻炒几下。再加入滑炒过的瘦肉丝、韭黄，调入生抽和盐，翻炒均匀。

欲去行人起，徘徊恨酒醒。

——［唐］李端《送袁稠游江南》

其他类一

501

虾仁腰花

制作单位

好食堂

主 料

猪腰 300 克，虾仁 50 克

辅 料

小葱 5 克，生姜 5 克，大蒜 5 克，酱油 10
克，料酒 10 克，白糖 5 克，胡椒粉 5 克，
盐 5 克

制作要点

◎将猪腰去腰臊，改刀，之后用半数葱、姜、
蒜、胡椒粉、料酒将猪腰腌制调味。
◎油温至七成，将猪腰放入锅中翻炒，至
七成熟出锅。
◎将虾仁和剩余辅料入锅煸炒，倒入腰花
炒匀出锅即可。

🍎 **小贴士**

关于腰花去臊：在半锅沸水中加入三小勺
花椒，煮三分钟。三分钟后关火，将花椒
水盛出冷却，随后将猪腰去除经络，放入
花椒水中浸泡约五分钟即可去臊。

菜芜不可到，一醉送君行。
——〔唐〕李端《送新城戴叔伦明府》

青蟹五花肉

新杭帮菜108将之一

制作单位

世纪喜乐酒店

主料 ....

青蟹200克，五花肉300克

辅料 ....

酱油15克，老酒8克，白糖10克，味精5克，
老抽8克，盐8克

制作要点 ....

◎将五花肉切成条块，焯水，炸好。

◎取炒锅一只，色拉油少许，放入姜、葱
煸炒，放入炸好的五花肉，加入酒、酱油、
味精、老抽，用文火炖好待用。

◎将蟹改刀成块，放在烧好的肉上。

◎淋上高汤上笼蒸熟，将原汤倒出，匀上
薄芡，淋在蟹上即可。

杭味故事

螃蟹在很久以前就成为了中华民族的桌上
佳肴。早在《周礼》中就有关于"蟹胥"
的记载，在这之后北魏时期、唐朝等都有
相关的记载。猪肉虽然也是一种历史悠久
的食材，但很长时间一直不被士大夫和富
绅所接受，直到明代才得以推广。

菊报酒初熟，橙催蟹又肥。

——［宋］高似孙《句》

其他类／

酱三丁

制作单位

杭州王元兴餐饮管理
有限公司

主 料

猪瘦肉400克，土豆100克，冬笋（或茭白）
150克

辅 料

葱5克，料酒5克，淀粉3克，老抽5克，
豆瓣酱8克，白糖5克，油20克，盐8
克

制作要点

◎冬笋（也可用茭白）切两半后在开水中
煮2分钟，这样可以去除苦涩感；取出切
成小丁。

◎土豆去皮，切成小丁；肉同样洗净切成
小丁。

◎热锅凉油，下入肉丁，翻炒变色；下入
土豆丁和笋丁。

◎用老抽上色，加入豆瓣酱翻炒。

◎加入小半碗水，不盖锅盖大火煮开；加

入盐、白糖，些许淀粉勾汁，调至咸淡适度，
小火盖锅盖焖煮8分钟左右，等待收汁即可。

小贴士

这道菜使用豆瓣酱或者黄豆酱的时候，一
定要和水、生抽一起稀释开，切勿直接倒
入锅中，否则容易变焦。

酒杯同寄世，客棹任销年。
——［唐］司空曙《送严使君游山》

笼仔腊味

制作单位

**杭州花中城餐饮食品
集团有限公司**

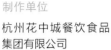

主 料 ....•

糯米 300 克

辅 料 ....•

腊肉 60 克，香肠 60 克，酱鸭 60 克，酱
油 20 克，白糖 10 克

制作要点 ....•

◎糯米洗净浸泡 5 小时。

◎将糯米沥干水分加入酱油、白糖等调料
上锅蒸 45 分钟。

◎将腊肉、香肠、酱鸭改刀切块放在蒸好
的糯米上笼继续蒸 50 分钟出锅。

🐟 杭味 故事 ......

蒸，这种烹饪方法我们的老祖宗在距今
2800 年前就已经在使用了。据考古发现，
当时人们就在用"甑"来蒸食物。到了汉代，
出现了最原始的竹蒸笼，而后这种烹饪工
具就一直沿用至今。

草奏风生笔，筵开雪满琴。

——［唐］卢纶《题金吾郭将军石伏茅堂》

其他类一

505

鲍鱼红烧肉

制作单位

杭州新白鹿餐饮管理
有限公司

主料

鲍鱼 10 个，五花肉 500 克

辅料

酱油 10 克，冰糖 10 克，盐 5 克，醪糟汁 8 克，油 10 克

制作要点

◎五花肉炙皮刮洗干净，整块入蒸箱中蒸半小时，取出后切成 4 厘米见方的大块备用。活鲍鱼汆水，清洗干净备用。

◎锅内留少许油，下五花肉块煸炒，将肉煸至吐油时下冰糖。

◎小火炒至冰糖快融化时下味达美酱油、醪糟汁，调盐，倒入盆中封上保鲜膜，放入蒸箱中蒸 4 小时取出。

◎将肉和汤汁倒入锅中，下鲍鱼略烧即可。

🍠 小贴士

给鲍鱼去壳时，可以用小饭匙作为工具，一手稳定鲍鱼，另一只手将小饭匙从肉和贝壳之间刮进去，这样就很容易可以把鲍鱼肉和贝壳分离开来。同时，为了避免鲍鱼壳的边缘伤手，可以带上手套来做这个操作。

行客思乡远，愁人赖酒昏。

——［唐］司空曙《送史申之峡州》

鲍鱼红焖土猪手

制作单位

杭州吴山酪楼餐饮管理有限公司

① ② ③ ④ ⑤ ⑥

主 料 ....

土猪手 800 克，鲍鱼 10 个

辅 料 ....

红烧汁 500 克

制作要点

◎土猪手洗干净切段，鲜鲍鱼洗杀干净，焯水。

◎将土猪手与红烧汁放入锅内，用小火慢炖 40 分钟。

◎放入切好的鲍鱼与猪手一起炖 10 分钟左右出锅。

🐟 **杭味故事**

鲍鱼在古代又被称为鳆鱼，能够品尝这一食材的多半为皇室贵族。在《史记·秦始皇本纪》中就有关于鲍鱼的记载。在这之后的朝代中，都有皇室贵族喜食鲍鱼的记载。现如今，普通老百姓也可以吃到这种食材。

酒倦临流醉，人逢置榻迎。
　　　　—— [唐] 司空曙《送张弋》

其他类一

一品香芋

制作单位

杭州好食堂

主 料

荔浦芋头 500 克

辅 料

熟猪油 50 克，葱 5 克，酱油 25 克，蚝油 25 克，白糖 10 克，盐 8 克

制作要点

◎将芋头去皮，切厚片。

◎将切好的芋头放入砂锅。

◎加清水盖过芋头，将所有调料放入砂锅，开大火炖煮。

◎水烧开后，换小火烧制 18 分钟，至芋头酥糯，撒上葱花即可。

留得荷锄双手在，山寒芋栗要人收。

——［宋］方岳《次韵酬率翁》

 小贴士

刮芋头皮时，易使手部皮肤发痒。将手放在炉火上烘烤一下，或在水中加几滴醋洗一下，即可消痒。

蟹粉捞锅巴

制作单位

杭州酒家

主 料

梭子蟹 300 克，粳米 300 克

辅 料

姜 10 克，龙口粉丝 20 克，水淀粉 10 克，
盐 10 克

制作要点

◎梭子蟹拆蟹黄、蟹粉，待用。

◎用粳米热锅上制作锅巴。粉丝切短条，
姜切末，放入油锅中煸香，加入蟹粉、水
淀粉，烩匀。

◎锅巴放入瓷罐内，将烩匀的密粉均匀浇
在锅巴上。

 **小贴士**

"捞"，是"盖浇"的另一种表达法，是
将"菜"浇并覆盖在"饭"上。

酒醒馀恨在，野饯暂游同。
——［唐］司空曙《送卢堪》

鸡冠油甜面酱蒸芋艿

制作单位

杭州跨湖楼餐饮有限公司

主料

芋艿 200 克，甜面酱 50 克

辅料

味精 3 克，糖 10 克，葱末 5 克，鸡冠油 200 克，盐 5 克

制作要点

◎鸡冠油洗净，切成块状，与甜面酱、糖、味精放入锅中翻炒均匀，随后取出上蒸笼 40 分钟待用。

◎芋艿去皮切片垫底，上放蒸制好的鸡冠油，上笼蒸熟撒上葱花即可。

① ② ③ ④ ⑤ ⑥ ⑦ ⑧

小贴士

甜面酱虽然名字中带有"甜"字，但是它和豆瓣酱、黄豆酱一样，都有非常高的咸度，料理时请务必根据实际情况考量。

莫嗔老妇无盘饤，笑指灰中芋栗香。
——［宋］范成大《秋日田园杂兴》

鲜橙甜豆炒鸡丁

供图单位

杭州市餐饮旅店行业协会

小贴士

鸡丁浆时粉要少、滑油油温要低、否则不鲜嫩。橙丁入锅前最好用开水泡一下、一来可以将其加热、二来可以去除一部分的酸味、使菜肴口味更完美。橙丁下锅前要尽量地挤干水分、并且要最后下锅。

主 料

橙肉 100 克，鸡脯肉 100 克，甜豆 50 克

辅 料

盐 5 克，生粉 10 克，料酒 10 克，油 20 克

制作要点

◎将橙子纵向对破开、取出橙肉切丁留用、将橙壳清理干净。

◎鸡脯肉切小丁、加盐、料酒、生粉上浆。

◎锅烤热下油烧至三成热左右下鸡丁滑油、随后倒入甜豆一起过油。

◎原锅留少许底油，加少许水、盐，倒入鸡丁，用水淀粉勾芡。

◎最后放入切好的橙丁翻炒均匀、装入修饰过的橙壳即可。

养鸡纵鸡食，鸡肥乃烹之。主人计固佳，不可与鸡知。

—— 〔清〕袁枚《鸡》

芙蓉茄夹

供图单位

杭州电视台

主料

茄子 100 克，虾茸 50 克

辅料

盐 5 克，胡椒粉 3 克，生粉 3 克，蚝油 3 克，老抽 3 克，美极鲜 3 克，湿淀粉 3 克，香菜 10 克

制作要点

◎ 茄子斜切成厚的夹刀片，每一面撒上干生粉。

◎ 虾茸加调料拌匀，加少量的香菜末顺一个方向打上劲。

◎ 将虾茸分别嵌入茄夹中，再入五成热的油锅炸 30 秒左右捞出。

◎ 原锅留少许的油加水 50 克左右，再放入调味料调好味。

◎ 最后放入茄子略收汁即可。

🐟 杭味故事

茄子也是一个历史悠久的食材。在北魏时期的农学著作《齐民要术》中就有关于当时农民种植茄子的记载，其中写道"茄子九月熟……生食味似小豆角"。

曲树行藤角，平池散芡盘。

——〔唐〕韩愈《独钓四首》其一

国宴狮子头

制作单位

西湖国宾馆

主 料 ··

银鳕鱼 150 克

辅 料 ··

小菜心 50 克，盐 3 克，鸡汤 250 克

制作要点

◎将银鳕鱼切成 0.7 厘米见方的丁，加盐拌搅上劲，制成狮子球坯，进冰箱冷藏 2 小时。

◎锅内加入鸡汤，将狮子球坯入锅。

◎上火烧 15 分钟，放入小菜心即可。

酿酒栽黄菊，炊粳折绿葵。
　　——〔唐〕李端《赠岐山姜明府》

🐟 **杭味故事**

1972 年的一天上午，周恩来总理在钓鱼台与外宾会谈并在此用餐，国宾馆资深总厨吴家安师傅早已做了一锅狮子头，总理吃后评价此菜肥而不腻、清而不淡、味道鲜美、入口即化，之后在人民大会堂宴请时也点名要钓鱼台派厨师做狮子头。狮子头自此在国宴中占有了一席之地。

南肉春笋（腌笃鲜）

1956 年被浙江省认定为
36 种杭州名菜之一

制作单位

杭州饮食服务集团有
限公司

主 料

熟净五花咸肉 200 克，生嫩春笋肉 250 克

辅 料

绿蔬菜 5 克，咸肉原汤 100 克，绍酒 10 克，
盐 5 克，熟鸡油 10 克

制作要点

◎ 将咸肉斜刀切成 2 厘米见方的块；笋肉
用清水洗净，切旋料块。

◎ 锅内放清水 400 克和咸肉原汤，用旺火
煮沸后，把咸肉和笋块同时下锅，加入绍酒，
移到小火上煮 10 分钟。

◎ 待笋熟后，放入味精，放上焯熟的绿蔬
菜即成。

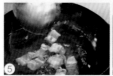

杭味故事

此菜传说与苏东坡有关。苏公爱吃猪肉是
很出名的，他写了不少关于吃肉的诗，但
他更爱居室四周之竹。传闻他曾这样写道：
"可使食无肉，不可居无竹，无肉令人瘦，
无竹令人俗。"有人就接其意写道："若
要不瘦不俗，最好餐餐笋烧肉。"这就是
"南肉春笋"这一菜肴的故事传说。

只为湖山居宦舍，却因笋蕨忆家餐。

——〔宋〕徐集孙《乍晴》

别说你会做杭帮菜·杭州家常菜菜谱
5888
例／

514

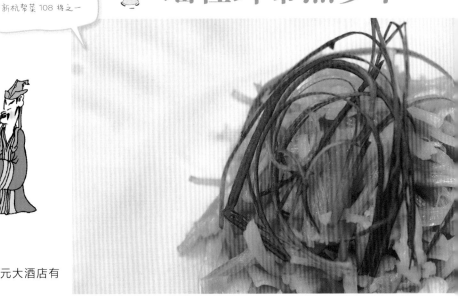

瑶柱鲜带煮萝卜

制作单位

杭州新开元大酒店有
限公司

小贴士

把切好的萝卜先放在冰箱里冷冻一段时
间，再拿出来在阳光下晒干水分，就做成
了可以久存而且风味独特的萝卜干。

主 料

萝卜 250 克，澳带 75 克，瑶柱 50 克

辅 料

盐 5 克，味精 3 克，鸡精 3 克，黄酒 15 克，
鸡油 5 克，胡椒粉 5 克

制作要点

◎萝卜切片，用上汤煨过待用，澳带切片
上浆。

◎浆煨好的萝卜片整齐地放在盘中，放上
浆好的澳带，中间放入蒸好的瑶柱，加入
上汤，调味。

◎上笼蒸 10 分钟左右，淋上鸡油即可。

香饭青菰米，珍蔬折五茄。
　　——［唐］柳宗元《同刘二十八院长述旧言怀感时书事奉寄澧州张员外使君
五十二韵之作因其韵增至八十通赠二君子》

火踵鞭笋扣鲜腐竹

新杭帮菜 108 将之一

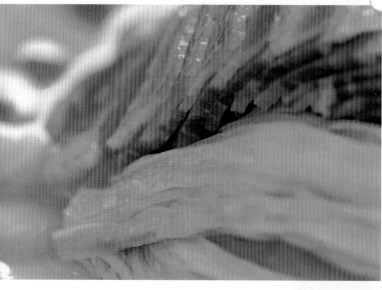

制作单位

杭州新开元大酒店有限公司

主 料

富阳鲜腐竹 200 克，火踵 100 克，鞭笋 200 克

辅 料

东莞黄豆酱 10 克，味精 3 克，鸡精 5 克，黄酒 15 克

制作要点

◎火踵蒸熟后切片，鞭笋尖对半剖开，加入黄酒鲜腐竹用上汤煨 5 分钟。

◎取碗一个，将火踵片、鞭笋片整齐地码在碗中，放入煨好的鲜腐竹加入黄豆酱。

◎将碗上笼蒸 10 分钟左右后取出，码在盘中，淋上鸡油，点衬上绿色蔬菜即可。

  小贴士

生活中挑选腐竹是有技巧的。优质腐竹呈淡黄色，有一定的光泽，透光能看到纤维粗织；优质腐竹泡出的水呈黄色且不浑浊，用水泡过后轻拉有弹性。

近来腐价高于肉，只恐贫人不救饥。

——［清］李调元《豆腐诗》

砂锅老豆腐

新杭帮菜 108 将之一

制作单位

杭州娃哈哈大酒店

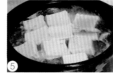

主 料 ·······················

老豆腐 200 克

辅 料 ·······················

虾干 10 克，黑木耳 30 克，火腿片 30 克，
味精 5 克，盐 5 克，高汤 200 克

制作要点 ·······················

◎取砂锅，加入高汤，将老豆腐、虾干、木耳、
火腿片放入，小火慢炖。

◎煮开后，加入盐和味精调味。

◎小火再焖 10 分钟，盛出即可。

小贴士

买回家的豆腐只需用清水冲洗一下即可。不
宜冲洗太久。豆腐下锅前，在开水里浸泡一
刻钟，可以去除老豆腐的泔水味。烧豆腐时，
加入少许豆腐乳或汁，味道会更香。

青箬裹盐归峒客，绿荷包饭趁虚人。
　　——［唐］柳宗元《柳州峒氓》

衣锦还乡

杭味故事

"吴越一王兮驷马归"。钱王衣锦还乡,珠袍玉绣盛极一时,乃取银杏果烹黄,覆于玉白之白条鱼肉之上,下衬家乡物产山核桃仁,再镶绿蔬,取其名曰"衣锦还乡"。

制作单位

钱王家宴

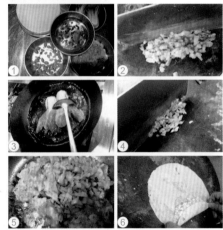

主 料

蕨菜粉 300 克

辅 料

咸肉 10 克,笋丝 10 克,雪菜 5 克

制作要点

◎蕨粉中加入雪菜,倒入开水,拌成糊状,做成 2 厘米大小的不规则块状,入蒸箱蒸15 分钟。

◎加入辅料(咸肉、笋丝、雪菜等)蒸、煎、炒均可。

小贴士

蕨菜粉又名蕨根粉,它的做法有很多。例如,与水混合后制成面团或者面糊,随后下锅做成煎饼、粗面等,甚至还能直接将少量蕨根粉泡入开水中直接饮用。

陟彼南山,言采其蕨。

未见君子,忧心惙惙。

——《诗经·召南·草虫》

9 有滋有味：杭帮菜的特点

一、柴米油盐酱醋茶：杭帮菜的食材出处

中国具有辽阔的地域、复杂的地形、多变的气候，这为各种动植物的生长、繁衍提供了良好的自然环境，也为人们提供了众多的食材。因此，中国的食材种类繁多，以其加工的制品也非常丰富。杭州地处长江下游以南，有着江、河、湖、山交融的自然环境。世界上最长的人工运河——京杭大运河和以大涌潮闻名的钱塘江穿城而过。杭州处于亚热带季风区，属于亚热带季风气候，四季分明，雨量充沛。全年平均气温 17.8℃，平均相对湿度 70.3%，年降水量 1454 毫米。得天独厚的地理和气候条件，使得这里的物产丰富，是中国著名的"鱼米之乡"。

据不完全统计，中国在烹饪中运用的食材多达万种，经常使用的也有 3000 种左右。而这些食材面广、量大，牵涉的内容较多，它们在自然界的存在关系极为复杂。杭州依山傍水，食材丰富，为杭帮菜的发展打下良好的基础。

（一）水产

杭州市河流纵横，湖荡密布，平原地区水网密度约达每平方公里 10 公里。杭州市主要河流有钱塘江、东苕溪、京杭大运河等，它们分属于钱塘江、太湖两大水系。钱塘江（旧称浙江）为浙江省最大河流，是中国的名川之一。钱塘江干流在杭州市境内，建德梅城以上泛称新安江，自梅城以下，分别称为桐江、富春江、钱塘江，分别流经杭州市的淳安县、建德市、桐庐县、富阳区、萧山区、余杭区及杭州主城区。

千岛湖即 1960 年建成的新安江水库，新安江水库位于钱塘江上游新安江主流上，是为建设新安江发电站而造成的大型水库，也是杭州市面积最大的水体，在正常高水位海拔 108 米（黄海）时，库容 178.4 亿立方米。控制的流域面积约 10442 平方公里。千岛湖水在中国大江大湖中位居优质水之首，为国家一级水体，不经任何处理即达饮用水标准，被誉为"天下第一秀水"。

位于钱塘江右岸的萧绍平原河网，其水量靠钱塘江补给，主要河

有滋有味：杭帮菜的特点

519

流和湖泊有萧绍运河、湘湖、白马湖等。位于钱塘江左岸的主要河流属太湖水系，有东苕溪、京杭运河，水流汇向太湖，最后纳入长江。

这些水系里有许多鱼类，如钱塘江就有鲢鱼、草鱼、鳙鱼、青鱼、鲈鱼（松江鲈）、鲟鱼（中华鲟、江鲟、白鲟）、鳊鱼、鲴鱼（圆吻鲴）、鳎鱼（紫斑三线鳎）、唇鱼（斑条光唇鱼）、鲻鱼、鳍鱼（花鳍）等100多种；而千岛湖收集到的鱼类标本也超过100种。

水产菜在数量上所占比例很高，这与杭州是江南的"鱼米之乡"分不开。杭州传统名菜中的"西湖醋鱼""龙井虾仁"享誉中外，"春笋步鱼""清蒸鲥鱼""鱼头豆腐""生爆鳝片""鱼头浓汤""斩鱼圆"等均为杭州水产菜的名品。尤其值得一提的是，千岛湖以"淳"牌有机鱼闻名中外，源于2000年鲢鱼、鳙鱼、青鱼、草鱼、银鱼、鳜鱼、鲴鱼、鲤鱼、蒙古鲌、翘嘴鲌等10种鱼类被国家生态环境部有机食品发展中心认证为中国有机水产品，千岛湖鳙鱼鱼头成为中外食客争相品尝的食材。随着交通运输的便利，大量的海鲜食材也出现在杭州人的餐桌上，出品上也凸显出杭帮菜的特色。

（二）禽蛋

杭州人喜食禽蛋，家禽主要以鸡、鸭为主。在传统杭帮菜里，以鸡为原料的有"叫化童鸡""八宝童鸡""糟鸡""栗子炒仔鸡"等，以鸭为原料的有"杭州酱鸭""卤鸭""火踵神仙鸭""馄饨鸭子"等。杭州本地就有丰富的禽蛋产出来源。萧山鸡是中国八大名鸡之一，体形较大，外形浑圆，其特点是前期生长快，早熟易肥，抗病耐粗，适应性强。

萧山有阉公鸡的习俗，经育肥后的阉鸡肉嫩脂黄、鲜美醇香，被称作"红毛大阉鸡"。萧山旧属绍兴，其出产的绍兴麻鸭，是中国优良的高产蛋鸭品种，其特点是体形小，吃食省，全年可产蛋 15 千克，约 200 个蛋。杭帮菜里的"童鸡"多用阉鸡，而鸭子也是采用绍兴麻鸭作原料。在古法基础上改进的"笋干老鸭煲"是杭州人百吃不厌的名菜。现在，鸽子、鹌鹑乃至火鸡、鸵鸟等，也成为杭州人的桌上佳肴。杭帮菜里的禽蛋菜，烹调方法和滋味类型多样，显示出杭帮菜高超的烹调手法。

（三）蔬菜

植物菜在杭州传统名菜中占有相当高的比例，凸显出杭州崇尚清淡、自然的个性。"油焖春笋""南肉竹笋""糟烩鞭笋""火蒙鞭笋""虾子冬笋""鸡火拌莼菜""火腿蚕豆""栗子炒冬菇"都是以蔬菜为主料的传统杭帮菜，不配或少量配以腌制肉来调味。杭州人以会吃笋闻名，从这个菜单中可以发现端倪。原来，杭州城的东部江干区的位置，大多是以种植蔬菜为主，以供应城市消费。随着城市的扩大和消费升级，杭州蔬菜的供应可以说来自于全国，海南的新鲜蔬菜、内蒙古的土豆、兰州的卷心菜等，都进了杭州人的菜篮子里。如今，一些过去很少吃到的蔬菜也不再陌生了。

（四）肉类

和其他地方菜系相比，杭帮菜的肉菜比例不是很高，但很有自己的特色。杭帮菜传统名菜中有"东坡肉""荷叶粉蒸肉""一品南乳焖肉"其特色各异，绝无雷同。"东坡肉"是以黄酒代水，红烧五花肉；"荷叶粉蒸肉"则是粘上米粉，包在荷叶里清蒸，使肥腻的肉片散发着自然的清香；"一品南乳肉"则用冰糖和腐乳在一起焖，使喜欢吃这道菜的人欲罢不能。而"咸件儿""蜜汁火方""排南"则是采用浙江特产金华火腿或是咸肉入馔，显示了强烈的地方特色。而家常菜"梅干菜扣肉""钱江肉丝"也使杭帮菜对猪肉的运用出神入化。传统的"惜农"思想使杭州菜里的牛肉原料不多，但随着时代的发展，杭州人牛肉消费量日益上升，富阳佬卤牛肉也成为杭城新宠。值得一提的是，"杭椒牛柳"这个风靡全国的家常菜已打下了深深的"杭州"烙印。在人们的印象中，南方人很少吃羊肉，可杭州却偏偏是羊肉消费较高的南方城市，杭州城里的"白切羊肉"，余杭的"红烧湖羊"，新近崛起的"仓前掏羊锅"都有一众固定食客，而传承几百年的"羊肉烧卖"全国也许只能找到河坊街的西乐园这一家。

另外，杭州的素菜也极富特色，充满想象力的"干炸响铃""红烧卷鸡"是杭州素菜的杰出代表。

二、銮刀缕切空纷纶：杭帮菜的刀工秘密

刀工是按照食用和烹调的要求，使用不同的刀具，运用不同的刀法，将烹饪原料或半成品原料，切割成各种不同形状的一项操作技术。由于烹饪原料品种繁多、性质各异、形状不同，不能直接用来烹调。所以，必须根据食用和烹调的要求，将食用原料切割成形状大小一致、厚薄均匀的小型形态，更有利于烹调和食用。

随着人们生活水平的提高和烹饪技术的不断发展，对于刀工技术的要求已不局限于改变原料的基本形状和食用要求，而是希望成品能达到形态美观、赏心悦目的境界。因此，刀工技术自然成为中国烹饪最为重要的技术之一，同时也是衡量厨师技术水平的一项重要指标。杭帮菜的厨师在刀工方面有着很高的要求。烹饪原料经过刀工处理，不仅具有各种不同的形状，更为重要的是为烹调提供了方便，为原料成熟度一致提供了前提。所以，通过刀工对烹饪原料进行分解切割，使之成为配菜所需的基本形状，便于传热、便于入味、便于形状多样化、便于人体消化吸收和有效地提高其营养价值。

为了适应不同种类原料的加工要求，就必须掌握各种刀具的性能与用途，并选择相应的刀具，来保证切割的方便性和实用性。常用的刀工工具种类有切刀、片刀、砍刀、专用刀四种。最常用的切刀一般呈长方形，刀身上厚下薄，刀口锋利，使用方便灵活，具有前批、后剁、中间切的特点。最适用于切片、条、丝、丁、粒等形状，到后部也可用于加工带小骨原料，如剁鸡块、斩鱼段等。杭州地区使用的方刀，刀刃部分多略带有弧度。

（一）刀法

刀法是指刀具对原料切割的具体运用方法。由于烹饪原料种类繁多、质地和形状各有差异，加上烹调方法对原料的规格要求不同。因此，根据刀刃、原料和菜墩的接触角度，刀法可划分为直刀法、平刀法、

斜刀法、其他刀法和混合刀法等五大类。

直刀法是指刀刃与原料（包括砧板）呈垂直角度的一类刀法。根据用力大小的不同，可分成切、剁、砍等三种。切是指刀刃对原料进行垂直切割的一种方法，由于用力的方向不同又可分为直切、推切、拉切、锯切、铡切、滚料切等六种；剁是指刀刃垂直向下，用力于小臂，迅速击断原料的一类刀法，根据用力状况的不同，一般可分为直剁和排剁两种方法；砍是指刀刃垂直向下，手握刀具，手臂上扬，猛力击断原料的一种方法，根据用力形式的不同，砍一般可分为直砍、跟刀砍两种。平刀法是指刀刃与原料和菜墩呈平面，着力点平行的一类刀法，根据用力方向的不同可分为推刀片、拉刀片、平刀片和抖刀片等四种。斜刀法是指刀面与原料和菜墩呈一定的倾斜度，用力断开原料的一类刀法，根据用力方向的不同，一般可分为斜刀片和反斜刀片两种。其他刀法是指这些刀法无法包含在上述三类刀法中，而在烹调中运用又较多的一类刀法，根据使用状况不同，一般常用的刀法有削、旋、剔、刮、拍、排、起、剜等八种。混合刀法是指刀工处理原料时，运用两种刀法实施在一种原料上，使加工后的原料呈现一定形状的一类刀法。根据其加工的原料性质不同和深浅度的不同，混合刀法一般有浅刀剞、深刀剞等两种。

（二）原料的基本成形

烹饪原料的基本形状，主要是通过刀工处理后产生，把大型或整形的原料加工成小块，便于烹调和食用。一般成形的有块、片、条、丝、丁、粒、末、茸泥等。

块就是烹饪原料经刀工处理后，成为各边基本相等的立方体。块在成形过程中主要运用切、剁、砍等刀工方法加工而成，常用的块状有菱形块、正方块、长方块和滚刀块等多种。片就是烹饪原料经刀工处理后，成为厚度均匀的扁薄体。片在成形过程中主要采用直刀法、平刀法和斜刀法加工而成，常用的片有柳叶片、菱形片、月牙片、佛手片、长方片、梳子片、蝴蝶片和灯影片等多种。条就是烹饪原料经刀工处理后，成为长方体。条在成形过程中主要采用直刀法和平刀法等刀法加工而成，常用的条状有大一字条、小一字条、筷子条和象牙条等多种。丝就是烹饪原料经刀工处理后，成为截面边长小于0.4厘米，长度大于5厘米的绳状体，丝在成形过程中主要采用直刀法和平刀法等刀法加工而成，常用的丝状有头粗丝、二粗丝、细丝、银针丝和加长丝等。丁就是烹饪原料经刀工处理后，成为扁方体或正方体，丁在成形过程中主要采用平刀法和直刀法等刀法加工而成，常用的丁状有扁丁、大丁、细丁等。粒就是烹饪原料经刀工处理后，成为边长小于 0.6 厘米的正方体或菱形体，粒在成形过程中主要采用平刀法和直刀法等刀法加工而成，常用的粒状有黄豆粒、绿豆粒和米粒等多种。末就是烹饪原料经刀工处理后，成为边长小于 0.2 厘米的小立方体，一般不规则的形状称为末，末在成形过程中主要采用剁、铡、切等刀法加工而成。烹饪原料经刀工处理后，成为无明显颗粒状的形状称为茸泥。茸泥在成形过程中主要采用剁、刮、捶、排等刀法加工而成，习惯上动物性原料加工而成的称为茸，如鱼茸、鸡茸、脊茸等，植物性原料加工而成的称为泥，如土豆泥、南瓜泥等。

烹调常用的球珠有青果形、圆球形等，一般采用植物性原料加工而成（莴笋、马蹄、胡萝卜、萝卜、冬瓜、菜头等实心原料）；青果形是先将坯料加工成长方形，再修理成青果形状（削的刀法）；圆珠形是用规格不同的专用挖球器，在坯料上剜挖而成，其规格大小可根据菜肴的需要而定。另外，某些球还采用镂空雕刻的方法加工而成。

菜肴的成形还有一种不用或用简单刀工对食材进行处理，使加工出的菜肴呈现出完整食材的形状，称为整形。

（三）杭州菜肴的刀工成形

杭帮菜整形较多，这其中主要以整禽、整鱼等等为主。整形的菜肴注重自然美，不刻意用刀工去雕饰，充分体现了杭帮菜讲究自然美的形态特征，既能体现原料本身的面貌特征，又充分体现了杭帮菜制作精细、因时而异的特点。除了这些未加雕琢以自然完整形态入选的名菜外，运用整料去骨加工的传统名菜，有不少也是以整形出现的，如"八宝童鸡""叫化童鸡"等，这样能保持原料的天然形态，而且也去除了原料中大部分的骨骼组织，为顾客的食用提供了良好的先决条件，很受顾客的欢迎。在保持菜肴原料整形和原汁原味的同时，更进一步为顾客着想，整料去骨也成为杭帮菜制作中的特色。杭帮菜也有许多经过花刀处理的整形菜肴，如"浪花天香鱼""脆皮鱼"等，这样制作出来的菜肴，既能保持原料特有的味道和形态，但又不是原来意义上的整形，充分体现了烹饪与美学的完美结合。整形一直是杭帮菜刀工成形的主流，表明杭州人在讲究饮食营养的同时，已经把目光转向菜肴的形态美上。人们在"吃好"的基础上，对菜肴欣赏价值

提出了更高的要求，也从一定角度反映了菜肴的发展趋势。在整形菜肴中海鲜和贝壳类也明显增加，说明了随着人民生活水平的提高，海鲜贝壳类已经越来越受到人们的欢迎。

杭帮菜块所占的比例也较高，主要以家禽和蔬菜类为主要原料。例如"排南""东坡肉""蜜汁火方""一品南乳肉""咸件儿""荷叶粉蒸肉""虾子冬笋""南肉春笋""春笋步鱼"等等菜肴。

片在杭帮菜中也占有一席之地。这类形状的菜肴一般都是运用时间较短、速度较快的烹调方法熟制而成的。这也反映了杭州传统名菜以爆、炒、熘等为主的特点，如"生爆鳝片""糟香鱼干""糟鸡"等等。

段、丁、茸（糊泥）、丝、卷、条等所占的比例相对不大，但很受欢迎。杭帮菜注重原味，而小型原料在加工过程中减少了原有的本味，故在杭州传统名菜中的比例较少。茸菜的原料一般以禽类、鱼类为主，相比其他原料而言，禽类、鱼类的组织更细腻，因此制作菜肴会更为便捷，禽类、鱼类的营养成分较高，以茸制作出来的菜肴一般都口感滑嫩、酥脆，而且便于人体消化吸收，像"清汤鱼圆"就体现了杭帮菜精巧细腻的特点。

小型原料一般都是以爆、炒、熘等烹调方法加热成熟的。这也是杭帮菜制作的特点，更是杭帮菜中不可缺少的组成部分。

三、煎炒烹炸烩煮蒸：杭帮菜的烹调窍门

杭帮菜是由多种多样的烹调技法制成的。常用的烹调方法有炸、蒸、烧、炖、炒、煎、焖、煮、烩、熏、蜜汁、烤、冷菜、熘、扒、爆、氽、瓢、拔丝、煨等。

杭帮菜蒸、煮方法使用最多。蒸菜讲究火候，主料大多选用鲜嫩之品，原汁原味，尤以清蒸见长，如"清蒸鲥鱼""荷叶粉蒸肉""糟青鱼干"等。煮菜一般汤宽，不要勾芡，基本方法与烧菜较类似，只是最终的汤汁量比较多，如"南肉春笋""西湖醋鱼""杭州卤鸭"等。

杭帮菜中炸、熘技法比重较大。在炸技法中分支较多，一般以干炸和清炸为主，成品特点也各不相同，一般讲求外脆里嫩，恰到好处。代表菜有"干炸响铃""油爆虾"等。炸的菜肴一般保持整形美观，说明杭帮菜更加注意形态。而熘成品讲求滑嫩滋润，卤汁馨香，口味多变，如"虾子冬笋""火腿蚕豆"等。

焖、氽、烧也占一定的比例。焖技法讲究火候，制品要求酥烂，滋味醇厚，汤鲜味美，为典型的火功菜，如"油焖春笋""东坡肉"等。氽法多用于小型水产原料的加工，一般以沸水旺火迅速加热，成品断生即可，保持原料鲜嫩味美，注重本味，如"斩鱼圆"等。烧一般以红烧为多，讲求柔软入味，浓香可口，如"鱼头豆腐""鱼头浓汤"等。

杭帮菜的炒技法比重也比较大。炒菜尤以滑炒见长，力求快速烹制，尽量保持原料鲜嫩爽脆之本味，代表菜有"杭椒牛柳""蛋黄青蟹"等。炒由于是短时间高温加热，使营养素能尽量保持。

煎、炖也占一定比例。煎菜一般成品要求是外面香酥，里面酥嫩，如"香包蛋拉卷""明珠香芋饼"等。炖技法讲求火候运用，制品要求酥烂，滋味醇厚，汤鲜味美，为典型的火功菜，如"西湖一品煲""树花炖土鸡"等。

在传统杭帮菜中有蜜汁的烹调方法，而现代杭帮菜中出现了涮的技法。杭州人对菜的烹调技法越来越创新。因为甜菜吃多了会引起消化不良，食欲减退，甚至体重增加，造成肥胖、高脂血症，对老年人身体健康不利。而涮是吃火锅时使用的一种加热方法，也即将厨房的加工方法移到餐桌上，此法多用新鲜原料，使用筷子夹住来回烫食，既简单而又能保持菜肴的原汁原味。

总之，杭帮菜在烹调方法上擅长蒸、炒、炸、熘等烹制方法，烹

调河鲜有独到之功。"熟物之法，最重火候"，杭帮菜常用的烹调方法多样。因此，"因料施烹"也是杭州菜烹调方法使用上的一大特征。

四、酸甜苦咸麻辣鲜：杭帮菜的滋味类型

滋味是食品中的呈味物质溶于唾液从而刺激舌面的味蕾产生的味觉。从生理学的角度讲，只有酸、甜、苦、咸、鲜五种基本味，中国烹饪界通常把味分为酸、甜、苦、咸、鲜、麻、辣七种。

咸味的调味料有盐、酱油、鱼酱、黄酱等，其中以盐为代表。在实际烹调中，一般不只有单纯的咸味，往往需要与其他口味一起调和，所以在调和盐浓度时，还要考虑到咸味同其他味的关系。在咸味中添加蔗糖，可使咸味减少。在甜味溶液中添加少量的食盐，甜味会增加。甜浓度越高，添加食盐量反而越低，说明食盐对甜味的对比效果，甜味度越大越敏感。咸味因添加少量的醋酸而加强，对酸味来说也一样，添加少量食盐时酸味增强，添加多量食盐时则酸味变弱。咸味因添加苦味而减弱，苦味也因添加食盐而减弱，双方添加的比例不同，味感变化也有差异。

酸味在烹饪中的使用非常多，在酸味调味中以醋使用得最普遍，但醋一般不单独对菜品进行调味，必须与其他调味品配合使用，如酸咸、酸辣、酸甜等，搭配其他调味品时也要考虑热对味觉的影响。一般来说，甜味和酸味混合引起抵消效果，如果在甜味物质中加少量的酸，则甜味减弱；在酸中加甜味物质，则酸味减弱。在酸中加少量的苦味物质或单宁等有收敛味的物质，则酸味增加。

呈甜味的化合物种类很多，在烹调中则以蔗糖为代表。蔗糖在烹调中与其他味也发生各种味觉变化，除前面提过的蔗糖和酸味有抵消现象外，甜味因苦味的添加而减少，苦味也因蔗糖的添加而减少，但苦味达到一定浓度时，需要添加数十倍的甜味浓度才能使苦味有所改变；添加少量的食盐可使甜味增加，咸味则因蔗糖的添加而减少。

在烹调中除各种原料制成的鲜汤可以作鲜味调味剂外，使用较多的就是谷氨酸钠。在烹调过程中谷氨酸钠可以与其他味道形成良好的味觉效果，鲜味与咸味配合是中国菜肴中最基本一种味型，可使咸味柔和，并与咸味协调，有改善菜品味道的作用，另外，可使酸味和苦味有所减弱。当谷氨酸钠与肌苷酸钠、鸟苷酸钠等鲜味物质配合使用时，在味觉上产生相乘作用，使鲜味明显增强。但鲜味与甜味在一起会产

生复杂的味感，甚至让人有不舒服的感觉，所以在用糖量较大的菜肴中，一般不宜添加味精，如甜羹、拔丝、挂霜、糖醋等一些菜肴。

单纯的苦味虽不算是好的味道，但它与其他味配合使用，在用量恰当的情况下，也能收到较好的味觉效果。苦味物质的阈值极低，极少量的苦味舌头都感觉得到，苦味的感觉温度也较低，受热后苦味有所减弱。少量的苦味与甜味或酸味配合，可使风味更加协调、突出。

辣味是调味料和蔬菜中存在的某些化合物所引起的辛辣刺激感觉，不属于味觉，是舌、口腔和鼻腔黏膜受到刺激产生的辛辣、刺痛、灼热的感觉辛辣味具有增进食欲、促进人体消化液分泌的功能。

麻味不是一种味觉，而是一种触觉，但是它也没有辣味那么严重，并没有达到疼痛的程度。花椒中的一种山椒醇激发了人类舌头里负责颤动的神经纤维活动，于是舌头表面下的肌肉等开始快速地震颤，这种高频率且不由自主的颤动，给你带来的感受，就是大家常说的舌头发麻的感受。辣味带来痛觉的刺激，而麻味能够使得舌头感受变得迟钝，在这种麻痹感的帮助下，吃辣似乎就变得更容易一些了。

与其他地方菜相类似，杭帮菜以鲜咸味为最基本的类型。杭帮菜大半都是咸味型，以水产类最高，其次为肉类，较低的为植物类菜。这说明杭帮菜在烹制水产菜、肉类菜时，多突出本味、鲜味。

甜味菜较多是传统杭帮菜的一个特点。其中咸甜有较大比例，是杭州传统名菜中极具特色的味型。另外还有鲜咸甜、酸甜、鲜咸酸甜等类型。

杭帮菜的酸味菜也颇有特点。酸甜、鲜咸酸甜、酸咸都有，这些菜除以鲜咸为基础外，往往添加甜味调料，形成鲜咸酸甜等口味。

传统杭帮菜的苦味可能都浓缩到"龙井虾仁"这道菜里。茶叶里

含有苦味的儿茶素，但在"龙井虾仁"里，茶叶仅仅是点缀，吃到微苦的茶叶，和虾仁对比，更显示出其不凡的鲜香。随着苦瓜、银杏、芦荟等食材进入杭帮菜，杭帮菜里也出现了淡淡的苦味。

传统的杭帮菜几乎没有辣味，老杭州人甚至受不了一点辣。改革开放后，随着饮食文化的交流，带有辣味的四川菜、湖南菜等出现在杭州餐饮市场，杭州人开始接受辣味了。杭帮菜中也开始出现了辣味，改变了杭州传统菜肴没有辣味的历史。鲜咸辣、鲜酸辣、酸甜辣等味型的出现，这说明辣味开始受到杭州人的喜爱。不过这种辣味一般属微辣型，与湖南、四川等地的辣味型在程度上尚有很大的距离。

五、嫩酥软脆滑韧糯：杭帮菜的质感口感

菜肴的质感是指人们在咀嚼食物时，食物刺激口腔而产生的一种触觉感受，也称质构、质地。ISO（国际标准化组织）规定的食物质构是指用"力学的、触觉的，可能还包括视觉的、听觉的方法能够感知的食物物性学特性的综合感觉"。它包括人体触觉器官对食物的软、硬、韧、脆、酥等与力学有关的机械性能，以及食物的粗细感、松实感、滞滑感、轻重感、流动感（黏稠感）、湿润感等与食物组织结构（即物料组成及其几何大小、形状、表面特性和体相性质）有关的几何性能和食物表面性能做出的感受和认识。总之，食品的质构是与以下三方面感觉有关的物理性质，即：手或手指对食物的触摸感；目视的外观感觉；摄入食物到口腔后的综合感觉，包括咀嚼时感到的软硬、黏稠、酥脆、滑爽感等。按上述定义，食物质感是食物的物理性质通过人体感觉而得到的感知。

质感的类别很多，我们将杭帮菜中所出现的各种质感分为8类，以便进行量化分析：

软嫩、鲜嫩、香嫩、滑嫩、细嫩、肥嫩等→嫩

酥松、酥脆、酥软、香酥、外酥里嫩等→酥

柔软、绵软等→松软

脆爽、脆嫩、香脆、脆硬等→脆

软烂、肥烂、酥烂等→烂

滑爽、清爽、柔滑等→柔滑

柔韧、干香等→韧

软糯、绵糯、香糯、鲜糯、柔糯、肥糯等→糯

杭帮菜的质感以"嫩"最为突出。菜肴的质感主要与其原料、刀工成形、烹调方法有着直接的关系。首先，原料质地是菜肴质感形成的基础。杭帮菜所用的动物原料以鱼虾、鸡鸭、猪肉等为主，这些原料组织中含水量高、结缔组织少、肌肉持水性强，经烹调后能保持质嫩的特点；而所用的植物原料更是柔嫩的豆腐和各种鲜嫩蔬果为主，为成菜的质嫩提供了物质基础。其次，刀工成形和烹调方法是菜肴质感形成的关键。杭帮菜中，有相当数量的菜肴原料被加工成细小或极薄的形状，在刀工处理上讲究精巧细腻，有效地割断原料的纤维组织。加之上浆、挂糊措施，不仅形成外边柔滑或脆嫩质感，更有效保持了原料内部水分及营养成分。而蒸、烧、炖、炒等烹调方法的大量使用，更促使菜肴形成"嫩"的特点。如"龙井虾仁""清蒸鲥鱼""油焖春笋""鱼头豆腐"等。

"酥"在杭帮菜的质感中占有重要地位。"酥"多由油传热的烹调方法形成。若菜肴采用炸、熘、煎等烹调方法制作，当原料与高温油接触后，组织中的水分迅速气化逸出，往往形成酥松、酥脆、外酥里嫩的质感。"椒盐乳鸽"就是采用炸的烹调方法制作，当原料与高油温的油接触后使原料迅速成熟，从而达到外酥里嫩的质感。"笋干老鸭煲"则是采用炖的烹调方法制作，使原料长时间用小火或微火加热至酥松的质感。"手撕鸡"都是采用烤的烹调方法制作，使鸡与高温接触从而达到鸡肉酥嫩的质感。由上可见"酥"质感的形成主要与烹调方法有关，大多采用炸、炖、烤的烹调方法的菜肴都具有"酥"的质感。

"脆"在杭帮菜中有着抢眼的表现。"脆"一方面表现为原料本身的清脆、爽脆和脆嫩等，是由于原料结构紧密、口感舒适而产生；另一方面是通过巧妙的熟处理而形成的。如"吴山鸭舌""西湖莲藕脯""莲藕炝腰花""亨利大虾""双味鸡"等。杭州人比较喜欢吃炸、煎的菜。炸以油导热，原料大多经挂糊、拍粉处理，从而使原料内部水分不易流失，形成外脆里嫩的特有质感，受到大部分人士的喜爱。"脆"质感又以炸最为突出，油炸菜肴已经是人们饮食的重要组成部分。油炸的菜肴营养丰富，口味香脆。而油炸的菜肴一般都经过拍粉、挂糊处理，这样制作出来的菜肴营养成分能得到更好的保护。

"糯"在杭帮菜中也占有一定比重，选料上常用鳖、鱼翅、刺参等富含胶原蛋白的原料，从大量的鳖、鱼翅、刺参等高档原料的使用，可以看出杭州人在追求美食的同时越来越注重菜肴的档次。已经不局限于"吃饱"，而是更趋向于"吃好"，反映了杭州人对菜肴的质感提出了更高的要求。再者是在菜肴制作中加入了糯米及烹调方法上使用了焖蒸等长时间加热的方法，从而形成质柔滑的特点。如"桂花糯米藕""竹叶仔排""八宝鸭""莲子焖鲍鱼""纸包鱼翅""鳖腿刺参"等。这些菜肴营养丰富，口感诱人，给人有一种吃了还想再吃的感觉。

六、温热寒凉补气血：杭帮菜的营养健康

杭帮菜从总体上来说营养搭配合理，养育一代代杭州人民。2017年，杭州市户籍人口平均期望寿命为82.42岁，远高于全国平均水平，在全国各城市中也是名列前茅，这和杭帮菜的营养合理有一定的关系。

（一）蛋白质

蛋白质是生物体内一种极重要的物质，是化学结构复杂的高分子有机化合物，是人体的必需营养素之一。生命是物质运动的高级形式，这种运动方式是通过蛋白质来实现的。人体的生长、发育、运动、遗传、繁殖等一切生命活动都离不开蛋白质。生命运动需要蛋白质，也离不开蛋白质。蛋白质是生命的物质基础，没有蛋白质就没有生命。蛋白质是构成机体组织、器官的重要成分，人体各组织、器官无一不含蛋白质；机体生命活动之所以能够有条不紊地进行，有赖于多种生理活性物质的调节。而蛋白质在体内是构成多种具有重要生理活性物质的成分，参与调节生理功能；蛋白质释放能量，是人体能量来源之一。

蛋白质的食物来源可分为植物性蛋白质和动物性蛋白质两大类。植物蛋白质中，谷类含蛋白质10%左右，蛋白质含量不算高，但由于是人们的主食，所以仍然是膳食蛋白质的主要来源；豆类含有丰富的蛋白质，特别是大豆含蛋白质高达35%-40%，氨基酸组成也比较合理，在体内的利用率较高，是植物蛋白质中非常好的蛋白质来源；此外，薯类、杂豆类、坚果类、菌藻类等植物性食物的蛋白质含量也较高，是人体蛋白质来源的重要补充。蛋类含蛋白质11%-14%，是优质蛋白质的重要来源；奶类（牛奶）一般含蛋白质3.0%-3.5%，是婴幼儿蛋白质的最佳来源；肉类包括禽、畜和鱼的新鲜肌肉含蛋白质15%-22%，肌肉蛋白质营养价值优于植物蛋白质，是人体蛋白质的重要来源。

为改善膳食蛋白质的质量，在膳食中应保证有一定数量的优质蛋白质。一般要求动物性蛋白质和大豆蛋白质应占膳食蛋白质总量的

30%-50%。杭州人优质蛋白质供应充足，尤其是各种鱼类是杭州人的最爱。杭州的豆制品消费相对充足，从杭帮菜众多的豆制品中可窥一斑。

（二）碳水化合物

碳水化合物广泛存在于动植物中，包括构成动物体结构的骨架物质如膳食纤维、果胶、黏多糖和几丁质，以及为能量代谢提供原料的物质如淀粉、糊精、菊糖和糖原等。碳水化合物是人类膳食能量的最主要的来源，对人类营养有着重要作用。在维持人体健康所需要的能量中，55%-65%由碳水化合物提供。碳水化合物在体内释放能量较快，供能也快，是神经系统和心肌的主要能源，也是肌肉活动时的主要燃料，对维持神经系统和心脏的正常供能，增强耐力、提高工作效率都有重要意义；碳水化合物是构成机体组织的重要物质，并参与细胞的组成和多种活动，每个细胞都有碳水化合物，糖结合物还广泛存在于各组织中；当摄入足够量的碳水化合物时则能预防体内或膳食蛋白质消耗，不需要动用蛋白质来供能，即碳水化合物具有节约蛋白质消耗的作用；膳食中充足的碳水化合物可以防止脂肪酸不能彻底氧化而产生过多的酮体以致产生酮血症和酮尿症的发生；碳水化合物还是体内一种重要的结合解毒剂；非淀粉多糖类，如纤维素、果胶、抗性淀粉、功能性低聚糖等，虽然不能在小肠消化吸收，但能刺激肠道蠕动，增加结肠的发酵，增强肠道的排泄功能。

杭州人主食以大米为主，富含碳水化合物。尤其要指出的是，现代饮食生活往往膳食纤维不足，而杭帮菜里蔬菜的比重很大，能提供充足的膳食纤维。尤其值得一提的是，杭州人特别喜食各种笋，而笋的膳食纤维含量很高，在各种蔬菜里首屈一指。笋在杭州传统名菜中的运用非常之多，竹笋性味甘，微寒，有清热消痰，利膈健胃，和中润肠的功效，现代医学认为，经常食用竹笋有降低胆固醇，预防高血压、糖尿病、肥胖病等作用。这也充分说明了杭州人们在注重饮食营养的同时，已经更注重趋向于合理利用食品的膳食结构，从一定程度上体现了杭州人饮食观念的转变与升华。

（三）脂类

脂类是膳食中重要的营养素，烹调时赋予食物特殊的色、香、味，增进食欲，适量摄入对满足机体生理需要，促进维生素 A、维生素 E 等脂溶性维生素的吸收和利用，维持人体健康发挥着重要作用。脂类的生理功能包括供给能量、贮存能量；促进脂溶性维生素吸收；维持体温、保护脏器；增加饱腹感；提高膳食感官性状等作用。

植物油由于含有必需的脂肪酸亚油酸和 α - 亚麻酸含量高于动物脂肪，其营养价值优于动物脂肪。而动物性脂肪中畜禽的脂肪由于含有较多的饱和脂肪酸和胆固醇，是目前我们重点考虑限制食用的油脂，但水产类里含有的脂肪由于多不饱和脂肪酸含量高，尤其是含有人类所需的 EPA、DHA，是受到人们欢迎的。杭帮菜里除使用植物油较多外，动物性原料也是以水产鱼类为主，为杭州人的餐桌提供了很好的脂肪来源。

（四）矿物质

人体中所有元素，除了组成有机化合物的碳、氢、氧、氮外，其余元素均被称为矿物质。而在矿物质的营养方面，要着重于盐的控制和钙、铁、锌、碘、硒的补充。

食盐可以调节体内水分与渗透压，维持酸碱平衡；钠、三磷酸腺苷的生成与利用、肌肉运动、心血管功能、能量代谢都有关系，还可以增强神经肌肉兴奋性。食盐摄入量过多、尿中钠钾离子比值增高，是形成高血压的重要因素。《中国居民膳食指南》推荐成年人每日食盐量不超过 6 克，而杭州市居民人均食盐（包括酱油、酱菜中的食用盐等）摄入量为 10.59 克 / 日，基本和全国平均水平持平。杭帮菜应减少腌制肉、菜的使用，让口味更加清淡，才能达到营养要求。

在钙、铁、锌、碘、硒的补充方面，杭州的牛奶人均消费是全国平均值的两倍，豆制品消费也超平均水平，用小虾米炒素菜已是杭帮菜的一大特色，这些都保证了钙的充足摄入；在杭帮菜中，水产、瘦肉占有重要地位，小吃里的鸭血汤深受欢迎，铁的供应有先天优势；

海中的蛤蜊、贝类在杭州市场供应充足、便宜，杭帮菜里也及时吸收这些元素，"文蛤鸡蛋羹""酱炒花蛤"无论是餐馆还是家庭餐桌随处可见，锌、硒等微量元素的供应也有保障。杭州虽然属于外环境碘缺乏地区，虽然海带、紫菜等含碘量较高，但由于摄入频率低等原因贡献率并不高，而盐碘的贡献率达74.4%。如居民不食用碘盐，94.9%的人将有碘缺乏的风险，而杭州市场供应的食盐均为碘盐或低碘盐，有效地降低了缺碘的风险。

尽管杭帮菜为杭州人的合理营养提供了得天独厚的物质条件，我们还是要按照《中国居民膳食指南》的要求，优化食谱，合理营养，做到食物多样，谷类为主，每天的膳食应包括谷薯类、蔬菜水果类、畜禽鱼蛋奶类、大豆坚果类等食物，平均每天摄入12种以上食物，每周25种以上；各年龄段人群都应天天运动、保持健康体重，食不过量，控制总能量摄入，保持能量平衡；蔬菜水果是平衡膳食的重要组成部分，奶类富含钙，大豆富含优质蛋白质，餐餐有蔬菜，天天吃水果，吃各种各样的奶制品，经常吃豆制品，适量吃坚果；鱼、禽、蛋和瘦肉摄入要适量，优先选择鱼和禽；培养清淡饮食习惯，少吃高盐和油炸食品，控制添加糖的摄入量，足量饮水；珍惜食物，按需备餐，提倡分餐不浪费，选择新鲜卫生的食物和适宜的烹调方式，学会阅读食品标签，合理选择食品，多回家吃饭，享受食物和亲情。

附录：杭帮美食，品不尽，说不完

冷菜类	菜肴名称	主要原料	菜肴名称	主要原料
	冻鸡	**主料**：生净仔鸡1只（750克） **辅料**：熟火腿白15克，姜片2.5克，水发琼脂30克，香菜15克，西兰花50克	油鸡	**主料**：嫩母鸡1只（1500克） **辅料**：芝麻油10克，精盐5克
	肉丝拌粉皮	**主料**：猪里脊肉100克，粉皮200克 **辅料**：黄瓜50克，芝麻酱15克，芝麻油25克	盐水鸡	**主料**：嫩母鸡1只1500克 **辅料**：黄酒25克，葱结15克，花椒10克
	冻鸭掌	**主料**：熟净出骨大鸭掌6对（150克），白汤200克 **辅料**：熟火腿5克，葱结20克，水发琼脂7克，水发香菇30克，西兰花10克	凉拌四宝	**主料**：生净鸡脯肉25克，熟鞭笋肉50克，生净鸡肫50克，生净猪肚尖50克，浆虾仁50克 **辅料**：熟火腿15克，芦笋15克，黄酒25克，熟净出骨鸭掌3对（10克），水发香菇25克
	卤肫肝	**主料**：生净鸭肫、肝各150克 **辅料**：葱结1个（30克），黄酒25克，姜块15克，茴香半瓣（3克）	如意蛋卷	**主料**：鸡蛋3个（150克），鱼泥200克 **辅料**：熟火腿末25克，猪肥膘1小块（15克），熟猪油25克，干淀粉25克
	冬笋虾卷	**主料**：净熟冬笋肉300克，浆虾仁150克 **辅料**：熟火腿末25克，熟猪油10克，蛋清30克	酸辣莴苣笋	**主料**：净莴苣笋150克 **辅料**：白糖15克，干红椒丝25克，芝麻油10克
	金银萝卜	**主料**：白萝卜500克 **辅料**：糖桂花12克，米醋65克，绵白糖90克	腊八饭	**主料**：糯米900克，精制细沙300克 **辅料**：桂圆肉50克，蜜枣75克，熟猪油250克，熟松仁25克，青梅50克，莲子100克，葡萄干75克

菜肴名称	主要原料	菜肴名称	主要原料
酱油嫩花生	主料：带壳嫩花生 300 克，酱油 100 克 辅料：茴香 5 克，八角 5 克	香干马兰头	主料：马兰头 300 克 辅料：兰花干 50 克，芝麻油 5 克
琉璃大枣	主料：大红枣 100 克，白糖 100 克 辅料：干桂花 5 克，糯米粉 75 克	辣白菜	主料：净胶菜（即大白菜）2500 克 辅料：白糖 150 克，红椒丝 150 克，醋 150 克，姜丝，精盐 50 克，芝麻油 100 克
水晶牛肉松	主料：鲜牛里脊 1000 克 辅料：葱 30 克，生姜 15 克，丁香 10 克，豆蔻 8 克，草菇 30 克，黄酒 15 克	蜜汁黑枣	主料：黑枣 300 克 辅料：黄酒 200 克，冰糖 15 克，蜂蜜 10 克，生粉 30 克
醉花生	主料：花生米 300 克 辅料：黄酒 150 克，酱油 100 克，醋 40 克，白糖 15 克，食用油 40 克，香菜末 30 克	糟香鸡翅	主料：鸡翅尖 300 克 辅料：干红椒 5 克，花椒 2 克，浓香型白酒 10 克，黄酒 15 克，白酒糟 10 克，糟油 6 克
水晶三蟹冻	主料：熟膏蟹黄 30 克，熟梭子蟹肉 50 克，熟河蟹肉 50 克 辅料：皮冻、姜末各 10 克，胡椒粉 3 克，黄酒 10 克，上汤 300 克，食用油 100 克	双拼冷盘	主料：净熟白鸡 150 克，盐水大虾 150 克 辅料：香菜 5 克，芝麻油、酱油各 8 克
三拼冷盘	主料：卤鸭肉 250 克，芹菜 150 克，鱼茸蛋卷 150 克 辅料：精盐 3 克，芝麻油 2 克		

菜肴名称	主要原料	菜肴名称	主要原料
酱爆兔丁肉	**主料**：生净嫩兔肉 250 克 **辅料**：蛋清 1 个（30 克），湿淀粉 10 克，甜面酱 30 克，芝麻油 10 克，黄酒 10 克，熟猪油 50 克	辣子羊腿	**主料**：去皮羊腿 1 只（约 1500 克） **辅料**：干红椒 5 克，生菜叶 10 张，酱油 150 毫升，湿淀粉 10 克，绍酒 100 毫升，香料包、红枣、葱、姜各 50 克，泡辣椒 150 克
东坡腿	**主料**：金华火腿中腰 1 块（500 克） **辅料**：鲜笋 100 克，菜心 10 棵，大河虾仁 100 克，湿淀粉 25 克，黄酒 20 克，熟猪油 250 克	五香肉丝	**主料**：猪里脊丝 200 克 **辅料**：酱油 15 克，熟笋丝 50 克，白糖 2.5 克，五香紫大头菜丝 25 克，奶汤 15 克，黄酒 10 克，食用油 50 克
炒里脊丝	**主料**：猪里脊丝 250 克 **辅料**：鸡蛋清 30 克，湿淀粉 25 克，奶汤 25 克，熟笋丝 50 克，食用油 75 克，黄酒 10 克	金银蹄	**主料**：猪蹄膀 750 克，火踵 250 克 **辅料**：西兰花 100 克，黄酒 10 克，姜块 4 克
东坡肘子	**主料**：净猪肘子 1 只 **辅料**：葱、姜各 15 克，菜心 10 棵，酱油 20 克，黄酒 100 克，白糖 50 克	白果南乳蹄	**主料**：猪蹄膀 1 只（500 克） **辅料**：白糖 10 克，鲜白果肉 150 克，黄酒 50 克，南乳汁 100 克，芝麻油 20 克
椒盐肉卷	**主料**：熟猪肋肉 250 克 **辅料**：花椒粉 2 克，鸡蛋 2 个，干淀粉 50 克，黄酒 3 克，面粉 100 克，食用油 1000 克	蟹粉狮子头	**主料**：猪肋条肉 500 克，蟹粉 150 克 **辅料**：熟冬笋肉 50 克，鸡蛋清 2 个，菜心 10 棵（300 克），黄酒 25 克，玫瑰米醋 5 克，食用油 50 克
生炒肚尖	**主料**：生净肚尖 225 克 **辅料**：黄酒 10 克，熟笋片 25 克，水发香菇片 15 克，青椒 10 克，湿淀粉 30 克，葱段 10 克，食用油 500 克，熟火腿 15 克	炸麻花腰	**主料**：生净猪腰 150 克 **辅料**：熟猪肥膘 150 克，2 个蛋清，面粉 15 克，香菜 10 克，湿淀粉 25 克，番茄汁 75 克，食用油 75 克，甜面酱 15 克

菜肴名称	主要原料	菜肴名称	主要原料
大蒜炒酱耳	主料：酱猪耳 250 克 辅料：青大蒜 100 克，精盐 3 克，红椒 25 克，黄酒 10 克，笋片 50 克，食用油 50 克	蚝油煎牛排	主料：嫩牛里脊 250 克 辅料：洋葱 100 克，蚝油 50 克，酱油 10 克，食用油 100 克，香雪酒 25 克
红焖牛蹄	主料：净牛蹄 1 只（800 克） 辅料：生姜 30 克，腌鲜红椒丁 50 克，葱 20 克，蒜泥 25 克，酱油 25 克，湿淀粉 10 克，黄酒 25 克，食用油 50 克，茴香、桂皮、丁香各 3 克	蒜子牛鞭	主料：水发牛鞭 400 克 辅料：酱油 5 克，大蒜子 150 克，葱段 20 克，姜 10 克，芝麻油 5 克，黄酒 10 克，食用油 500 克
本鸡炖牛鞭	主料：净本鸡 200 克，水发牛鞭 250 克 辅料：姜、葱各 10 克，陈皮 1 片，黄酒 40 克	黄芪羊肉	主料：净山羊腿 1 只（800 克） 辅料：黑枣 50 颗，黄芪 10 克，党参 10 克，姜片 50 克，黄酒 25 克
蕨菜肉丝	主料：猪前腿肉 200 克 辅料：黄酒 3 克，蕨菜 150 克，干辣椒 25 克，芝麻油 25 克，酱油 30 克，食用油 50 克，白糖 5 克	炙子骨头	主料：猪仔排 1000 克 辅料：小葱 250 克，白糖 35 克，酱油 20 克，黄酒 15 克，胡椒粉 10 克，甜面酱 15 克
煤肚胘	主料：牛肚 500 克 辅料：姜丝 20 克，黄酒 30 克，芝麻油 10 克，酱油 15 克	莲花鸡签	主料：鸡胸脯肉 150 克 辅料：鱼茸 100 克，猪网油 2 张（400 克），鸡蛋 2 个（蛋清、蛋黄分开）100 克，湿淀粉 25 克
走油肉	主料：生净猪五花条肉 500 克 辅料：净青菜 150 克，葱结 15 克，姜丝 2.5 克，八角 0.5 克，黄酒 15 克，肉汤 50 克，白酱油 35 克，熟菜油 1000 克	梅子肉	主料：猪精肉 250 克 辅料：黄酒 25 克，肥膘 50 克，白糖 15 克，净网油 50 克，酱油 15 克，鸡蛋清 1 个（30 克），净荸荠 25 克，干淀粉 15 克，芝麻油 10 克，湿淀粉 25 克，熟猪油 60 克

肉菜类	菜肴名称	主要原料	菜肴名称	主要原料
	锅烧肉	主料：猪五花条肉 250 克 辅料：黄酒 5 克，葱结 1 个（30 克），姜 20 克，酱油 50 克，鸡蛋 2 个（100 克），面粉 75 克，湿淀粉 25 克，甜面酱 8 克，熟猪油 75 克	滑熘里脊	主料：生净猪里脊肉 250 克 辅料：鸡蛋清 50 克，葱段 30 克，湿淀粉 20 克，白汤 75 克，姜汁 8 克，黄酒 15 克，猪油 75 克
	糖醋里脊	主料：生猪里脊肉 250 克 辅料：面粉 10 克，葱段 5 克，黄酒 15 克，酱油 25 克，醋 25 克，湿淀粉 40 克，芝麻油 10 克，熟菜油 75 克	脆瓜里脊丝	主料：猪里脊肉 250 克 辅料：黄酒 10 克，熟笋肉 25 克，蛋 1 个（30 克），脆黄瓜 25 克，湿淀粉 20 克，清汤 50 克，熟猪油 75 克
	鲜杞炒里脊片	主料：生净猪里脊片 200 克 辅料：鲜杞嫩头 100 克，蛋清 1 个（30 克），清汤 100 克，黄酒 2 克，湿淀粉 10 克，猪油 80 克	生仁里脊丁	主料：生净猪里脊肉 200 克 辅料：白糖 1 克，花生米 50 克，精盐 1.5 克，葱白 30 克，蛋清 1 个（30 克），湿淀粉 30 克，黄酒 10 克，芝麻油 15 克，酱油 10 克，热猪油 50 克
	椒盐排骨	主料：生净猪仔排 250 克 辅料：面粉 25 克，5 克黄酒，湿淀粉 25 克，熟猪油 75 克，葱花 10 克，葱白段 15 克，甜面酱 10 克	酥牛肉	主料：生净牛腿肉 100 克 辅料：黄酒 100 克，葱 100 克，酱油 150 克，姜（去皮拍碎）50 克，桂皮 5 克，芝麻油 50 克，八角 4 克
	芹菜牛肉丝	主料：牛里脊肉 250 克 辅料：净芹菜 100 克，黄酒 15 克，酱油 20 克，蛋清 1 个（30 克），湿淀粉 25 克，芝麻油 25 克，菜油 60 克	葱爆羊肉	主料：生净羊腿肉 250 克 辅料：京葱 75 克，黄酒 15 克，湿淀粉 30 克，姜汁水 5 克，芝麻油 15 克，菜油 50 克，酱油 15 克
	四喜丸子	主料：生净猪腿肉（瘦七肥三）500 克 辅料：鸡蛋 1 个（50 克），酱油 25 克，生净青菜心 250 克，黄酒 10 克，湿淀粉 40 克，姜汁水 8 克，葱末 1 克，浓白汤 500 克，熟猪油 50 克	葱爆兔肉片	主料：生净嫩兔肉 200 克 辅料：蛋清 1 个（30 克），姜片 2.5 克，大葱 100 克，湿淀粉 20 克，黄酒 15 克，芝麻油 25 克，酱油 15 克，熟猪油 60 克，白糖 2 克

菜肴名称	主要原料	菜肴名称	主要原料
糟熘腰花	主料：猪腰 250 克 辅料：蛋清 1 个（30 克），黄酒 15 克，香糟 25 克，白汤 100 克，湿淀粉 35 克，姜汁水 5 克，猪油 75 克	生炒羊羔	主料：湖羊羔肉 3000 克 辅料：蒜子 30 克，红椒 150 克，黄酒 30 克，酱油 30 克，青蒜 40 克，湿淀粉 200 克，生姜若干
中式煎牛排	主料：牛里脊 300 克 辅料：洋葱 30 克，鲜芦笋 80 克，蚝油 10 克，老抽 15 克，红葡萄酒 15 克，湿淀粉 20 克，白葡萄酒 30 克	干菜千张肉	主料：猪五花肉 300 克，梅干菜 50 克 辅料：菜心 100 克，白糖 10 克，酱油 15 克，黄酒 20 克
马苋猪肝	主料：鲜马齿苋 300 克 辅料：绍酒 3 毫升，猪肝 150 克，湿淀粉 20 克，精盐 6 克，姜末 10 克	天麻腰花	主料：净猪腰 400 克 辅料：泡透的天麻片 10 克，天麻原汁 6 克
锡纸蒜香骨	主料：猪仔排 5 根（1000 克） 辅料：白糖 10 克，料酒 20 克，黑胡椒 20 克，蒜香粉 20 克，大蒜 40 克	东坡肴蹄	主料：猪前蹄 750 克 辅料：花椒、八角各 5 克，葱、姜各 10 克，醋 15 克，黄酒 20 克
泡菜牛柳	主料：奶白菜 500 克，苹果 100 克，牛里脊 250 克 辅料：辣椒面 8 克，白糖 15 克，葱 20 克，姜 20 克，蒜 20 克，料酒 30 克，干淀粉 40 克，干辣椒 20 克		

禽蛋类	菜肴名称	主要原料	菜肴名称	主要原料
	莲香脱骨鸡	**主料**: 嫩母鸡1只(1250克) **辅料**: 黄酒10克, 熟火腿25克, 水发香菇25克, 通心白莲150克, 湿淀粉15克, 葱结10克, 熟猪油15克	鲜莲炒仔鸡	**主料**: 去骨嫩鸡肉250克, 新鲜莲子100克 **辅料**: 水发香菇25克, 米醋2克, 葱段10克, 湿淀粉35克, 黄酒10克, 芝麻油15克, 酱油20克, 食用油75克
	南乳笋鸡	**主料**: 净嫩鸡1只(750克), 嫩春笋肉150克 **辅料**: 小青菜50克, 葱段3克, 小红腐乳1/4块, 湿淀粉5克, 红腐乳卤50克, 白糖10克, 黄酒25克, 熟猪油25克	桃花鸡腿	**主料**: 生嫩鸡腿2只400克 **辅料**: 面粉20克, 浆虾仁150克, 香菜25克, 净核桃肉100克, 小葱末15克, 猪肥膘50克, 净荸荠50克, 葱白10克, 火腿末15克, 黄酒15克
	葱香凤翅	**主料**: 鸡翅中段10个(400克) **辅料**: 洋葱150克, 柠檬汁3克, 姜汁2克, 番茄沙司60克, 湿淀粉10克, 白糖5克, 食用油800克	掐菜炒鸡丝	**主料**: 生鸡脯肉150克 **辅料**: 精熟火腿丝5克, 绿豆芽150克, 湿淀粉15克, 鸡蛋清1个(30克), 食用油500克, 黄酒10克
	乌鸡炒嫩菱	**主料**: 净乌骨鸡250克, 南湖水菱肉150克 **辅料**: 湿淀粉8克, 葱段5克, 白糖2克, 姜片5克, 芝麻油4克, 酱油15克, 黄酒10克, 味精3克	干菜肥鸭	**主料**: 嫩肥鸭1只(1250克) **辅料**: 湿淀粉15克, 白糖75克, 熟干菜30克, 黄酒125克, 肥膘50克, 酱油15克, 姜25克, 猪网油100克, 熟猪油25克
	八宝脆炸鸭	**主料**: 拆骨净鸭1000克 **辅料**: 小菜心24棵, 甜酱50克, 云形花卷12只, 黄酒25克, 芝麻油25克, 湿淀粉20克, 酱油25克, 姜片10克, 花椒2克, 八宝馅料500克(火腿丁、糯米、鸡丁、熟青豆、香菇丁、笋丁、虾仁、干贝丝, 加入黄酒、味精、胡椒粉、精盐拌匀制成)	嫩姜鸭片	**主料**: 生净出骨带皮鸭子肉300克 **辅料**: 酱油5克, 水发香菇25克, 鸡蛋清1个, 奶汤50克, 葱段5克, 湿淀粉25克, 嫩姜片25克, 芝麻油15克, 黄酒15克, 食用油750克

菜肴名称	主要原料	菜肴名称	主要原料
甘草鸭脯	主料：鸭脯肉 300 克 辅料：普油 5 克，甘草粉 10 克，鸡蛋清半个，白糖 5 克，葱段、姜片各 5 克，黄酒 5 克，干、湿淀粉各 10 克，芝麻油 5 克	炸烹鹌鹑	主料：鹌鹑 10 只（900 克） 辅料：酱油 50 克，熟青豆 15 克，熟胡萝卜 25 克，米醋 15 克，京葱 25 克，面粉 50 克，芝麻油 15 克
酱鹌鹑蒸笋	主料：酱鹌鹑 2 只（200 克），净春笋 300 克 辅料：酱油 5 克，姜、葱丝各 10 克，白糖 2 克，黄酒 10 克，干椒丝 1 克，熟猪油 50 克	红煨乳鸽	主料：乳鸽 2 只（800 克） 辅料：黄酒 15 克，青豆 15 克，酱油 20 克，胡萝卜 25 克，大葱 15 克，味精 1.5 克，姜块 5 克，湿淀粉 15 克，芝麻油 10 克，面粉 15 克
菊香炖乳鸽	主料：乳鸽 1 只（450 克） 辅料：黄酒 10 克，野白菊 2 克，姜块 10 克，葱结 10 克	虎皮鸽蛋	主料：鸽蛋 12 个（180 克） 辅料：水发香菇 25 克，鲜笋肉 50 克，清汤 100 克，豆苗少许，湿淀粉 10 克，葱段 3 克，芝麻油 15 克，黄酒 25 克，酱油 30 克
香椿炒蛋	主料：鸡蛋 6 个（300 克） 辅料：香椿 100 克，黄酒 2 克，食用油 75 克	熘松花蛋	主料：松花蛋 5 个（300 克） 辅料：葱段 2 克，面粉 25 克，湿淀粉 15 克，黄酒 20 克，芝麻油 15 克，酱油 25 克，米醋 20 克，白糖 20 克，食用油 750 克
炉焙鸡翅	主料：鸡翅中段 12 个（300 克） 辅料：葱结 10 克，菜油 25 克，葱结 30 克，姜块 30 克，黄酒 20 克，汤 200 克	炒鹌子	主料：生净鹌鹑 500 克 辅料：红椒末 10 克，姜末 10 克，葱末 10 克，黄酒 20 克，酱油 15 克，红辣油 15 克
炒鸡蕈	主料：鸡脯肉 200 克 辅料：干香菇 30 克，蛋清 25 克，姜丝 2 克，葱丝 50 克，盐 10 克，淀粉 30 克	酒蒸鸡	主料：童鸡 1 只（1000 克） 辅料：嫩笋尖 100 克，水发香菇 25 克，凤腿片 50 克，姜块 25 克，葱结 25 克，桂花酒 20 克

菜肴名称	主要原料	菜肴名称	主要原料
脯腊鸡	**主料**：腊鸡 500 克 **辅料**：姜片 10 克，葱 10 克，黄酒 15 克，糖 10 克，麻油 8 克	生炒软肝	**主料**：生净鸡肝 250 克 **辅料**：酱油 15 克，笋片 50 克，水发香菇片 15 克，黄酒 10 克，湿淀粉 35 克，白汤 25 克，熟猪油 50 克
油淋鸡	**主料**：嫩鸡 1 只（1000 克） **辅料**：姜末 2.5 克，黄酒 15 克，酱油 25 克，香菜 5 克，菜油 100 克，芝麻油 15 克	红菱仔鸡	**主料**：去骨嫩鸡肉 250 克，生红菱肉 100 克 **辅料**：水发香菇 25 克，葱段 10 克，湿淀粉 35 克，酱油 20 克，芝麻油 15 克，白熟猪油 75 克
软炸仔鸡	**主料**：去骨嫩鸡肉 250 克 **辅料**：鸡蛋 1 个，黄酒 5 克，面粉 40 克，葱白末 2.5 克，湿淀粉 15 克，汁水 5 克，甜面酱 25 克，酱油 5 克，胡椒粉 5 克，熟猪油 75 克	农家番茄炒蛋	**主料**：鸡蛋 100 克，番茄 50 克 **辅料**：油 10 克，盐 2 克，糖 5 克，醋 10 克，葱 3 克
黄焖鸡块	**主料**：生净嫩鸡 350 克，马铃薯 150 克 **辅料**：黄酒 15 克，京葱（或红葱）50 克，咖喱粉 25 克，清汤 300 克，面粉 10 克，熟猪油 60 克，大蒜 5 克	咖喱鸡块	**主料**：生净嫩鸡 350 克 **辅料**：黄酒 15 克，马铃薯 150 克，京葱（或红葱）50 克，咖喱粉 25 克，清汤 300 克，熟猪油 60 克，大蒜泥 5 克
核桃鸡条	**主料**：生鸡脯肉 200 克 **辅料**：净核桃肉 100 克，蛋清 1 个，葱段 5 克，香菜 15 克，黄酒 10 克，湿淀粉 20 克，熟猪油 50 克	雪梨鸡片	**主料**：生鸡脯肉 200 克 **辅料**：黄酒 10 克，雪梨 150 克，葱段 5 克，熟火腿 15 克，水发香菇 25 克，蛋清 1 个（30 克），绿蔬菜 25 克，湿淀粉 25 克，熟猪油 60 克
纸包鸡	**主料**：生鸡脯肉 100 克 **辅料**：黄酒 5 克，蛋清 1 个（30 克），香菜叶 5 克，葱丝 5 克，湿淀粉 15 克，姜丝 5 克，芝麻油 25 克，甜面酱 5 克，熟猪油 50 克	蜜橘鸡丁	**主料**：生鸡脯肉 200 克，鲜蜜橘 100 克 **辅料**：蛋清 1 个 30 克，黄酒 10 克，湿淀粉 20 克，熟猪油 75 克

菜肴名称	主要原料	菜肴名称	主要原料
五香肥鸭	主料：肥鸭1只（2000克） 辅料：香干2块（40克），笋尖50克，水发香菇50克，酱油75克，白糖30克，黄酒50克，葱结1个（30克），湿淀粉15克，芝麻油15克，熟猪油75克	酥炸鸭子	主料：净鸭1只（1250克） 辅料：鸡蛋3个（150克），酱油50克，香菜10克，白糖5克，葱结10克，姜丝5克，葱白段50克，湿淀粉50克，甜面酱50克，芝麻油10克，黄酒15克，面粉75克，熟菜油150克
葱扒鸭子	主料：肥鸭1只（2000克） 辅料：葱结1个40克，京葱150克，黄酒100克，湿淀粉50克，酱油75克，芝麻油10克，猪油90克	盐水鸭条	主料：净嫩鸭1只（1250克） 辅料：黄酒25克，花椒20粒，精盐10克，葱结30克，姜片15克，香菜25克
炸肝卷	主料：鸡（鸭）肝300克，大米200克 辅料：猪网油100克，干淀粉5克，湿淀粉100克，姜汁水5克，甜面酱5克，胡椒粉5克，花椒盐3克，熟猪油75克	烹肫肝	主料：肫125克，肝125克 辅料：醋15克，红葱25克，面粉10克，西芹50克，芝麻油10克，黄酒5克，熟猪油50克，酱油25克
炒全肫	主料：鸡鸭肫250克 辅料：熟笋片50克，葱段10克，湿淀粉30克，黄酒10克，芝麻油10克，酱油15克，熟猪油75克	鸡火二丁	主料：鸡脯肉200克，火腿块50克，蛋清1个（30克） 辅料：清汤50克，湿淀粉20克，黄酒5克，熟猪油50克
酒酿鸽蛋	主料：鸽蛋12个（200克） 辅料：白糖175克，酒酿50克，玫瑰花5瓣，糖桂花3克，青梅（半颗）1克	黄芪炖土鸡	主料：土鸡950克 辅料：黄芪15克，葱15克，姜15克，加饭酒30克，枸杞10克，南瓜块100克

菜肴名称	主要原料	菜肴名称	主要原料
尖椒鸡卷	主料：鸡脯肉 300 克 辅料：黄油 15 克，大青尖椒 50 克，红椒 30 克，面包糠 30 克	果汁焗凤翅	主料：鸡翅中段 300 克 辅料：洋葱 30 克，柠檬汁 20 克，番茄汁 30 克，胡椒粉 5 克，黄酒 20 克，姜汁 8 克
香包拉蛋卷	主料：鸡蛋 3 个，牛柳 150 克 辅料：香菜 30 克，芦笋 75 克，黑椒酱 10 克，生粉 20 克，白糖 5 克	吴山鸭舌	主料：大鸭舌 300 克 辅料：香叶、姜、葱各 5 克，胡椒粉 3 克，蒜蓉 4 克，红椒 7 克，辣酱油 10 克，炸鸡粉 30 克，菜松 30 克
双味鸡	主料：鸡翅中段 200 克 辅料：葱 10 克，炸鸡粉 20 克，生粉 30 克	椒盐乳鸽	主料：乳鸽 500 克 辅料：干红椒 15 克，葱花、姜末各 5 克，椒盐 7 克，黄酒 15 克
元鱼煨乳鸽	主料：元鱼（鳖）1000 克，乳鸽 500 克 辅料：香料，网油 30 克，冻汤汁 30 克，陈醋 15 克，荷叶 2 张	仙掌煨白玉	主料：老鸭掌 5 对（200 克），本鸡 1 只（1000 克） 辅料：淡菜、干贝、火腿、开洋、鞭笋各 15 克，板豆腐 30 克，虾茸 10 克，西兰花 100 克，蛋清 50 克，生粉 30 克
琵琶鸭	主料：鸭 1 只（1500 克） 辅料：白醋 20 克，麦芽糖 8 克，沙姜 12 克，烧烤酱 10 克，大蒜 15 克，干葱 20 克	火腿蒸野鸭	主料：野鸭 1 只（800 克），火腿 100 克 辅料：小葱 10 克，黄酒 15 克，姜 15 克

菜肴名称	主要原料	菜肴名称	主要原料
醉虾	主料：活河虾 300 克 辅料：白糖 10 克，优质白酒 50 克，生抽 40 克，葱末 5 克，南乳汁 5 克，姜末 3 克，蚝油 5 克	盐水虾	主料：鲜活大河虾 250 克 辅料：黄酒 15 克，葱结 30 克，姜 10 克
花雕六月黄	主料：六月黄湖蟹 3 只（500克） 辅料：熟咸肉 50 克，葱 20 克，姜 10 克，花雕酒 25 克，清汤 50 克	醉梭子蟹	主料：梭子蟹 1 只（150 克） 辅料：姜末 15 克，白糖 10 克，白酒 50 克，黄酒 20 克，生抽 20 克，蚝油 10 克
玉叶虾片	主料：对虾 300 克 辅料：自制调料 20 克	西子糯米蟹	主料：蟹肉 150 克 辅料：鲜莲 200 克，火腿 30 克，香菇 40 克，干贝 10 克，笋肉 30 克
卤水鱼蛋	主料：墨鱼蛋 500 克 辅料：香菜 10 克，姜末 12 克，葱末 15 克，黄酒 10 克，红卤水 5 克	鱼子橄榄虾	主料：虾茸 150 克，鱼子酱 20 克 辅料：蛋清 30 克，姜汁水 8 克，食用油 10 克，生粉 20 克
虾火酿苦瓜	主料：苦瓜 150 克，虾茸 50 克 辅料：火腿末 30 克，黄酒 15 克，姜汁水 10 克，食用油 8 克	老卤酥田螺	主料：田螺 300 克 辅料：姜片 10 克，葱段 8 克，干红椒 5 克，黄酒 15 克，酱油 10 克，田螺老卤 5 克，菜油 12 克
话梅余大虾	主料：大河虾 300 克 辅料：话梅 30 克，葱结 30 克，姜块 20 克	五柳全鱼	主料：草鱼 1 条（750 克） 辅料：水发香菇 25 克，冬笋 25 克，熟火腿 15 克，黄酒 25 克，白糖 40 克，酱油 60 克，湿淀粉 50 克
天香鳜鱼	主料：净鳜鱼 1 条（500 克） 辅料：黄酒 15 克，蒜蓉 30 克，葱丝 10 克，姜丝 10 克，胡椒粉 3 克，红椒丝 10 克，虾鱼露 20 克，芝麻油 15 克	南方鲈鱼	主料：净鲈鱼 1 条（500 克） 辅料：排骨酱 35 克，大蒜末 10 克，水发干贝粒 15 克，湿淀粉 5 克，小葱 5 克，白糖 5 克，黄酒 10 克，酱油 15 克
奶汤酸菜鱼	主料：净鲈鱼 1 条（500 克） 辅料：红椒丝 20 克，酸菜片 50 克，高汤 500 克，姜块 30 克，葱结 1 个（50 克），熟猪油 50 克	之江白鱼	主料：之江白鱼中段 300 克 辅料：葱段 150 克，黄酒 5 克，食用油 50 克

菜肴名称	主要原料	菜肴名称	主要原料
萝卜丝汆鲫鱼	主料：活鲫鱼1条（500克） 辅料：白萝卜150克，葱结1个，黄酒25克，熟猪油75克，熟鸡油15克	炭火鱼	主料：带子大鲫鱼1条（600克） 辅料：小葱50克，酱油10克，肉末50克，猪网油1张（100克），海鲜酱20克，面粉500克，黄酒10克
酱烧步鱼	主料：生净整步鱼500克 辅料：熟猪油膘25克，葱段15克，豆瓣酱15克，湿淀粉25克，黄酒15克，食用油100克，酱油15克	卤瓜黄鱼	主料：生净黄鱼1条（750克） 辅料：嫩笋片25克，卤瓜25克，卤瓜汁15克，姜块15克，食用油75克，黄酒25克
腌菜黄鱼	主料：净小黄鱼400克 辅料：腌菜150克，青椒末50克，胡椒粉3克	尖椒黄鱼	主料：净小黄鱼300克 辅料：黄酒5克，尖椒100克，姜汁5克，面粉20克
清蒸石斑鱼	主料：净大红石斑鱼1条（200克） 辅料：葱丝100克，姜丝50克，香菜10克，生抽75克，黄酒10克，芝麻油50克	果汁三文鱼	主料：三文鱼肉200克 辅料：白糖30克，果汁酱75克，干淀粉50克，黄酒5克，面粉150克，姜汁5克，湿淀粉10克
油浸老虎鱼	主料：净老虎鱼1条（500克） 辅料：白胡椒粉3克，香菜20克，葱末20克，食用油750克	葱油龙鱼	主料：海龙鱼500克 辅料：葱丝75克，红椒丝2克，胡椒粉2克，黄酒5克，卤水200克，食用油75克
豆豉鲳鱼	主料：鲜净鲳鱼1条（500克） 辅料：葱结、姜片各10克，豆豉50克，黄酒10克，蒜末10克	芝麻带鱼	主料：净带鱼（去头尾）300克 辅料：胡椒粉3克，炒熟白芝麻10克，姜丝、葱丝各5克，酱油10克，黄酒5克，味精4克，芝麻油3克，白糖5克
萝卜丝煎带鱼	主料：舟山带鱼300克 辅料：萝卜250克，黄酒5克，酱油5克，姜末、葱末各5克，白糖2克，食用油500克	蝉衣鱼卷	主料：鳜鱼1条（1000克） 辅料：味精1.5克，泗乡豆腐皮6张（300克），甜面酱25克，姜丝5克，葱段15克，胡椒粉1克，湿淀粉15克，黄酒10克，鸡蛋1个，面粉25克

菜肴名称	主要原料	菜肴名称	主要原料
炒醋鱼块	主料：生净鲢鱼 300 克 辅料：黄酒 25 克，酱油 50 克，米醋 25 克，湿淀粉 25 克，芝麻油 10 克，食用油 60 克	鸭肾炖鱼	主料：净黑鱼块 300 克，干鸭肾 4 个（80 克），春笋 200 克，鲜鸭肾 100 克 辅料：葱结 5 克，姜片 10 克，精盐 10 克，黄酒 10 克，味精 5 克
火踵扒鱼	主料：花鲢鱼头 2 个（1500 克） 辅料：湿淀粉 10 克，熟火踵 50 克，高汤 300 克，青菜心 10 棵，胡椒粉 3 克，黄酒 5 克，姜丝、葱丝各 5 克，姜片、葱结各 10 克，食用油 100 克	芙蓉鱼片	主料：鱼茸 300 克 辅料：精盐 1.5 克，水发香菇片 15 克，湿淀粉 20 克，熟火腿片 15 克，奶汤 150 克，豌豆苗 25 克，熟鸡油 10 克，黄酒 2.5 克，味精 1 克
蟹黄鱼丝	主料：去骨黑鱼净肉 500 克 辅料：蟹黄 100 克，姜汁 10 克，湿淀粉 30 克，鸡蛋清 1 个（30 克）	白芷鱼头	主料：净花鲢鱼头 1 个（500 克） 辅料：姜片 50 克，川芎 8 克，白芷 8 克，精盐 10 克，黄酒 50 克，味精 5 克，葱结 5 克，高汤 750 克，熟猪油 50 克
乡村鱼片	主料：黄刺鱼 100 克，淡笋干 100 克 辅料：尖椒 50 克，鸡蛋清 1 个，干淀粉 15 克，姜汁 5 克，湿淀粉 3 克，黄酒 5 克	烩鱼白	主料：鱼泥（用白鱼或鳜鱼肉）125 克 辅料：黄酒 10 克，熟火腿 10 克，湿淀粉 15 克，奶汤 200 克，姜汁水 6 克，熟猪油 15 克，青椒 10 克，熟鸡油 10 克
八宝酿鲜鱿	主料：鲜鱿鱼 1 只（500 克） 辅料：黄酒 15 克，八宝馅 200 克，姜末、葱段各 5 克，胡椒粉 3 克，精盐 6 克	爆墨鱼卷	主料：生净墨鱼 300 克 辅料：黄酒 25 克，大蒜头 5 克，味精 2.5 克，清汤 50 克，湿淀粉 50 克，虾油 1 小碟，食用油 500 克
迷宗焖甲鱼	主料：净甲鱼 1 只（600 克） 辅料：湿淀粉 10 克，猪肋条 150 克，黄酒 30 克，淡笋干 100 克，酱油 35 克，姜块 15 克，葱结 15 克	葱扒鳖裙	主料：水发鳖裙 500 克 辅料：葱 200 克，姜汁 1 克，湿淀粉 10 克，酱油 20 克，黄酒 10 克，食用油 100 克
火踵甲鱼	主料：甲鱼 2 只（1000 克） 辅料：水发冬菇 80 克，熟鸡脯片 25 克，黄酒 50 克，熟火踵肉 100 克，熟笋片 50 克，葱段 2 克，葱结 15 克，姜块 50 克，精盐 2.5 克，熟鸡油 25 克	武林甲鱼	主料：活甲鱼 1 只（600 克） 辅料：大蒜头 100 克，小葱 100 克，芝麻油 25 克，黄酒 30 克，酱油 35 克

水产类	菜肴名称	主要原料	菜肴名称	主要原料
	干菜炒鳗脯	主料：河鳗 300 克 辅料：梅干菜末 100 克，湿淀粉 15 克，鸡蛋清 1 个，姜末 25 克，黄酒 5 克，食用油 750 克	生炒鳝丝	主料：生净鳝鱼肉 250 克 辅料：姜丝 5 克，芝麻油 10 克，葱丝 5 克，白糖 5 克，酱油 15 克，湿淀粉 40 克，胡椒粉 3 克，黄酒 15 克，食用油 750 克
	栗子鳝段	主料：黄鳝 500 克，鲜栗子肉 200 克 辅料：胡椒粉 4 克，黄酒 15 克，生姜片 10 克，大蒜头 25 克，芝麻油 15 克，酱油 20 克，白糖 5 克	香炸泥鳅	主料：杀净泥鳅 600 克 辅料：黄酒 10 克，酱油 10 克，姜末、蒜末、红椒末各 20 克，白糖 5 克，芝麻油 5 克
	炒蟹粉	主料：蟹粉 2150 克 辅料：绍酒 15 毫升，姜末 2 克，酱油 10 毫升，色拉油 75 毫升，米醋 10 毫升	苔菜炸河虾	主料：活河虾 250 克 辅料：蒜泥 10 克，苔菜 50 克，花椒盐 4 克，味精 4 克，食用油 500 克
	香糟虾片	主料：去头明虾 250 克 辅料：姜块 3 克，葱段 3 克，白香糟 5 克，干淀粉 100 克，湿淀粉 10 克，食用油 50 克	宋宫虾脯	主料：去壳留尾明虾 12 只（80 克） 辅料：火腿膘油 100 克，鸡蛋清 2 个，花椒盐 1 克，食用油 500 克
	虾圆子	主料：鲜虾仁 200 克，鱼茸 100 克 辅料：葱丝 3 克，黄酒 3 克，姜丝 3 克，熟猪油 15 克，香菇丝 3 克	香炸海鲜卷	主料：浆虾仁 100 克，面包糠 150 克，净海参 50 克 辅料：干贝丝 50 克，鸡蛋 2 个，色拉 200 克，菠萝 50 克，食用油 1000 克，洋葱末 50 克
	酸菜梭子蟹	主料：净梭子蟹 2 只（500 克） 辅料：酸菜丝 150 克，黄酒 5 克，姜丝 5 克，高汤 500 克，胡椒粉 2 克	鸭黄花蟹	主料：花蟹 2 只（500 克），咸蛋黄 6 只（150 克） 辅料：干淀粉 25 克，姜丝 5 克，黄酒 5 克，湿淀粉 10 克

水产类	菜肴名称	主要原料	菜肴名称	主要原料
	炒蟹粉	主料：蟹粉 2150 克 辅料：黄酒 15 克，姜末 1.5 克，酱油 10 克，食用油 75 克，米醋 10 克	生煎蟹盒	主料：蟹粉 200 克，蟹壳 10 只，浆虾仁 100 克，鸡蛋 5 个 260 克 辅料：黄酒 10 克，姜末 10 克，姜丝 50 克，猪油粒 50 克，干淀粉 50 克，食用油 300 克
	白果炒带子	主料：鲜带子 250 克，鲜白果肉 100 克 辅料：红椒丁 50 克，湿淀粉 10 克，嫩肉粉 2 克	糖炒竹蛏	主料：鲜竹蛏肉 250 克 辅料：黄酒 5 克，西芹条 25 克，白糖 2 克，姜丝 3 克，湿淀粉 10 克，白酱油 2 克，笋条 50 克，葱段 2 克
	葱油蚌脯	主料：河蚌肉 300 克 辅料：京葱丝 50 克，红椒丝 25 克，金华火腿皮 100 克，酱油 20 克，黄酒 10 克，高汤 500 克，食用油 50 克	姜汁鲜鲍	主料：净活鲍 12 只（980 克） 辅料：姜丝 10 克，黄酒 5 克，葱丝 5 克，白胡椒粉 2 克
	梅菜梗蛏子	主料：净活蛏子 500 克，梅菜梗 200 克 辅料：姜丝 10 克，干红椒丝 2 克，芝麻油 50 克，黄酒 10 克	白云螺片	主料：响螺片 250 克 辅料：芸豆 50 克，荷兰豆 50 克，姜花 5 克，胡萝卜（刻花切片）10 克，湿淀粉 20 克，食用油 500 克
	酥炸生蚝	主料：生蚝肉 400 克 辅料：淀粉 150 克，黄酒 5 克，酵母 3 克，葱末 5 克，柠檬汁 2 克，面粉 150 克，食用油 750 克	江瑶生	主料：鲜贝 500 克，鸡蛋清 1 个（30 克） 辅料：黄酒 10 克，湿淀粉 20 克，干淀粉 15 克，猪油 20 克
	蛤蜊羹	主料：蛤蜊 500 克 辅料：粳米粉 50 克，姜丝 15 克	姜醋香螺	主料：香螺 6 只（50 克） 辅料：黄酒 8 克，酱油 15 克，糖 8 克，胡椒粉 5 克
	东坡脯	主料：鳜鱼（或鲈鱼）肉 200 克 辅料：姜 15 克，小葱 10 克，盐 5 克，酒 10 克，姜汁 5 克，醋 10 克，白胡椒粉 5 克	梦粱炙鱼	主料：鳜鱼 1 条（750 克） 辅料：水发香菇 50 克，黄酒 15 克，酱油 15 克，醋 20 克，葱 25 克，砂仁 15 克，香菇 20 克

水产类	菜肴名称	主要原料	菜肴名称	主要原料
	酒蒸石首	**主料**：大黄鱼1条（750克） **辅料**：鲜笋肉50克，熟火腿25克，水发香菇50克，葱结10克，姜块10克，香雪酒250克	清汁鱼膘	**主料**：水发鱼肚300克 **辅料**：熟火腿15克，水发香菇25克，鲜笋肉5克，黄蛋糕25克，葱段10克，熟猪油25克
	石首鳝生	**主料**：大鳝鱼2条（500克） **辅料**：面粉50克，生净黄鱼肉100克，湿淀粉50克，黄酒15克，盐8克，猪油20克	酒炙青虾	**主料**：生净大虾500克 **辅料**：姜（拍碎）10克，葱结1个（30克），黄酒20克
	鳖蒸羊	**主料**：生净甲鱼1只（500克） **辅料**：羊肉原汁汤150克，熟羊肉20克，葱结10克，姜块（拍碎）10克	酒香螺	**主料**：香螺1500克 **辅料**：姜丝20克，冰糖10克，花椒4克，麻油8克
	白汁全鱼	**主料**：草鱼1条（600克） **辅料**：熟火腿25克，熟鸡脯肉25克，水发香菇15克，熟豌豆15克，葱结30克，葱段2.5克，湿淀粉10克，熟猪油15克，熟鸡油10克	炸熘黄鱼	**主料**：黄鱼800克 **辅料**：熟猪料肉25克，水发香菇25克，酱油60克，白糖100克，湿淀粉200克，葱白15克，清汤150克，熟猪油250克
	钱江鲈鱼	**主料**：鲜鲈鱼1条（750克） **辅料**：黄酒25克，盐2.5克，熟火腿15克，熟笋片、水发香菇各25克，熟猪油15克，熟肥丁15克，葱结1个，姜片15克，葱段5克	清蒸鳊鱼	**主料**：新鳊鱼1条（750克） **辅料**：葱结5克，精盐4克，生笋尖片25克，水发香菇25克，板油10克，黄酒10克，姜片4克，清汤200克
	豆豉烧中段	**主料**：鳜鱼（或草鱼）中段肉500克 **辅料**：豆豉末25克，姜末10克，肥膘末25克，黄酒25克，熟猪油60克，芝麻油15克	醋熘块鱼	**主料**：生净草鱼300克 **辅料**：醋25克，黄酒15克，姜末1克，酱油30克，湿淀粉125克，白糖30克，胡椒粉3克

菜肴名称	主要原料	菜肴名称	主要原料
锅贴鱼片	主料：去皮鳜鱼肉 100 克 辅料：火腿末 2.5 克，虾仁 100 克，黄酒 10 克，半熟猪膘油 100 克，鸡蛋 1 个 50 克，荸荠 25 克，芝麻油 10 克，猪油 40 克	番茄鱼片	主料：净鱼肉 200 克 辅料：鲜番茄 150 克，蛋清 1 个 30 克，清汤 100 克，葱段 5 克，黄酒 20 克，湿淀粉 25 克，熟猪油 500 克
糟熘鱼片	主料：净鱼肉 250 克 辅料：蛋清 1 个（30 克），黄酒 15 克，香糟 25 克，葱段 5 克，湿淀粉 35 克，姜汁水 5 克，熟猪油 75 克	桂花鱼条	主料：净鱼肉 200 克 辅料：鸡蛋 2 个（100 克），面粉 50 克，黄酒 25 克，胡椒粉 3 克，甜面酱 5 克，花椒盐 3 克，熟猪油 75 克
五彩鱼丝	主料：鳜鱼（或鲈鱼）1 条（800 克） 辅料：熟火腿 15 克，水发香菇 15 克，葱 10 克，精盐 2.5 克，黄酒 25 克，湿淀粉 25 克，熟鸡油 10 克，熟猪油 50 克	五色鱼丁	主料：生净鳜鱼肉（或黄鱼肉）200 克 辅料：熟火腿 25 克，蛋黄糕 25 克，水发香菇 25 克，味精 1.5 克，熟青豆 25 克，葱段 15 克，湿淀粉 25 克，嫩姜 3 克，熟猪油 60 克
锦绣金银	主料：大对虾 10 只（800 克），西兰花 10 棵（1000 克） 辅料：土豆 100 克，鱼茸 200 克，蟹黄 100 克	酱爆螺蛳	主料：螺蛳 500 克 辅料：姜末 10 克，葱白 10 克，葱花 3 克，黄酒 10 克，白糖 6 克，黄豆酱 30 克，芝麻油 10 克
三丝鱼卷	主料：带皮草鱼肉 200 克 辅料：黄酒 20 克，熟火腿瘦肉 50 克，熟鸡肉 50 克，水发香菇 50 克，湿淀粉 15 克，熟猪油 10 克，葱 25 克，熟鸡油 15 克	炸鱼卷	主料：净草鱼肉 200 克 辅料：鸡蛋 2 个（100 克），猪网油 1 张（100 克），净荸荠 25 克，香菜 10 克，小葱 40 克，黄酒 15 克，精盐 2 克，干淀粉 5 克，甜面酱 15 克，湿淀粉 20 克，熟菜油 50 克
翡翠鱼珠	主料：新鲜鲢鱼 1 条（1000 克） 辅料：豌豆 50 克，黄酒 3 克，湿淀粉 15 克，鸡蛋清 4 个（120 克），姜汁水 5 克，熟猪油 75 克	炒凤尾虾	主料：鲜活大河虾 500 克 辅料：水发香菇 25 克，豆苗 50 克，湿淀粉 50 克，鸡蛋清 4 个（200 克），熟猪油 50 克

菜肴名称	主要原料	菜肴名称	主要原料
松炸凤尾虾	主料：鲜活大河虾 250 克 辅料：蛋清 3 个（90 克），湿淀粉 15 克，干淀粉 30 克，香菜 5 克，姜汁水 5 克，花椒盐 3 克，熟猪油 50 克，甜面酱 25 克	炒对虾片	主料：生净对虾肉 200 克 辅料：黄酒 20 克，熟火腿 15 克，净荸荠肉 50 克，水发香菇 25 克，蛋清 1 个 30 克，葱段 15 克，熟猪油 50 克，姜汁 6 克
烹对虾段	主料：净对虾 50 克 辅料：面粉 25 克，黄酒 20 克，芝麻油 10 克，白糖 20 克，京葱 50 克，姜汁水 6 克，醋 25 克，酱油 20 克，熟猪油 50 克	生煎虾饼	主料：浆虾仁 200 克 辅料：黄酒 10 克，熟肥膘 50 克，荸荠白 50 克，鸡蛋清 1 个（30 克），姜汁水 5 克，豆苗 50 克，湿淀粉 25 克，葱末 1 克，熟猪油 50 克，醋 5 克
炸虾球	主料：浆虾仁 250 克 辅料：黄酒 5 克，荸荠白 50 克，熟猪油膘 25 克，姜汁水 5 克，葱白 5 克，熟猪油 75 克	炒湖蟹	主料：大湖蟹 500 克 辅料：水发香菇 50 克，鸡蛋 2 个（100 克），姜丝 15 克，葱段 5 克，醋 15 克，湿淀粉 15 克，黄酒 25 克，姜末 5 克，醋 8 克，熟猪油 50 克
芙蓉蟹兜	主料：蟹粉 300 克，蟹兜 10 只 辅料：蛋清 6 个（300 克），黄酒 15 克，酱油 5 克，醋 10 克，芝麻油 5 克，熟猪油 50 克，葱末 8 克，熟火腿片 30 克，水发香菇 30 克，青菜心 50 克	三杯鳝段	主料：大鳝鱼 3 条（600 克） 辅料：酱油 30 克，白酒 5 克，芝麻油 30 克，甜酒酿汁 5 克，大蒜头 5 粒，白糖 5 克，干辣椒 1 只（3 克），熟菜油 50 克
红烧鳝段	主料：大鳝鱼 3 条（600 克） 辅料：熟肥膘丁 25 克，水发香菇丁 25 克，葱段 5 克，酱油 25 克，大蒜头 30 克，熟猪油 75 克，芝麻油 10 克	红烧圆菜	主料：甲鱼 1 只（500 克），净猪腿肉 50 克 辅料：酱油 25 克，水发香菇 25 克，黄酒 25 克，大蒜头 25 克，葱段 6 克，熟猪油 50 克

菜肴名称	主要原料	菜肴名称	主要原料
红烧裙边	主料：水发裙边400克 辅料：冬菇15克，熟火腿25克，绿蔬菜5克，黄酒20克，酱油15克，湿淀粉5克，葱结10克，姜块5克，熟猪油75克，熟鸡油15克	蟹黄鱼肚	主料：水发鱼肚300克，蟹黄75克 辅料：葱10克，清汤250克，姜汁水5克，黄酒50克，酱油25克，白糖5克，熟猪油125克，湿淀粉30克
三鲜广肚	主料：水发广肚350克 辅料：黄酒18克，熟火腿25克，精盐4克，生鸡脯片50克，味精2.5克，蛋清（20克），清汤250克，浆虾仁50克，湿淀粉30克，绿蔬菜2.5克，熟鸡油15克，葱段5克，熟猪油75克	清蒸刀鱼	主料：新鲜刀鱼2条（400克） 辅料：葱结20克，熟火腿片15克，精盐4克，生笋尖片25克，味精3克，水发香菇25克，黄酒10克，板油10克，葱段2克，姜片4克，清汤500克，姜末醋1小碟
稻香蛙	主料：牛蛙400克 辅料：藕片75克，蒜头30克，干红椒20克，鲜稻节50克，豆豉10克，米醋10克，淀粉10克，酱油85克，豆油85克	南肉蒸湖蟹	主料：湖蟹3只（300克） 辅料：葱20克，熟咸肉50克，姜10克，花雕酒25克
葱油带鱼	主料：带鱼1条（500克） 辅料：小葱50克，姜片10克，黄酒10克，猪油20克，酱油25克，白糖10克	冰糖甲鱼	主料：甲鱼700克 辅料：蒜头8克，姜10克，冰糖10克，黄酒15克，酱油15克，麻油8克
玻璃河鳗	主料：河鳗1条（500克） 辅料：鲜橙100克，自制香料50克	脆爆太极螺	主料：海螺300克 辅料：芥兰10克，鱼茸15克，葱10克，姜10克，蒜8克，XO酱15克，精盐8克，黄酒15克，味精5克，淀粉20克
团团圆圆	主料：甲鱼500克，鱼圆200克 辅料：熟火腿80克，青菜心100克	吉利琵琶虾	主料：白虾仁30克，大明虾200克 辅料：去壳带尾虾10只，去壳明虾肉30克，长面包30克，丝瓜30克，烤鸭皮20克，水发海带40克

菜肴名称	主要原料	菜肴名称	主要原料
时果炒鱼丸	**主料**：现结鱼丸 120 克 **辅料**：草莓 30 克，西兰花 30 克，白汤 200 克，生粉 30 克	鲞蒸虾	**主料**：白鲞 200 克，基围虾 100 克 **辅料**：姜 5 克，葱 3 克，红椒 15 克，黄酒 10 克
脆炸银鱼	**主料**：银鱼 400 克 **辅料**：葱丝、姜丝各 5 克，黄酒 10 克，面粉 20 克，生粉 20 克，酵母 10 克，食用油 15 克	蚝油梭子蟹	**主料**：梭子蟹 300 克 **辅料**：胡萝卜 80 克，西芹 50 克，蚝油 10 克，酱油 15 克，白糖 8 克，黄酒 15 克，生粉 30 克
酱焗梭子蟹	**主料**：梭子蟹 300 克 **辅料**：海鲜酱 10 克，糖 15 克，酱油 20 克，醋 15 克	干菜蒸大虾	**主料**：大虾 300 克，干菜末 50 克 **辅料**：姜末 10 克，胡椒粉 5 克，黄酒 20 克，味精 8 克，芝麻油 5 克
柠檬香烤鱼	**主料**：鲜鲳鱼 1 条（400 克） **辅料**：鲜柠檬汁 15 克，姜片 10 克，盐 10 克，黄酒 20 克，胡椒粉 5 克，味精 8 克	蟹粉橄榄鱼	**主料**：蟹黄 100 克，鱼 1 条（500 克） **辅料**：蛋清 30 克，姜汁水 8 克，生粉 40 克
新派虾爆鳝	**主料**：黄鳝片 500 克，虾仁 150 克 **辅料**：青豆 30 克，猪网油 100 克，蒜泥 10 克，白糖 70 克，酱油 30 克，生粉 100 克，米醋 10 克	虾爆鳝背	**主料**：浆虾仁 100 克，生净鳝鱼肉 200 克 **辅料**：米醋 15 克，面粉 25 克，黄酒 10 克，湿淀粉 25 克，酱油 15 克，芝麻油 15 克
钵酒焗石蚝	**主料**：优质大生蚝 250 克 **辅料**：生菜 10 克，粉丝 10 克，蒜泥 8 克，红酒 20 克，生抽 15 克，蚝油 3 克，脆炸糊 15 克，湿淀粉 15 克	白沙红蟹	**主料**：红膏蟹 2 只（300 克） **辅料**：干辣椒 3 克，葱 5 克，生粉 100 克，五香调料 50 克
芙蓉水晶虾	**主料**：浆虾仁 200 克 **辅料**：鱼茸 20 克，菜心 50 克，葱段 10 克，黄酒 15 克	香叶焗肉蟹	**主料**：红花蟹或青蟹三只（400 克） **辅料**：芹菜末 50 克，葱 5 克，辣椒 5 克，香叶 10 克，茴香、桂皮粉、酱油各 10 克，XO 酱 8 克
木瓜瑶柱盅	**主料**：木瓜 500 克 **辅料**：上等瑶柱 30 克，火腿 40 克，上汤 300 克	珍珠日月贝	**主料**：日月贝 10 颗（700 克） **辅料**：鱼子酱 20 克，西米 20 克，蒜蓉 10 克

菜肴名称	主要原料	菜肴名称	主要原料
莲子焖鲍鱼	主料：十六头水发极品鲍鱼10个，仔排400克，老母鸡1只（1500克），蹄子1只（500克） 辅料：火腿50克，穿心莲100克，菜心100克，葱、姜各20克，黄酒30克	蟹汁鳜鱼	主料：大鳜鱼1条（850克） 辅料：葱、姜各15克，鸡蛋清30克，牛奶50克，青蟹肉100克，熟猪油50克，料酒25克，鸡清汤300克，蟹茸、火腿茸各20克
蒜香蛏鳝	主料：蛏子肉200克，黄鳝1条（400克） 辅料：红椒丝、蒜蓉、葱丝各5克，胡椒粉3克，味精5克，美极酱油10克，芝麻油5克，高汤300克	蒜香蛏鳝	主料：蛏子肉200克，黄鳝1条（400克） 辅料：红椒丝、蒜蓉、葱丝各5克，胡椒粉3克，味精5克，美极酱油10克，芝麻油5克，高汤300克
鸳鸯双味	主料：银鳕鱼1条（3000克） 辅料：豆腐皮50克，西兰花100克，火腿末50克，干贝末30克，鸡蛋清100克，面包粉300克	白玉遮双黄	主料：膏蟹1只200克 辅料：鱼茸20克，咸蛋黄20克，蛋清30克，姜5克，黄酒10克
铁板锡纸黄鱼肉	主料：舟山黄鱼取肉250克 辅料：洋葱150克，锡纸1张，蚝油5克，料酒10克，酱油10克，糖5克，生粉20克	西芹扇贝	主料：扇贝肉250克 辅料：西芹100克，蚝油5毫升，绍酒3毫升，姜花10克，湿淀粉10克，色拉油500毫升
白玉赛螃蟹	主料：鸡蛋清4个，虾仁、瑶柱各50克 辅料：肉松20克，蟹黄10克，葱丝10克，料酒8克，香油5克	XO酱鲈鱼	主料：鲈鱼200克 辅料：葱末20克，酱油10克，蒜末5克，芝麻粉1克，柠檬10克，黄瓜20克，泡开的粉条10克
钱江鲻鱼	主料：净鲻鱼1条（1000克） 辅料：豉椒油10克，味精8克，黄酒20克，葱丝、姜丝各10克	秘制红烧墨鱼	主料：水发墨鱼400克 辅料：熟火腿片45克，水发玉兰片（切小片）20克，蘑菇片20克，油菜心60克，料酒10克，酱油5克，水豆粉15克，鲜汤200克，熟猪油70克

水产类	菜肴名称	主要原料	菜肴名称	主要原料
	菊花鲈鱼	主料：鲈鱼肉 150 克 辅料：菊花 15 克，黄酒 6 克，白糖 1.5 克，素油 500 克（实耗 40 克），淀粉 30 克，麻油 10 克	虾子焗鳜鱼	主料：鳜鱼 1 条（1500 克），虾子 100 克 辅料：酱油 50 克，白糖 10 克
	蟹黄豆乳	主料：净蟹黄 50 克 辅料：鸡蛋清 5 个，豆浆 250 毫升，绍酒 10 毫升，精盐 4 克，湿淀粉 60 克，味精 2.5 克，熟鸡油 15 毫升，色拉油 1000 毫升，姜汁 25 毫升	运河手剥河虾	主料：河虾 200 克 辅料：盐 5 克，姜片 10 克，料酒 20 克

蔬食类	菜肴名称	主要原料	菜肴名称	主要原料
	麻油笋干	主料：天目笋干 150 克 辅料：芝麻油 30 克	三丝炒水芹	主料：水芹菜 300 克 辅料：精盐 3 克，豆干 50 克，笋 30 克，湿淀粉 10 克，里脊肉 50 克，绍酒 10 毫升，熟猪油 50 克
	百花豆腐	主料：豆腐 300 克 辅料：鱼茸 30 克，咸蛋黄 50 克，香菇 30 克，笋 30 克，臭豆腐 40 克，豆腐皮 30 克，芝麻 10 克	酱瓜炒黄瓜	主料：双插瓜 150 克，黄瓜 200 克 辅料：红椒 15 克，盐 5 克
	蜜汁酥藕	主料：嫩藕 400 克，糯米 150 克 辅料：黄酒 30 克，冰糖 20 克，白糖 15 克	蝉衣清香卷	主料：豆腐皮 200 克 辅料：臭豆腐 20 克，火腿末 30 克，笋末 20 克，葱末 20 克
	豆苗兰花笋	主料：春笋尖 200 克，豆苗 100 克 辅料：鱼茸 20 克，火腿末 30 克，姜末 10 克，黄酒 10 克，食用油 75 克，高汤 50 克，生粉 50 克	金银萝卜	主料：白萝卜 500 克 辅料：糖桂花 12 克、食盐 200 克、米醋 65 毫升、白醋 50 毫升、绵白糖 90 克

菜肴名称	主要原料	菜肴名称	主要原料
香脆八宝鸡	主料：豆腐皮 30 张（1500 克） 辅料：白糖 3 克，水发冬菇 75 克，鲜蘑菇 75 克，素火腿 75 克，腐皮素鸡 75 克，素汁汤 50 克，熟笋肉 75 克，八角茴香汁 5 克，通心熟莲子 75 克，熟白果肉 75 克，熟栗子肉 75 克	冬笋炒菜梗	主料：熟冬笋 150 克，冬腌菜梗 200 克 辅料：红椒片 50 克，黄酒 2 克，食用油 50 克，白糖 2 克
家常冬笋片	主料：生净冬笋肉 200 克 辅料：精盐 1.5 克，水发冬菇 75 克，味精 2 克，素汁汤 100 克，湿淀粉 15 克，酱油 10 克，芝麻油 15 克，白糖 5 克，食用油 25 克	冬菇莲子	主料：水发冬菇 175 克 辅料：通心莲子 100 克，青椒 25 克，湿淀粉 20 克，黄酒 10 克，芝麻油 10 克，酱油 5 克，食用油 15 克
冬菇地力	主料：水发冬菇（大小均匀）100 克，净地力（荸荠白）200 克 辅料：白糖 3 克，精盐 0.5 克，味精 1.5 克，青椒 25 克，湿淀粉 5 克，黄酒 5 克，芝麻油 15 克，酱油 10 克，食用油 50 克	苜蓿腐皮卷	主料：鲜苜蓿 300 克，水发黑木耳 100 克，豆腐皮 12 张（600 克） 辅料：精盐 5 克，味精 3 克，食用油 500 克，芝麻油 5 克
香椿煎豆腐	主料：嫩豆腐 500 克 辅料：笋片 50 克，香椿 50 克，黄酒 15 克，芝麻油 15 克，酱油 25 克	糖醋裙带菜	主料：鲜裙带菜 400 克 辅料：浙醋 10 克，蒜泥 20 克，酱油 50 克，干淀粉 50 克，芝麻油 25 克，白糖 60 克，食用油 500 克
香枣佛手	主料：熟香肠枣 100 克，佛手瓜 250 克 辅料：味精 3 克，湿淀粉 5 克，精盐 3 克，食用油 800 克，黄酒 3 克	香炸土豆饼	主料：熟土豆泥 500 克 辅料：面粉 30 克，葱末 10 克，花椒粉 3 克，火腿末 15 克，胡椒粉 3 克，精盐 4 克，味精 4 克
豌豆鸡枞	主料：净水发鸡枞 150 克，豌豆 100 克，咸肉 75 克 辅料：味精 3 克，精盐 3 克，高汤 200 克，黄酒 3 克，食用油 50 克	蜜汁枇杷	主料：大枇杷 20 颗（380 克） 辅料：红樱桃 10 颗（120 克），白糖 80 克，瓜子仁 10 克，糖桂花 2 克，百果粒 25 克，湿淀粉 30 克

菜肴名称	主要原料	菜肴名称	主要原料
山家三脆	主料：嫩笋 100 克，小香菇 100 克，枸杞头 100 克 辅料：熟麻油 8 克，酱油 10 克	糖醋面筋	主料：生面筋 125 克，大荸荠 550 克 辅料：白糖 25 克，熟笋肉 50 克，醋 25 克，豌豆 25 克，湿淀粉 20 克
发菜素丸子	主料：水发发菜 50 克，嫩豆腐 250 克 辅料：水发香菇 25 克，蘑菇 25 克，干淀粉 25 克，卤烤麸 25 克，湿淀粉 5 克，熟笋肉 25 克，素汁汤 150 克，芝麻油 10 克	炸苔菜	主料：苔菜 50 克 辅料：面粉 150 克，小苏打 0.5 克，熟菜油 75 克，甜面酱 5 克
糖醋鲜藕	主料：鲜藕 250 克 辅料：面粉 100 克，醋 20 克，素汁汤 100 克，味精 2 克，湿淀粉 15 克，酱油 15 克，白糖 25 克，熟菜油 75 克，芝麻油 10 克	锅烧豆腐	主料：嫩豆腐 200 克 辅料：肉末 15 克，面粉 25 克，芝麻油 15 克，葱花 5 克，冻猪油 10 克，香菜 10 克，胡椒粉 5 克，甜面酱 10 克，黄酒 4 克，熟猪油 100 克，精盐 2.5 克
莲蓬豆腐	主料：嫩豆腐 100 克 辅料：鸡茸 100 克，莼菜 250 克，豌豆 25 克，湿淀粉 5 克，青菜叶 250 克，熟鸡油 15 克，冻猪油 25 克，熟猪油 25 克	清炒豆苗	主料：生净豆苗 400 克 辅料：糟烧 15 克，熟花生油 25 克，芝麻油 15 克
春笋豌豆	主料：熟春笋尖 50 克，嫩豌豆肉 200 克 辅料：湿淀粉 5 克，熟鸡油 15 克，熟猪油 25 克，味精 2.5 克	裹烧萝卜	主料：净萝卜 200 克 辅料：鸡蛋 1 个（50 克），面粉 50 克，甜面酱 25 克，花椒 5 克，猪油 75 克
芙蓉菜心	主料：青菜 1000 克 辅料：鸡茸 200 克，熟火腿 15 克，干淀粉 5 克，水发香菇 20 克，葱末 5 克，熟鸡油 5 克，熟猪油 75 克	鸡油莴苣笋	主料：生净莴苣笋 400 克 辅料：湿淀粉 80 克，熟鸡油 25 克，熟猪油 50 克
冰糖银耳	主料：银耳 20 克，冰糖 175 克 辅料：蜜饯青梅 1 颗（5 克），樱桃 5 粒（20 克）	三丝炒水芹	主料：水芹菜 300 克，豆干 50 克，笋 30 克，里脊肉 50 克 辅料：湿淀粉 10 克，黄酒 10 克，熟猪油 50 克

菜肴名称	主要原料	菜肴名称	主要原料
文武笋	主料：莴笋 200 克，春笋 200 克 辅料：熟鸡油 25 克，白汤 200 克，味精 2 克，湿淀粉 15 克，熟猪油 15 克	葱爆小土豆	主料：去皮熟小土豆 350 克 辅料：小葱 50 克，酱油 30 克，黄酒 20 克，糖 10 克，熟猪油 10 克，麻油 5 克
糟油茭白	主料：生净嫩茭白 300 克 辅料：香糟汁 50 克，芝麻油 10 克，湿淀粉 25 克，食用油 25 克	火蒙丝瓜	主料：丝瓜 300 克 辅料：熟火腿末 15 克，湿淀粉 15 克，熟鸡油 25 克，熟猪油 25 克
荷塘小炒	主料：嫩藕 200 克，莲子 50 克，水菱 50 克 辅料：青、红椒片各 10 克，湿淀粉 30 克	煎藕夹	主料：藕 250 克，猪肉末 10 克 辅料：葱末 20 克，姜末 10 克，盐 4 克，料酒 5 克，淀粉 30 克，鸡蛋 3 只（150 克），花生油 50 克
醋熘黄芽菜	主料：黄芽菜 350 克 辅料：白糖 25 克，黄酒 25 克，醋 25 克，酱油 50 克，淀粉 25 克，葱段 2 克，猪油 60 克，芝麻油 10 克，胡椒粉 5 克	腐皮油冬儿菜	主料：生净油菜 350 克，豆腐皮 30 克 辅料：芝麻油 10 克，熟菜油 40 克
春笋烤尖椒	主料：春笋尖 150 克，小青椒 50 克 辅料：酱油 10 克，白糖 8 克，麻油 5 克	炒三脆	主料：西芹 200 克，酸菜 50 克，水菱肉 150 克 辅料：盐 5 克，鸡精 5 克
随便素小炒	主料：嫩藕 400 克，鲜莲 50 克，嫩南瓜 300 克，芦笋 100 克 辅料：麻油 10 克，生粉 30 克	果仁仔排	主料：仔排 300 克，腰果粒 30 克，松子 30 克，花生 20 克 辅料：葱花 10 克，蒜泥 5 克，雀菜 10 克，排骨酱 5 克，生粉 30 克，柠檬 1 个（30 克）
南宋素双宝	主料：豆腐皮 75 克，笋干丝 100 克，西葫芦 200 克 辅料：麻油 50 克，食用油 100 克	松仁素果	主料：奉化香芋 80 克，松子 20 克 辅料：火腿末 15 克，干贝末 10 克，大青尖椒 15 克

菜肴名称	主要原料	菜肴名称	主要原料
开洋冻豆腐	主料：开洋 20 克，板豆腐 100 克 辅料：老母鸡 1 只（1000 克），火腿 200 克，海鲜料 50 克，文蛤汤 150 克	鸡汤煨木耳	主料：鸡肉 300 克，黑木耳（发好）250 克 辅料：精肉 150 克，香芹 25 克，红萝卜条 20 克，鱼露 2 克，鸡粉 1 克
春江一品豆腐	主料：豆腐皮 1 张，豆腐脑 500 克 辅料：水发玉兰片、水发鱼骨各 25 克，水发冬菇 3 个，熟白肉 50 克，鲜豌豆、发好的干贝、火腿、熟虾仁、水发海参、熟白鸡肉各 50 克，蛋清 2 个，猪油 40 克，酱油 15 克，姜汁 8 克	金瓜藏珍	主料：金瓜 1 个（700 克），糯米 200 克 辅料：湿香菇 10 克，鸡肫 100 克，虾米 5 克，腊肠 50 克，鸡肉 100 克，熟莲子 100 克，芹菜末 20 克，鸡粉 8 克，麻油 2 克，熟猪油 20 克，上汤 100 克，生粉 5 克
西湖莲藕铺	主料：鲜藕 300 克 辅料：香肠 30 克，莲子、干贝、鱼茸各 20 克，西芹 10 克，白糖 10 克，胡椒粉 8 克	琥珀冬瓜	主料：冬瓜 2000 克，鲜火腿 300 克 辅料：上汤 1000 克，鸽蛋 8 个（120 克），西红柿 2 个（300 克），黄酒 50 克
山药素烧鹅	主料：豆腐皮 30 张、山药 200 克 辅料：芝麻油 10 毫升、酱油 25 毫升、味精 2 克、熟菜油 750 毫升		

菜肴名称	主要原料	菜肴名称	主要原料
石鸡瓜盅	主料：小冬瓜半只（1000 克），净石鸡 600 克 辅料：高汤 250 克，黄酒 10 克，带皮金华火腿 80 克，水发香菇 50 克，姜丝 5 克，花椒 5 粒	西湖一品煲	主料：水发鱼翅 100 克，水发刺参 50 克 辅料：瑶柱 10 克，鲍鱼、鱼肚 10 克，本鸡 20 克，熟火踵 10 克，冬笋 10 克，西湖莲子 10 克
七宝羹	主料：鲜时笋肉 50 克，鳜鱼肉 50 克，绿色时菜 80 克，净鸭肫 50 克，净肚仁 50 克，水发海参 50 克，水发香菇 25 克，猴头菇 50 克 辅料：黄酒 20 克，湿淀粉 30 克，熟鸡油 20 克	螃蟹清羹	主料：螃蟹 750 克 辅料：白菊花 5 朵，姜末 8 克，蟹肉 50 克，黄酒 10 克，精盐 5 克，湿淀粉 50 克

汤羹类	菜肴名称	主要原料	菜肴名称	主要原料
	三脆羹	**主料**：鲜时笋肉 100 克，鲜草菇 100 克，金针菇 100 克 **辅料**：湿淀粉 30 克，熟猪油 10 克	玉糁羹	**主料**：白萝卜 500 克，米 200 克 **辅料**：盐 8 克
	之江鲈莼羹	**主料**：鲈鱼肉 150 克，莼菜 200 克 **辅料**：熟火腿丝 10 克，熟鸡丝 25 克，鸡蛋清 1 个 30 克，葱丝 5 克，陈皮丝 5 克，胡椒粉 5 克，清汤 200 克，姜汁水 5 克，黄酒 15 克，淀粉 25 克，熟猪油 50 克，熟鸡油 10 克	鲜蘑菇炖豆腐	**主料**：嫩豆腐 500 克，鲜蘑菇 100 克 **辅料**：酱油 10 克，熟笋片 25 克，素汁汤 400 克，芝麻油 5 克，黄酒 5 克
	鲜果明珠羹	**主料**：时鲜水果 150 克 **辅料**：糖桂花 2 克，干明珠 50 克，白糖 175 克，玫瑰花 3 瓣，干淀粉 15 克	火腿鱼片汤	**主料**：鳜鱼肉 100 克 **辅料**：熟火腿（上方）25 克，蛋清 1 个，清汤 500 克，绿蔬菜 5 克，湿淀粉 5 克，黄酒 5 克，熟鸡油 5 克，姜汁水 5 克
	火腿冬瓜汤	**主料**：净冬瓜 500 克 **辅料**：精盐 3 克，熟火腿（上方）50 克，清汤 750 克	开洋萝卜丝汤	**主料**：净萝卜 150 克 **辅料**：开洋 15 克，葱段 5 克，熟鸡油 10 克，黄酒 5 克，熟猪油 25 克
	百子三鲜冬瓜盅	**主料**：熟鸡肉丁 100 克，浆虾仁 100 克，熟火腿 60 克 **辅料**：蛋清 3 个，鱼茸 250 克，小冬瓜 1 个（约重 750 克），绿蔬菜 5 克，鸡汤 25 克，黄酒 5 克，火腿皮 1 张，熟鸡油 10 克，熟猪油 25 克	口蘑锅巴汤	**主料**：粳米锅巴 100 克，水发口蘑 100 克 **辅料**：豆苗 20 克，芝麻 10 克，黄酒 3 克，热菜油 100 克
	莲枣香糯粥	**主料**：糯米 50 克，紫香糯 50 克，红枣 50 克，通心莲子 25 克 **辅料**：白糖 150 克	肉骨头粥	**主料**：糯米 250 克，猪肉筒骨 1000 克 **辅料**：葱末 8 克，胡椒粉 5 克，大米 250 克
	珍珠鲍鱼羹	**主料**：鲍 50 克，鱼茸 20 克 **辅料**：红花 2 克，蛋清 5 克，姜汁 3 克，盐 2 克	树花炖土鸡	**主料**：本鸡 1500 克 **辅料**：水发灰树花 50 克，火踵片 2 克，葱结 5 克，姜、绍酒、精盐、味精等

汤羹类	菜肴名称	主要原料	菜肴名称	主要原料
	海鲜砂锅	主料：水发鳖裙 100 克，鲜鱿鱼 150 克 辅料：水发鱼肚 100 克，水发海参 100 克，粉皮 200 克，水发干贝 100 克，绍酒 10 毫升，火腿片 50 克，精盐 10 克，大草虾肉 100 克，冬笋片 100 克，胡椒粉 3 克，胶菜心 250 克	三鲜砂锅	主料：熟鸡肉 50 克，鲜河虾 50 克，肉圆 6 颗 辅料：水发肉皮 100 克，鱼圆 6 颗，水发粉丝 100 克，熟火腿片 15 克，清汤适量，熟猪肚 50 克，绍酒 5 毫升，熟笋肉 25 克，大白菜 250 克，熟猪油 25 毫升
	七味羹	主料：糯米 50 克，小米 25 克 辅料：赤豆 15 克，莲子、米仁、杏仁、生粉、桃仁、桂花、玫瑰花、青梅各 5 克，冰糖 100 克	东坡二红饭	主料：红米 250 克，赤豆 100 克
	杏仁粥	主料：粳米 100 克 辅料：杏子 250 克，白糖 150 克	桃花粥	主料：粳米 100 克 辅料：松仁 5 克，瓜仁 5 克，鲜桃花 25 克，白糖 50 克
	米汤时苋	主料：生净苋菜 400 克，米汤 150 克 辅料：熟花生油 25 克，干贝 20 克，精盐 3 克，芝麻油 15 克	西湖鲜莲汤	主料：新鲜莲子 150 克 辅料：玫瑰花 1 瓣，白糖 200 克
	豆粥	主料：红豆 50 克，粳米 100 克	上汤肫花	主料：净鸭肫 600 克 辅料：熟鸡油 10 克，青菜心 10 棵，金华火腿片 50 克，黄酒 10 克，胡椒粉 2 克，姜、葱各 5 克
	四美羹	主料：莼菜 100 克，草鱼肚档 100 克，鲜香菇 100 克 辅料：黄酒 8 克，湖蟹黄 30 克，姜丝 5 克，熟猪油 50 克，湿淀粉 25 克	烩虾蟹羹	主料：浆虾仁 100 克，全蟹肉 100 克 辅料：米醋 15 克，酱油 10 克，鸡蛋 1 个（50 克），熟火腿末 5 克，湿淀粉 25 克，葱段 15 克，熟猪油 20 克，黄酒 15 克
	黄鱼鸭血羹	主料：黄鱼肉 150 克，熟鸭血 1/2 块（80 克） 辅料：胡椒粉 3 克，香菜末 5 克，蛋清 2 个（100 克），湿淀粉 20 克，高汤 750 克，黄酒 10 克	冬瓜鳖裙羹	主料：嫩冬瓜 500 克，大甲鱼裙边 200 克 辅料：干贝 20 粒，鸡汤 500 克，熟猪油 500 克，黄酒 10 克，葱结 10 克

汤羹类 菜肴名称	主要原料	菜肴名称	主要原料
竹荪龙脑羹	主料：水发竹荪50克，猪脑100克 辅料：胡椒粉5克，鸭血50克，咸鸭黄1个，湿淀粉20克，香菜末25克，黄酒5克，浙醋20克，鸡蛋清1个（30克）	南肉蚌脯煲	主料：猪咸肋肉150克，净蚌脯200克 辅料：味精3克，黄酒3克，净春笋100克，葱结30克，姜块20克，胡椒粉2克
萝卜仔排煲	主料：仔排250克，萝卜500克 辅料：葱结50克，胡椒粉3克，黄酒50克，精盐10克	斩鱼圆	主料：净草鱼肉425克 辅料：黄酒15克，熟火腿20克，水发冬菇1朵，姜汁水适量，熟猪油20克，葱段5克，熟鸡油10克
鸽蛋丸子	主料：鱼茸500克，熟咸蛋黄150克 辅料：姜汁5克，清汤750克，精盐4克	金腿炖鳝鸽	主料：净肉鸽1只（400克），火腿脚踵50克，去骨鳝背200克 辅料：菜心8棵，精盐4克，胡椒粉3克，姜、葱各5克，黄酒5克，食用油500克
菜头鞭笋河虾汤	主料：河虾200克，鞭笋100克 辅料：干菜头25克，姜片5克，胡椒粉2克，黄酒3克	春兰秋菊露	主料：芒果肉250克，香梨肉400克，甜橙肉150克，苹果肉200克，龙眼肉250克，梅子肉150克 辅料：冰糖250克，湿生粉100克，枸杞20克
大雪养生汤	主料：天山雪莲籽75克，老鸽700克 辅料：火腿50克，虫草花20克，姜片10克，葱10克，花雕酒5克	全家福	主料：熟鸡肉50克，鲜河虾50克，大白菜250克，水发肉皮100克 辅料：肉圆90克，鱼圆90克，杏鲍菇80克，水发粉丝100克，熟火腿片15克，熟猪肚50克，蛋饺80克，黄酒5克，熟猪油25克
人参煲鸡	主料：净小母鸡1000克，东北人参100克 辅料：绿蔬菜200克，葱30克，姜20克，黄酒30克	上汤煲海鲜	主料：水发鳖裙200克，水发干贝150克，油发鱼肚80克，鲍贝80克，水发海参100克 辅料：火腿40克，基围虾30克，水发粉条80克，青豆粟米40克，黄酒30克，胡椒粉5克

汤羹类	菜肴名称	主要原料	菜肴名称	主要原料
	竹荪肝膏汤	主料：鸡肝 100 克，水发竹荪 150 克 辅料：菜心 50 克，香菇 40 克，蛋清 30 克，姜汁水 5 克，清汤 200 克	冬茸鱼蛋羹	主料：墨鱼蛋 300 克 辅料：干贝 80 克，冬瓜 150 克，蛋清 30 克，香菜 8 克，黄酒 30 克，盐 5 克，生粉 40 克
	鸭血猪脑羹	主料：鸭血 100 克，猪脑 50 克，熟咸蛋黄 40 克 辅料：香菜末 10 克，蛋清 30 克，盐 5 克，胡椒粉 3 克，生粉 20 克	清汤竹荪	主料：水发竹荪 200 克 辅料：虾泥 20 克，火腿末 40 克，咸蛋黄 40 克，干贝 30 克
	春笋鳝鱼煲	主料：大黄鳝 150 克，春笋 50 克 辅料：咸肉 20 克，姜丝 8 克，黄酒 15 克，盐 5 克，菜油 20 克，胡椒粉	虎跑泉水松茸莲韵汤	主料：本鸡 500 克，松茸 50 克，鱼尾 100 克 辅料：青豆 25 克，新鲜莼菜 30 克，盐 25 克，汾酒 10 克，生姜 50 克
	湿地双味鱼笃鲜	主料：鳜鱼 300 克，腌鱼干 150 克，莴笋 100 克，春笋 100 克 辅料：生姜 30 克，盐 20 克	无名英雄	主料：野生鲫鱼 4 条（1500 克），时令鲜鱼 1 条（1000 克） 辅料：竹荪 300 克，胡椒粉 20 克
	杭州八味	主料：鸡肉、火腿、鳖裙、肚片、牛鞭、鸽蛋、萝卜共 500 克 辅料：黄酒 15 克，胡椒粉 5 克，味精 5 克	四季开胃羹	主料：鸭血 200 克，上汤 750 克 辅料：水淀粉 50 克，松花蛋 1 个 60 克，豆腐半块（80克），香菜碎 10 克，芹菜碎 10 克，香油 3 克

小吃类	菜肴名称	主要原料	菜肴名称	主要原料
	蜜汁山药饼	主料：山药 250 克，白糖 100 克 辅料：细沙 150 克，糯米粉 75 克，玫瑰花 5 瓣，糖桂花 10 克，熟猪油 75 克	酥蜜鲜果夹	主料：大苹果 2 个（350 克） 辅料：鸡蛋 2 个（100 克），玫瑰花 5 瓣，细沙 100 克，糖桂花 2 克，百果糖料 50 克，面粉 50 克，蜜饯青梅 1 颗，熟猪油 100 克

菜肴名称	主要原料	菜肴名称	主要原料
八宝山药泥	主料：山药 500 克 辅料：莲子 10 颗 20 克，核桃仁 25 克，香榧子 4 颗（8 克），蜜枣 3 颗（12 克），细沙 100 克，蜜饯青梅 1 颗（2 克），白糖 200 克，樱桃 5 颗，湿淀粉 10 克，松仁 2.5 克，熟猪油 60 克	杏仁豆腐	主料：甜杏仁 100 颗（100 克），苦杏仁 100 颗（100 克） 辅料：糖桂花 15 克，琼脂 15 克，鲜牛奶 100 克，玫瑰花瓣 5 克，白糖 1500 克
酿枇杷	主料：大枇杷 20 颗（350 克） 辅料：瓜子仁 5 克，百果糖料 25 克，细沙 50 克，白糖 100 克，湿淀粉 15 克	炒三泥	主料：净山药（或莲子）250 克，新蚕豆肉（或大豆）250 克 辅料：玫瑰花 2 瓣，糖桂花 1.5 克，红枣 350 克，白糖 350 克，青菜叶适量，熟猪油 75 克
荤素包	主料：精白面粉 250 克，猪夹心肉 200 克，荠菜（或其他蔬菜）500 克 辅料：发酵粉 10 克，芝麻油 25 克，熟笋 50 克，猪油 150 克	酥皮蛋黄包	主料：精白面粉 300 克，咸蛋黄 3 个（30 克） 辅料：发酵粉 10 克，熟猪油 25 克，莲蓉馅 30 克
喉口包	主料：精白面粉 250 克，猪夹心肉 250 克 辅料：葱末 50 克，发酵粉 10 克，酱油 15 克，味精 5 克	菊花烧卖	主料：精白面粉 100 克，猪夹心肉 150 克 辅料：火腿末 10 克，鸡蛋 1 个（50 克），黄酒 10 克
葱油火腿卷	主料：精白面粉 250 克 辅料：发酵粉 10 克，火腿末 10 克，食用油 15 克，葱末 15 克	枣泥香酥饺	主料：精白面粉 200 克，枣泥馅 180 克 辅料：熟猪油 65 克，食用油 500 克
五彩蒸馄饨	主料：精白面薄皮子 50 张，猪前腿肉末 200 克 辅料：蛋皮丝 20 克，紫菜 30 克，芝麻油 5 克，虾米 10 克	西湖酥饼	主料：精白面粉 250 克，猪夹心肉末 150 克 辅料：榨菜 75 克，鸡蛋液 30 克，食用油 70 克
葱油酥饼	主料：精白面粉 250 克，葱末 100 克 辅料：精制油 80 克，味精 5 克，黄酒 15 克，鸡蛋液 30 克，猪板油 150 克	重阳栗糕	主料：糯米粉 3500 克，粳米粉 1500 克 辅料：红曲米 50 克，板栗 750 克，白糖 750 克，猪板油 250 克

小吃类	菜肴名称	主要原料	菜肴名称	主要原料
	松仁薄荷糕	主料：糯米 250 克 辅料：红曲米 25 克，粳米 250 克，白糖 150 克，薄荷精 10 克，松仁肉 25 克	银丝卷	主料：发面 750 克 辅料：碱 10 克，白糖 75 克，精盐 5 克，泡打粉 5 克，食用油 100 克
	拔丝蜜橘	主料：黄岩无核蜜橘 3 只（300 克） 辅料：糖桂花 1.5 克，白糖 150 克，上白面粉 60 克，熟芝麻 5 克，芝麻油 10 克，湿淀粉 25 克	笑魇儿	主料：面粉 500 克，老面 100 克 辅料：白糖 100 克
	油煎江鱼饺	主料：低筋面粉 100 克，高筋面粉 150 克，鱼肉 500 克 辅料：精盐 10 克，黄酒 10 克，葱、姜末各 10 克	千层蒸饼	主料：低筋面粉 250 克，高筋面粉 250 克，老面 200 克 辅料：碱水 2 克，绵白糖 30 克，熟冻猪油 40 克
	八珍糕	主料：粳米粉 300 克，糯米粉 200 克 辅料：香菇、鲜笋、老南瓜各 20 克，盐 3 克，熟猪油 50 克，葱、姜各 10 克，火腿、虾仁、干贝、鸡肉、青豆各 100 克	剪花馒头	主料：低筋面粉 500 克，老面 200 克 辅料：莲蓉 200 克，熟肥肉丁 50 克，榄仁末 50 克
	糖火烧	主料：低筋面粉 500 克，猪油 150 克，绵白糖 250 克 辅料：金橘饼末 100 克，熟面粉 50 克，熟芝麻粉 50 克，芝麻粒 5 克	豆儿糕	主料：粳米粉 300 克，糯米粉 200 克 辅料：绵白糖 150 克，赤豆 100 克，绿豆 100 克
	糖榧饼	主料：面粉 100 克，老面 40 克 辅料：糖面粉（面粉与糖 1：1 炒制）50 克	肉饼	主料：五花猪肉末 300 克，面粉 250 克 辅料：葱 100 克
	烧饼	主料：面粉 250 克 辅料：白糖 100 克，白芝麻 20 克，猪油 30 克，饴糖水 20 克	水饺子	主料：面粉 250 克，大白菜 250 克，五花猪肉末 250 克 辅料：醋 10 克，酱油 5 克，盐 7 克，辣酱 25 克
	百果糕	主料：糯米粉 350 克，粳米粉 150 克 辅料：白砂糖 200 克，松仁、核桃仁、青梅、金橘饼、冬瓜条各 15 克	莲子糕	主料：糯米粉 200 克，粳米粉 300 克 辅料：白砂糖 150 克，去皮莲子 100 克

菜肴名称	主要原料	菜肴名称	主要原料
广寒糕	主料：黏米粉 300 克，糯米粉 200 克 辅料：绵白糖 150 克，干桂花 2 克，甘草 50 克，清水 250 克，桂花酱心馅 60 克	神仙糕	主料：糯米粉 500 克，米粉 750 克 辅料：胡萝卜汁 115 克，咖啡汁 115 克，菠菜汁 115 克，冷水 115 克
四喜酥	主料：低筋面粉 500 克 辅料：西瓜子仁、红樱桃、青梅、红瓜、蜜枣、金橘各 15 克，白芝麻 500 克，绵白糖 250 克，熟冻猪油 175 克，生猪板油 50 克，蛋清 2 只	生煎花顶角儿	主料：中筋面筋 500 克，净生羊肉 300 克，熟萝卜末 250 克，生猪臁肉 75 克 辅料：黄酒 15 克，酱油 30 克，芝麻油 15 克，京葱 50 克
糖薄脆饼	主料：低筋面粉 500 克，绵白糖 200 克 辅料：熟猪油 100 克，沸水 200 克，白芝麻 150 克，蛋清 50 克	太学馒头	主料：中筋面粉 500 克，老面 200 克，夹心猪肉 500 克 辅料：食用碱 2 克，花椒面 1 克，酱油 50 克，皮冻 250 克，黄酒 10 克，芝麻油 25 克，姜末 5 克，高汤 100 克
糍团	主料：糯米 500 克 辅料：大红袍赤豆 100 克，白芝麻 100 克，葡萄糖 250 克	莲心欢喜团	主料：糯米 500 克，莲子 100 克 辅料：白糖 250 克，熟猪油 50 克
圆子油	主料：糯米粉 400 克 辅料：澄粉 50 克，抹茶粉 15 克，白糖 150 克，熟猪油 75 克，核桃仁 100 克，芝麻 100 克，桂花干 2 克	四色馒头	主料：心里美萝卜 500 克，胡萝卜 500 克，菠菜 500 克，面粉 500 克 辅料：老面 150 克，可可粉 5 克，细沙 50 克，莲蓉 50 克，枣泥 50 克，木瓜馅 50 克
撑腰糕	主料：糯米粉 600 克，黏米粉 150 克，鲜荸荠 750 克 辅料：绵白糖 500 克，桂花干 5 克，食用油 50 克	五福饼	主料：面粉 500 克，猪油 150 克，芝麻馅 50 克，白果馅 50 克，五仁椒盐馅 50 克 辅料：莲蓉馅 50 克，奶黄馅 50 克，鸡蛋 1 只 50 克
百花糕	主料：黏米粉 300 克，糯米粉 200 克 辅料：绵白糖 150 克，清水 250 克，鲜蚕豆馅 100 克	胡麻饼	主料：面粉 500 克，猪油 50 克，猪板油 100 克 辅料：青梅 50 克，金橘饼 50 克，芝麻 100 克，绵白糖 100 克，鸡蛋 1 只 50 克

小吃类	菜肴名称	主要原料	菜肴名称	主要原料
	阿弧糕	**主料**：鲜乌饭叶 1000 克，糯米 500 克 **辅料**：白糖 100 克，樱桃 10 颗	蚕茧果	**主料**：黏米粉 450 克，糯米粉 50 克 **辅料**：清水 600 克，枣泥 500 克，椰丝 150 克，猪油 50 克
	灶君糕	**主料**：大红袍赤豆 500 克，低筋面粉 500 克，绵白糖 300 克 **辅料**：干酵母 10 克，发酵粉 10 克，熟猪油 50 克	莲花饼	**主料**：低筋面粉 1000 克，熟冻猪油 350 克，心里美萝卜汁 250 克 **辅料**：鲜蚕豆瓣 500 克，冰糖 200 克，食用油 50 克，食用碱粉 5 克
	小天酥	**主料**：鸡肉 250 克，糯米 500 克，鲜鹿肉 200 克 **辅料**：面酱 50 克，辣酱 25 克，酱油 50 克，熟猪油 50 克	莲蓬盏	**主料**：藕粉 250 克，冰糖 250 克 **辅料**：清水 600 克，莲子 150 克，红枣 200 克
	东坡麻糍	**主料**：糯米粉 350 克，黏米粉 150 克，黄豆 500 克 **辅料**：生猪板油 250 克，黑麻酱 220 克，绵白糖 450 克	凉粉卷	**主料**：澄粉 250 克，淀粉 50 克，糯米粉 50 克，季节笋丝 100 克 **辅料**：胡萝卜丝 50 克，芹菜丝 50 克，鸡蛋丝 100 克，精盐 5 克，食用油 25 克，熟猪油 3 克，胡椒粉 5 克
	菊蟹包	**主料**：低筋面粉 250 克，高筋面粉 100 克，熟冻猪油 40 克，净夹心精肉 300 克，净肥膘肉 150 克 **辅料**：发酵粉 5 克，绵白糖 30 克，酱油 25 克，生姜末 7 克，白糖 2 克，胡椒粉 1 克，黄酒 5 克，温开水 225 克，清皮冻 100 克，蟹黄蟹粉 100 克，熟猪油 25 克	立秋包	**主料**：低筋面粉 125 克，高筋面粉 125 克，干酵母 3 克 **辅料**：发酵粉 3 克，绵白糖 15 克，熟猪油 20 克，青菜 500 克，香菇 50 克，熟笋 100 克，豆腐干 2 块，面筋 50 克，食用油 50 克，麻油 25 克
	巨胜奴	**主料**：中筋面粉 500 克 **辅料**：盐 10 克，碱粉 5 克	八角酥	**主料**：面粉 500 克，细沙 250 克 **辅料**：猪油 100 克，鸡蛋 1 个（50 克），瓜仁 10 克，蜜枣 3 只（10 克）

菜肴名称	主要原料	菜肴名称	主要原料
槐叶冷淘	**主料**：面粉 500 克，菠菜 500 克 **辅料**：碱水 5 克，油 25 克，姜 5 克，蒜 5 克，葱 5 克，酱油 50 克	清风饭	**主料**：糯米 250 克，桂圆粉 50 克，牛酪浆 50 克 **辅料**：龙脑树胶（冰片）15 克，冰糖 30 克
子孙饽饽	**主料**：面粉 250 克 **辅料**：猪油 140 克，猪肉丁 50 克，虾仁 50 克，松仁 15 克，京葱 50 克，豆瓣酱 50 克	空心酥	**主料**：低筋面粉 500 克 **辅料**：熟冻猪油 200 克，糖粉 500 克，熟芝麻末 50 克，鸡蛋 50 克，熟花生米末 100 克，小苏打 2 克，嗅粉 3 克
百味馄饨	**主料**：中高筋面粉 500 克，菜汁 40 克，胡萝卜汁 40 克 **辅料**：普油水汁 40 克，清水 40 克，蛋清 2 个（100 克），猪肉笋 30 克，牛萝卜 30 克，鸡肉香菇 30 克，虾肉菠菜 30 克，蟹肉 30 克，黄酒 10 克，胡椒粉 8 克，芝麻油 25 克	元宝糕	**主料**：糯米粉 300 克，黏米粉 200 克 **辅料**：熟南瓜 300 克，绵白糖 50 克，大红袍赤豆 500 克，白砂糖 650 克，熟猪油 100 克
油饺儿	**主料**：面粉 100 克，夹心猪肉 50 克 **辅料**：黄酒 5 克，香油 10 克，盐 2 克	四季仙果卷	**主料**：猕猴桃、香蕉、芒果各 1 只，面包糠、鸡蛋、吉士粉、奇妙酱各 5 克
芋茸蟹黄球	**主料**：毛香芋 200 克，蟹粉（蟹肉、蟹黄各半）50 克 **辅料**：自制调料 20 克，干面粉 50 克	玫瑰蚕豆糕	**主料**：蚕豆 100 克，糯米粉 150 克 **辅料**：糖浆 10 克，干玫瑰花瓣 2 克，新鲜玫瑰花瓣 5 克，可可粉 15 克，糖桂花 5 克
翡翠香芋泥	**主料**：去皮香芋 300 克 **辅料**：蚕豆肉 40 克，可可酱 10 克，白糖 10 克	冬笋鲜肉烧卖	**主料**：烧卖皮 10 张 35 克，夹心肉 100 克，冬笋 50 克 **辅料**：酱油 5 克，水 5 克
时蔬腐衣卷	**主料**：豆腐皮 200 克，胡萝卜 100 克 **辅料**：冬笋 50 克，金针菇 70 克，酱油 30 克，麻油 8 克	龙井抹茶麻糍卷	**主料**：糯米粉 100 克，龙井茶 2 克 **辅料**：抹茶粉 10 克，花生 30 克，红糖 8 克，白芝麻 5 克
香煎金桂马蹄糕	**主料**：荸荠 6 个（100 克），荸荠粉 50 克 **辅料**：桂花 3 克，白糖 8 克	明珠香芋饼	**主料**：虾茸 50 克，鱼茸 50 克，咸蛋黄 50 克，香芋 100 克 **辅料**：松仁 30 克，芹菜茎 20 克

菜肴名称	主要原料	菜肴名称	主要原料
油包儿	主料：面粉 500 克、老面 100 克 辅料：白糖 100 克、碱水 2 毫升、肥膘肉 250 克、葱 150 克	萝卜干麦糊烧	主料：面粉 100 克 辅料：鸡蛋 50 克，葱花 8 克，食盐 3 克，萝卜干 20 克
酥儿印	主料：面粉 50 克 辅料：黄豆粉 50 克，绵白糖 25 克	雪花酥	主料：低筋面粉 500 克 辅料：蛋清 200 毫升，熟冻猪油 150 克，冰糖粉末 200 克

菜肴名称	主要原料	菜肴名称	主要原料
虾仁莼菜	主料：鲜莼菜 500 克，浆虾仁 75 克 辅料：芝麻油 10 克，精盐 1.5 克	腐皮葱花肉	主料：猪腿肉 150 克，鸡蛋 2 个（100 克），富阳豆腐皮 6 张（600 克） 辅料：黄酒 5 克，葱花 75 克，面粉 50 克，花椒盐 4 克，甜面酱 6 克，湿淀粉 25 克，食用油 750 克
八宝酿肚	主料：生猪肚 1 只（300 克），糯米 300 克 辅料：精盐 15 克，黄酒 50 克，鸡丁 25 克，虾仁 25 克，生姜 5 克，火腿丁 25 克，味精 5 克，豌豆 25 克，粟米 25 克，茴香、桂皮各 5 克，水发香菇丁 25 克，芝麻油 25 克，嫩笋丁 25 克	蟹粉扒豆腐	主料：蟹粉 100 克，鸡蛋 4 个（200 克），嫩豆腐 1 块（300 克） 辅料：面粉 50 克，姜末、葱末各 5 克，干淀粉 50 克，酱油 6 克，黄酒 3 克
知味鲍鱼	主料：鲍鱼 10 只（900 克），肘子 500 克，仔排 500 克 辅料：火腿 250 克，黄酒 100 克，姜 50 克，老母鸡 1000 克	西芹扇贝	主料：扇贝肉 250 克，西芹 100 克 辅料：蚝油 5 克，姜花 10 克，高汤 50 克，湿淀粉 10 克，胡椒粉 2 克
鸡茸鱼肚	主料：水发鱼肚 250 克，鸡茸 100 克 辅料：味精 2.5 克，清汤 350 克，熟火腿末 15 克，葱段 10 克，熟鸡油 15 克，黄酒 15 克	马苋猪肝	主料：鲜马齿苋 300 克 辅料：猪肝 150 克，湿淀粉 20 克，姜末 10 克，黄酒 3 克

其他类	菜肴名称	主要原料	菜肴名称	主要原料
	苦苣肚丝	主料：山莴苣（即苦苣）300克，生净肚尖100克 辅料：湿淀粉10克，姜丝10克，黄酒5克，干红椒丝5克	抹肉笋签	主料：时令春笋1000克 辅料：黄酒5克，猪里脊肉150克，鸡汤200克
	韭芽鸡丝	主料：生鸡脯肉150克，韭芽150克 辅料：熟火腿丝5克，湿淀粉15克，蛋清1个，精盐2克，食用油500克，黄酒10克	八宝酱丁	主料：猪里脊100克，熟春笋肉100克，青豆肉100克，浆虾仁100克 辅料：香干100克，黄酒5克，蹄筋50克，湿淀粉10克，熟肚50克，芝麻油10克，红椒丁50克，豆瓣酱50克
	干烧臭豆腐	主料：臭豆腐5块（300克），猪肉末100克 辅料：豆瓣酱35克，红椒末10克，黄酒10克，笋末50克，味精4克，大蒜末25克，辣油5克，姜末15克，葱末10克	家常小炒	主料：浆虾仁100克，净莴笋75克 辅料：粟米25克，黄酒2克，鸡腿菇50克，湿淀粉3克，红椒25克，清汤50克，精盐5克
	春笋南肉鳝	主料：大黄鳝300克，净春笋150克，五花南肉（咸肉）150克 辅料：精盐5克，姜片15克，葱结15克，胡椒粉少许，黄酒20克	虾子茄段	主料：鲜茄子750克 辅料：酱油7.5克，干虾子5克，湿淀粉5克，水发香菇50克，葱段2克，芝麻油10克，精盐1.5克
	裹烧茄子	主料：茄子500克，鱼茸200克，火腿100克 辅料：葱末25克，精盐5克，胡椒粉1克，淀粉15克	白鲞南瓜丝	主料：黄鱼鲞50克，嫩南瓜250克 辅料：红椒末10克，黄酒3克，姜末3克，精盐4克

菜肴名称	主要原料	菜肴名称	主要原料
爆双脆	主料：去皮净鸭肫 125 克 辅料：精盐 1.5 克，净肚尖 125 克，蒜末 5 克，虾油 8 克，湿淀粉 15 克，黄酒 10 克，食用油 500 克	决明兜子	主料：特制粉皮 5 张（200克），鲍鱼肉 100 克 辅料：生净鸡脯 50 克，浆虾仁 50 克，火腿 25 克，水发香菇 25 克，葱白 10 克，鲜时笋肉 50 克，青豆 25 克
两色腰子	主料：猪腰 2 只（250 克），鸡腰 150 克 辅料：精盐 10 克，黄酒 5 克，冬菇片 25 克，冬笋片 25 克，鸡蛋 1 个，花椒盐 2 克，湿淀粉 100 克，熟猪油 50 克，姜汁 1 克，食用油 350 克	荤素签	主料：精肉 100 克，笋肉 50 克，豆腐皮 3 张（200 克） 辅料：香干 2 块（30 克），水香菇 25 克，金针菇 25 克，蛋清 2 个（60 克），黄酒 15 克，酱油 20 克，麻油 10 克，湿淀粉 50 克
江珧煠肚	主料：江珧 300 克，熟肚头 150—200 克、鸡蛋清 1 个（30 克） 辅料：盐 4 克，湿淀粉 20 克，黄酒 15 克	水晶脍	主料：猪后腿肉皮 500 克，杀白鸡 500 克 辅料：小葱 50 克，陈皮 3 克，姜丝 50 克，花椒 2 克
莲房鱼包	主料：新鲜嫩莲蓬 6 只（280克），鳜鱼 1 条 500 克 辅料：黄酒 20 克，精盐 8 克，胡椒粉 5 克，葱、姜各 10 克	肫掌签	主料：鸡肫 6 只（300 克），白菜 250 克，猪网油 250 克，鸡蛋 2 只（100 克） 辅料：盐 5 克，糖 10 克，酒 15 克
芙蓉肉	主料：猪里脊肉 250 克，鲜虾仁 24 只（50 克） 辅料：生猪板油 100 克，熟火腿瘦肉 10 克，青菜心 25 克，香菜叶 25 克，姜丝 5 克，花椒 1 克，酒酿汁 50 克，黄酒 25 克，辣酱油 10 克，干淀粉 5 克，熟菜油 25 克，芝麻油 25 克	炸鱼签	主料：生净鳜鱼肉 200 克，豆腐皮 4 张（300 克） 辅料：水发香菇 25 克，笋肉 25 克，葱丝 5 克，姜丝 5 克，蛋清 1 个（30 克），姜 30 克，湿淀粉 40 克，黄酒 20 克

菜肴名称	主要原料	菜肴名称	主要原料
旋酢	主料：熟羊肉 200 克 辅料：鲜时笋肉 50 克，水发香菇 50 克，姜末 8 克，黄酒 8 克，酱油 15 克，白糖 10 克，葱末 15 克，湿淀粉 40 克	樱桃肉	主料：绿蔬菜 100 克，生净猪五花条肉 400 克 辅料：葱 10 克，红曲米粉 21 克，黄酒 25 克，酱油 1.5 克，白糖 25 克，熟猪油 15 克
蟹粉蹄筋	主料：水发蹄筋 400 克，蟹粉 100 克 辅料：白糖 2.5 克，香菜叶 2.5 克，醋 1 克，葱段 1 克，姜末 1 克，湿淀粉 25 克，黄酒 15 克，熟猪油 50 克，酱油 14 克	玛瑙鸡片	主料：生鸡脯肉 100 克，豆腐皮 6 张（400 克） 辅料：水发香菇 15 克，荸荠 2 颗（30 克），蛋清 1 个（30 克），葱白 5 克，绿蔬菜 15 克，酱油 5 克，味精 2.5 克，湿淀粉 30 克，清黄酒 5 克，熟猪油 100 克，熟鸡油 10 克
豌豆炒虾仁	主料：浆虾仁 250 克，鲜嫩豌豆 100 克 辅料：白汤 25 克，黄酒 10 克，精盐 0.5 克，湿淀粉 5 克，热猪油 85 克	清蒸干贝	主料：整干贝 100 克，萝卜（去皮）100 克 辅料：黄酒 10 克，精盐 2.5 克，葱结 1 个（30 克），姜 1 块（20 克）
什锦豆腐	主料：嫩豆腐 400 克 辅料：熟鸡肉 15 克，熟火腿 15 克，浆虾仁 25 克，净鸡肫 15 克，水发海参 25 克，熟猪肚 15 克，净瘦猪肉 15 克，熟笋肉 15 克，水发香菇 15 克，熟青豌豆 15 克，葱段 5 克，黄酒 5 克，精盐 3 克，湿淀粉 15 克，熟猪油 75 克	芙蓉四宝	主料：生净鸡脯肉 25 克，熟火腿 30 克，生净鸡肫 25 克，浆虾仁 25 克 辅料：蛋清 6 个（180 克），湿淀粉 20 克，绿蔬菜 10 克，熟鸡油 5 克，熟猪油 100 克，熟蘑菇片 25 克，黄酒 5 克
秋叶鹌鹑蛋	主料：鹌鹑蛋 10 个（50 克），虾仁 200 克 辅料：咸面包半只 30 克，熟火腿 25 克，冬笋肉 25 克，葱 2 根（60 克），香菜 25 克，黄酒 2.5 克，干淀粉 15 克，番茄沙司 10 克，湿淀粉 15 克，熟猪油 100 克	炒四宝	主料：生鸡脯肉 40 克，绿蔬菜 15 克，熟火腿 25 克，浆虾仁 50 克 辅料：黄酒 8 克，净鸡肫 50 克，葱白 2 克，剔骨鸭掌 50 克，精盐 2 克，净肚尖 50 克，熟笋片 25 克，湿淀粉 25 克，熟猪油 60 克，水发香菇 15 克

其他类	菜肴名称	主要原料	菜肴名称	主要原料
	鸡茸花菜	**主料**：鸡茸 100 克，生净花菜 200 克 **辅料**：熟火腿末 15 克，湿淀粉 30 克，黄酒 2 克，熟鸡油 10 克，清汤 250 克，熟猪油 50 克，精盐 1.5 克	干贝瓢瓜	**主料**：瓠瓜 250 克，水发干贝 50 克 **辅料**：葱白段 10 克，盐 1.5 克，黄酒 2 克，湿淀粉 10 克，熟鸡油 10 克，熟猪油 60 克
	炒三丁	**主料**：净熟鸡肉 75 克，熟火腿 150 克，浆虾仁 150 克 **辅料**：精黄酒 5 克，葱白 2 克，味精 1.5 克，湿淀粉 5 克，熟猪油 50 克，清汤 50 克	爆四丁	**主料**：生鸡脯肉 100 克，浆虾仁 125 克，净鸡肫 125 克，猪里脊肉 100 克 **辅料**：葱白末、姜末各 8 克，少许黄酒 30 克，甜面酱 2 克，酱油 5 克，湿淀粉 28 克，熟猪油 100 克，大蒜头 4 瓣（20 克）
	双虾菠菜	**主料**：净菠菜 500 克 **辅料**：浆虾仁 50 克，新熟笋肉 25 克，虾油 15 克，熟猪油 75 克		

图书在版编目（CIP）数据

别说你会做杭帮菜：杭州家常菜谱 5888 例 / 杭帮菜
研究院编 . -- 杭州：杭州出版社，2019.5
ISBN 978-7-5565-1037-5

Ⅰ.①别… Ⅱ.①杭… Ⅲ.①菜谱—杭州 Ⅳ.
① TS972.182.551

中国版本图书馆 CIP 数据核字（2019）第 075722 号

漫画插图：蔡志忠

Bie Shuo Ni Hui Zuo Hangbangcai: Hangzhou Jiachang Caipu 5888 Li
别说你会做杭帮菜：杭州家常菜谱 5888 例

杭帮菜研究院 / 编

责任编辑	钱登科
文字编辑	俞倩楠
美术编辑	祁睿一
出版发行	杭州出版社（杭州市西湖文化广场 32 号 6 楼）
	电话：0571-87997719　邮编：310014
	网址：www.hzcbs.com
排　版	杭州美虹电脑设计有限公司
印　刷	浙江新华青年印刷有限公司
经　销	新华书店
开　本	710 mm × 1000 mm　1/16
字　数	596 千
印　张	37
版 印 次	2019 年 5 月第 1 版　2019 年 5 月第 1 次印刷
书　号	ISBN 978-7-5565-1037-5
定　价	68.00 元